普通高等教育"十三五"规划教材

合金设计及其熔炼

田素贵　编著

北　京
冶金工业出版社
2018

内 容 提 要

本书分为铸铁合金及其熔炼、炼钢原理及其合金熔炼、真空熔炼原理与技术、有色金属合金及其熔炼和合金成分设计四个部分，分别介绍了冲天炉熔铁、电弧炉和感应炉炼钢的原理与工艺，真空熔炼原理与定向凝固技术，有色金属合金的熔炼技术和合金成分设计等内容，使读者触及材料制备的前沿技术成果。内容以讲述不同种类合金的熔炼原理为主，工艺为辅，重要环节详细讲述，并给出实际例子，以加强对基本原理的理解。合金成分设计部分介绍了材料的化学成分、组织结构与力学性能之间的关系等。

本书为金属材料工程、材料加工工程专业和机械类专业本科生教材，也可供从事材料加工、材料选择与应用的工程技术人员和科学研究人员参考。

图书在版编目(CIP)数据

合金设计及其熔炼/田素贵编著．—北京：冶金工业出版社，2017.1（2018.8 重印）

普通高等教育“十三五”规划教材

ISBN 978-7-5024-7422-5

Ⅰ.①合…　Ⅱ.①田…　Ⅲ.①合金—设计—高等学校—教材　②合金—熔炼—高等学校—教材　Ⅳ.①TG13

中国版本图书馆 CIP 数据核字(2017)第 009738 号

出 版 人　谭学余

地　　址　北京市东城区嵩祝院北巷 39 号　邮编　100009　电话　(010)64027926

网　　址　www.cnmip.com.cn　电子信箱　yjcbs@cnmip.com.cn

责任编辑　宋　良　郭冬艳　美术编辑　吕欣童　版式设计　吕欣童

责任校对　郑　娟　责任印制　李玉山

ISBN 978-7-5024-7422-5

冶金工业出版社出版发行；各地新华书店经销；固安县京平诚乾印刷有限公司印刷

2017 年 1 月第 1 版，2018 年 8 月第 2 次印刷

787mm×1092mm　1/16；14 印张；338 千字；216 页

33.00 元

冶金工业出版社　投稿电话　(010)64027932　投稿信箱　tougao@cnmip.com.cn

冶金工业出版社营销中心　电话　(010)64044283　传真　(010)64027893

冶金书店　地址　北京市东四西大街 46 号(100010)　电话　(010)65289081(兼传真)

冶金工业出版社天猫旗舰店　yjgycbs.tmall.com

（本书如有印装质量问题，本社营销中心负责退换）

前　言

“合金设计及熔炼”是金属材料工程专业的一门学科基础课。本课程的教学目的和任务是：着重介绍金属材料的熔炼和成分设计的基本理论和工艺，使学生通过本课程的学习，熟悉金属材料熔炼和设计的基本原理，对材料科学知识的掌握范围有所扩展，为后续金属材料专业课的学习以及今后从事材料的研发、制造与加工工作，打下良好的基础。

本书是在读者已完成“材料物理化学”、“材料科学基础”和“材料力学性能”等课程的基础上编写的。书中在铸铁合金及其熔炼章节中，主要讲述了冲天炉内焦炭燃烧的基本规律、炉内的热交换及冶金反应特征及规律，以了解冲天炉熔炼的原理及工艺。在炼钢原理及其合金熔炼章节中，主要介绍了电弧炉炼钢的基本原理，并对电弧炉、感应炉、电渣炉熔炼工艺进行了详细的讲述。此外，简单介绍了真空熔炼原理，讲述了真空感应炉、真空自耗凝壳炉、电子束炉熔炼技术的特点与工艺。在有色合金及其熔炼章节中，主要讲述了铜合金、铝合金、镁合金、钛合金及镍基合金的熔炼技术，并把作者20年来从事镁合金、钛合金、镍基合金的研究工作充实在有关章节中，重点讲述了采用定向凝固技术制备单晶镍基合金的工艺。在合金成分设计章节中，讲述了材料设计和选用的原则，并给出了应用电子空位法、轨道能级法进行单晶镍基合金成分设计的例子。

由于作者水平有限，经验不足，书中不妥之处，诚请广大读者批评指正。

作　者

2016年12月

目　录

铸铁合金及其熔炼

1.1 冲天炉熔炼概述

1.1.1 铸铁熔炼的基本要求

铁液温度是保证铸件质量的重要因素。如果铁液温度低，必然影响铁液的流动性，薄壁和结构复杂的铸件就难以成形。而熔炼的铁液化学成分是否符合要求，则对铸件的力学性能有直接的影响。铁液中的气体和非金属夹杂物含量不仅影响铸铁的强度和铸件的致密度，还与铸件形成气孔、裂纹等缺陷有关。因此可以认为，发展熔炼技术、提高铁液质量是生产优质铸铁件的最基本和最重要条件。对铁液质量的要求主要包括以下两个方面。

（1）铁水温度。浇注铁液的温度应能保证得到无冷隔缺陷且轮廓清晰的铸件。浇注温度因铸铁碳当量和铸件的轮廓尺寸、结构复杂程度和铸件壁厚而定。不同牌号灰铸铁件的浇注温度范围为1330～1410℃。在一般情况下，铁液的出炉温度应高于浇注温度50℃，故根据铸铁牌号和铸件的具体情况，铁液出炉温度应不低于1380～1460℃。当需要浇注特薄铸件时，出炉温度还应提高20～30℃。为了满足需要，浇注可锻铸铁件的铁液出炉温度应不低于1460～1480℃。

铁液温度对铸件的内在质量有很大影响。在同样化学成分的灰铸铁中，由于铁液过热温度不同，会导致石墨形态发生变化，并影响铸铁件的力学性能。对球墨铸铁及其他孕育处理的铸铁，在处理期间铁液的温度会逐渐降低，为了补偿铁液的温度损失，需相应提高铁液的出炉温度。

（2）化学成分和铁液纯净化。熔炼得到的铁液化学成分应满足规定的要求，铁液的有害元素含量应控制在规定范围以内，铁液中的渣、气体、夹杂物含量应符合规定要求。

1.1.2 冲天炉结构

图1－1是熔化率为7t/h冲天炉的结构简图，它主要由4部分组成：炉底与炉基、炉体与前炉、送风系统、烟囱与除尘装置。

1.1.2.1 炉底与炉基

炉底与炉基是冲天炉的基础部分，它对整座炉子和炉料起支撑作用。图1－1所示的整体冲天炉通过4根炉脚支承在混凝土炉基上。冲天炉的炉底为固定式，炉底上设有炉底板，板上安有炉底门及其启闭机构；炉底的地面上铺有铁轨，供打炉小车运行。

1.1.2.2 炉体与前炉

炉体包括炉身和炉缸两部分，是冲天炉的基本组成部分。炉体内壁由耐火材料构筑，临近加料口处的炉壁则用钢板圈或铁砖构筑，以承受加料时炉料的冲击。

从加料口下缘到第一排风口中心线之间的炉体称为炉身，其内部的空腔称为炉膛。炉身的高度也称有效高度，是冲天炉的主要工作区域。由于这座炉子的炉膛直径随炉子高度而变化，故称为曲线炉膛，以区别于炉膛直径恒定的直线炉膛。

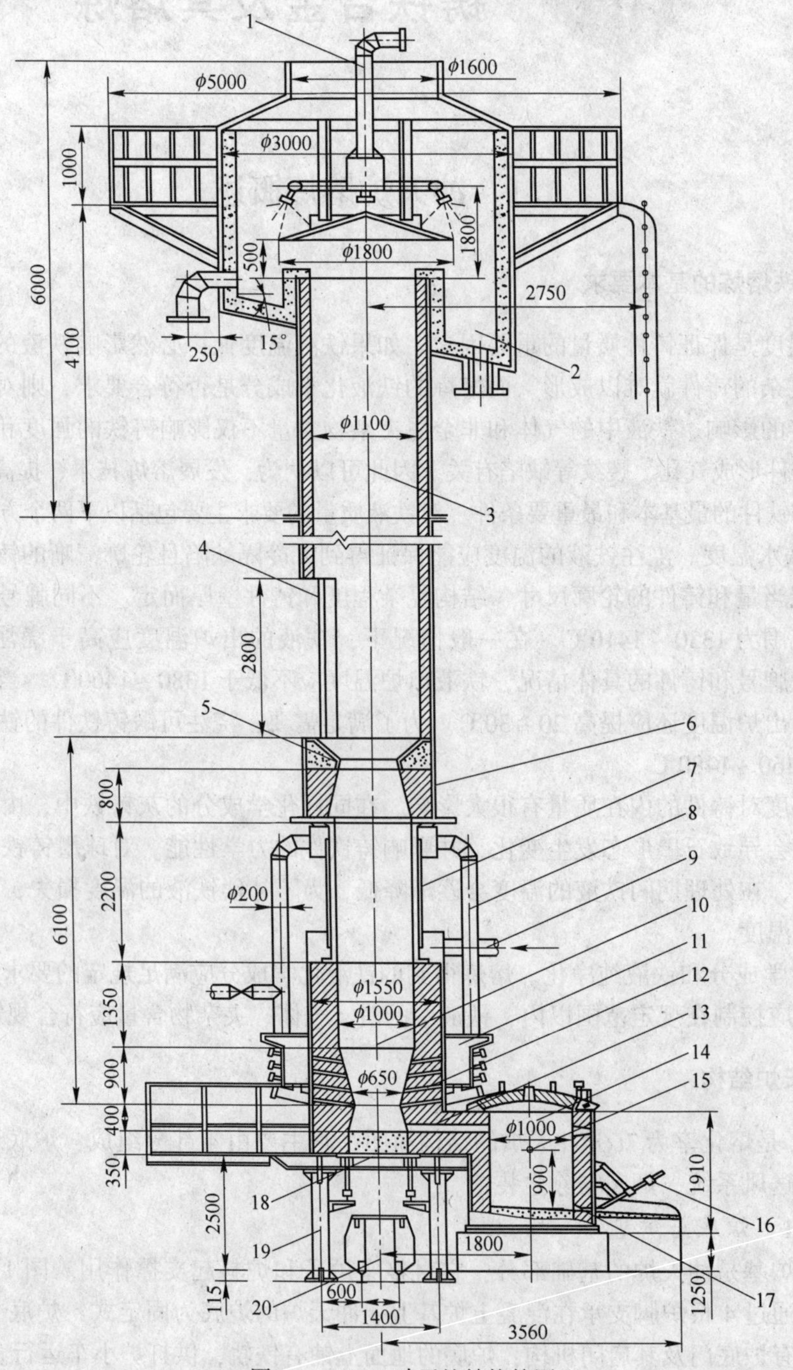

图 1－1　7t/h 冲天炉结构简图

1—进水管；2—除尘装置；3—烟囱；4—加料口；5—加料口铁圈；6—加料平台；7—热风炉胆；8—热风管；9—进风管；10—炉膛；11—风箱；12—风口；13—过桥；14—前炉；15—出渣口；16—堵出铁口装置；17—出铁口；18—炉底门；19—炉脚；20—打炉小车

从第一排风口中心线到炉底之间的炉体称为炉缸。没有前炉的冲天炉炉缸主要起储存铁水的作用。带有前炉的冲天炉炉缸，其主要作用是保护炉底，使之免受高温气流的直接冲刷，并汇聚铁水与炉渣进入前炉。炉缸的外壳与炉身连成一体。炉缸底部即为冲天炉的炉底，由废干砂及型砂打结而成。炉缸底侧与前炉连接的通道称为过桥，这是冲天炉铁水进入前炉的通道。与过桥相对的炉缸侧壁一般开有工作门，以便于修筑炉底、点火与打炉操作。无前炉的冲天炉，其炉缸侧壁上还开有出铁口与出渣口，并相应地设置出铁槽与出渣槽。

前炉的作用是储存铁水，并使铁水的成分和温度均匀，减少铁水在炉缸内的停留时间，从而有助于降低炉缸对铁水的增碳与增硫作用，而且还有利于渣铁分离、净化铁水。目前，冲天炉大多带有前炉。但冲天炉设置前炉会降低铁水温度、增加修炉工作量、占据车间面积、增加设备费用。前炉的容量大致为冲天炉每小时熔化铁水量的0.8～1.2倍，视所需浇注的最大铸件和每次最大出铁量的要求而定。前炉炉壳由6～12mm厚的钢板焊成，炉壁用耐火砖砌筑。前炉炉壁开有出铁口与出渣口，相应地设有出铁槽与出渣槽，并装有堵泥塞装置。在正对过桥孔的前炉壁上开有窥视孔，用以观察过桥情况，维护过桥畅通。

1.1.2.3 送风系统

冲天炉的送风系统是指自鼓风机出口开始至风口出口处为止的整个系统，包括进风管、风箱、风口以及鼓风机的输出管道。其作用是将来自鼓风机的空气送入冲天炉，供底焦燃烧用，冲天炉风管布置以尽量缩短长度、减少曲折、避免管道截面突变为原则。风箱的作用是使空气均匀、平稳地进入各个风口。风口是空气进入炉内的通道，风口有多种布置形式，图1-1中所示为其中的一种。

1.1.2.4 烟囱与除尘装置

烟囱的作用是利用充满其中的热气体所产生的几何压头引导冲天炉炉气向上流动，经炉顶排出炉外。加料口上面的烟囱，其外壳与炉身连成一体，内壁用耐火砖砌筑。

除尘装置的作用是消除或减少冲天炉废气中的烟灰，使废气净化。湿法除尘装置是以连续喷水、形成水幕的方式实现净化废气的，如图1-1所示。除尘装置有干法与湿法两种基本类型。

除上述几部分外，冲天炉还配有鼓风设备、加料设备、控制与调节设备、测试仪器等。

1.1.3 冲天炉操作

冲天炉的操作工艺是决定冲天炉工作效果的基本因素，包括燃料与原材料的选用、操作参数的选定、操作过程中各个环节的控制等。这里仅简述冲天炉的基本操作过程。

1.1.3.1 冲天炉熔炼的基本操作

A 修炉与烘炉

修炉材料一般由40%～50%耐火泥和60%～50%石英砂以及适量的水分混制而成。

冲天炉修炉时，先铲除炉壁表面的残渣，然后刷上泥浆水，覆上修炉材料，并打结夯实。修好的炉壁必须结构紧实、尺寸正确、表面光滑。炉壁和过桥修完后，合上炉底门，先放一层废干砂，再放一层旧型砂并夯实，其厚度为 200～300mm；也可全部用石英砂加入适量水修筑炉底，但都必须保证开炉时不漏铁水，且尺寸合乎要求。

炉子修完后，可在炉底和前炉装入木柴，引火烘炉；前炉必须烘透，以保证铁水温度。

B　点火与加底焦

烘炉后加入木柴并引火点着，敞开风口盖使之自然通风。待木柴烧旺后，从加料口向炉内加入约 1/3 的底焦量，待其燃烧后再加入约一半左右的底焦量，然后鼓小风几分钟，并测量底焦高度，再加底焦至规定的高度。

所谓底焦量，是指装入金属炉料以前加入炉内的全部焦炭量；而底焦高度则是从第一排风口中心线起至底焦顶面为止的高度，炉缸内的底焦并不包括在底焦高度内。

C　装料与开风

加完底焦后加入石灰石，石灰石的加入量约为 2 倍的层焦石灰石用量，以防止底焦烧结或过桥堵塞。然后，封闭冲天炉工作门，关上风口盖，鼓小风 3～4min，再敞开风口自然通风，并进行装料。一般先熔化低牌号的铸铁，然后高牌号，再低牌号。每批金属料一般先加废钢，然后加生铁、回炉铁与铁合金。加入一批金属料后，再加层焦和石灰石，有时还加入少量萤石。石灰石量约占层焦重量的 30%。为确保熔炼效果，加入炉内的焦炭、金属料与熔剂都应力求洁净，且尺寸合乎要求。

装料完毕后焖炉 1h 左右即可开风。开风时，仍敞开一部分风口，然后全部关闭，以免因 CO 积聚而发生爆炸事故。冲天炉的风量以每分钟鼓风的立方米数计量，或以送风强度衡量冲天炉风量，送风强度指单位炉膛截面积风量的大小。

D　停风与打炉

停风的时间应掌握为：既要防止因停风过早而造成铁水量不足，也要避免因停风过晚而造成底焦与炉衬的无谓烧失。停风前应力求炉内有 1～2 批剩余铁料。停风后即可打炉，并立即将打落的炽热焦炭与铁料用水熄灭。

1.1.3.2　冲天炉的工作过程

冲天炉工作时，同时包括 3 个重要过程：(1) 底焦燃烧；(2) 热量传递；(3) 冶金反应。其中，底焦燃烧是热量传递和冶金反应的基础，因而是决定冲天炉工作的根本因素。

冲天炉的工作过程：冲天炉开风后，经风口进入炉内的空气与底焦发生燃烧反应，产生热量，由此而生成的高温炉气向上流动，并使底焦面上的第一批金属炉料熔化。熔化后的铁滴在底焦层内下落的过程中被高温炉气和炽热焦炭进一步过热，然后经炉缸和过桥进入前炉。随着底焦的燃烧损耗和金属炉料的熔化，料层逐渐下降，通过层焦和批料不断加以补偿，使熔化过程连续进行。在炉气的热作用下，石灰石分解成 CO_2 与 CaO。后者与焦炭中的灰分和侵蚀的炉衬结合成熔点较低的炉渣。在炉气、焦炭和炉渣的作用下，金属的化学成分会发生一定的变化。铁水的最终化学成分就是金属炉料的原始化学成分在熔炼过程中经过变化的结果。

1.1.4 炉料及其准备

1.1.4.1 冲天炉用炉料

冲天炉用的炉料主要是金属炉料、焦炭和熔剂。

A 金属炉料

金属炉料包括：生铁、废钢、回炉料及铁合金等。

a 生铁

铸造用生铁的牌号由用途符号和平均含硅量两项组成，见表1－1。生铁标准中对硅、锰、磷、硫含量有规定，但未规定含碳量。球墨铸铁用生铁如表1－2所示。

生铁应根据牌号、产地、批号分类堆放。因为同一牌号的生铁产地不同、批号不同，成分也有差异。生铁锭要堆放在仓库内以防止淋雨生锈，堆放时不要黏附泥沙和油污。生铁锭在投炉前应破碎成一定的块度，最大尺寸不要超过炉径的1/3，以免造成棚料。

b 废钢

冲天炉中加入废钢的主要目的是降低铁水的含碳量，以提高铸铁的力学性能，废钢的化学成分见表1－3。废钢的来源比较复杂，使用时要注意化学成分的差别。废钢在使用前应除去夹带的泥沙，料块应有一定尺寸要求，以免造成棚料。不要将密封的废钢件投入炉内，以防爆炸。

表1－1 铸造用生铁的牌号和成分（GB 718—82）

铁种			铸造用生铁					
铁号		牌号	铸34	铸30	铸26	铸22	铸18	铸14
		代号	Z34	Z30	Z26	Z22	Z18	Z14
化学成分/%	C		>3.3					
	Si		>3.20～3.60	>2.80～3.20	>2.40～2.80	>2.00～2.40	>1.60～2.00	1.25～1.60
	Mn	1组	≤0.50					
		2组	>0.50～0.90					
		3组	>0.90～1.30					
	P	1级	≤0.06					
		2级	>0.06～0.10					
		3级	>0.10～0.20					
		4级	>0.20～0.40					
		5级	>0.40～0.90					
	S	1类	≤0.03					≤0.04
		2类	≤0.04					≤0.05
		3类	≤0.05					≤0.06

表 1-2　球墨铸铁用生铁的牌号和成分（GB 1412—85）

牌号	化学成分/%											
	Si	Mn			P				S			
		1 组	2 组	3 组	特级	1 级	2 级	3 级	特类	1 类	2 类	3 类
Q10	≤1.00											<0.06
Q12	>1.00~1.40	≤0.20	>0.20~0.50	>0.50~0.80	≤0.05	>0.05~0.06	>0.06~0.08	>0.08~0.10	≤0.02	>0.02~0.03	>0.03~0.04	≤0.05
Q16	>1.40~1.80											≤0.05

表 1-3　废钢的化学成分

废钢特征	化学成分/%				
	C	Si	Mn	P	S
普通碳素钢	0.14~0.22	0.12~0.30	0.35~0.65	<0.045	<0.050
普通碳素铸钢	0.20~0.60	0.50~0.60	0.80~0.90	0.04	0.04
钢屑压块	0.12~0.32	0.20~0.45	0.35~0.85	<0.06	<0.06

c　回炉料

回炉料主要指浇冒口、废铸件等，一般占配料的 30% 左右。回炉料应按不同牌号、成分分类堆放，注意管理，避免混杂。回炉料在使用前应清除表面粘砂及型腔内的型芯等，并应破碎成一定的块度。铸铁回炉料的化学成分，如表 1-4 所示。

表 1-4　铸铁回炉料的化学成分

回炉铁特征		铸铁种类估计	化学成分/%				
			C	Si	Mn	P	S
断口为灰色	晶粒较粗	普通灰铸铁	3.2~3.9	1.8~2.6	0.5~0.9	<0.2	<0.15
	晶粒较细	高牌号灰铸铁	2.7~3.2	1.1~1.7	0.8~1.4	<0.15	<0.12
断口为银灰色晶粒较细		球墨铸铁	3.5~3.9	2.1~3.2	0.4~0.9	<0.10	<0.03
断口为银灰色略暗于球墨铸铁，晶粒较细		蠕墨铸铁	3.5~3.9	2.2~2.8	0.3~0.7	<0.08	<0.08
断口为黑绒色		黑心可锻铸铁	2.3~3.0	0.7~1.6	0.4~0.7	<0.2	<0.2

d　铁合金

冲天炉熔炼常用硅铁和锰铁等铁合金调整铁液的化学成分。在生产合金铸铁时也用其他的铁合金，如铬铁、铝铁、钛铁、钒铁等。硅铁和锰铁的牌号和化学成分可查阅有关铁合金手册。

B　焦炭

冲天炉用焦炭作燃料，焦炭的质量是影响铁水温度与化学成分的重要因素之一。目前冲天炉用焦炭主要有三种，即城市煤气焦化厂生产的铸造焦、冶金焦化厂生产的冶金焦和各地生产的土焦。我国焦炭的固定碳含量一般在 80% 左右，灰分一般在 12% ~15% 之间。

焦炭的固定碳含量高、灰分低，焦炭的发热值就高，所以要求焦炭固定碳含量高、灰分低。

焦炭的含硫量一般在0.5%～1.2%之间。冲天炉熔炼期间，焦炭中的硫有30%～50%进入铁水，可提高铸铁的含硫量，因此，要求焦炭的含硫量低。在生产球墨铸铁时，应尽量使用低硫焦炭。

冲天炉内焦炭与金属炉料直接接触，在高温下承受炉料的重压和冲击力。因此要求焦炭有一定的强度。

焦炭的块度与均匀性对冲天炉熔化过程有较大的影响。一般而言，焦炭块度应与冲天炉直径大小相适应。块度过小，增加送风阻力，影响焦炭的燃烧程度；块度过大，对铁水温度影响虽不显著，但使炉内氧化气氛增强，铁水氧化程度增加，同时熔化率略有下降。

总之，冲天炉熔化对焦炭质量的主要要求是：固定碳量高、硫低、灰分低、有一定的强度和块度、低的反应性。用肉眼观察焦炭，一般呈银白色为好，乌黑色较差；坚硬致密的好，疏松的差；块度合适的好，细小的差；两块焦炭互相撞击，能发出清脆近似金属声为好，撞击成粉末为差。焦炭表面有黄色斑纹表示含硫量高，质量不好。

C 熔剂

冲天炉熔化过程中常用的熔剂是石灰石和萤石。石灰石和萤石的化学成分见表1－5。

作为熔剂用的石灰石，SiO_2与Al_2O_3的总量应不大于3%，CaO的含量大于50%。石灰石的块度一般为40～80mm，太小会很快分解成粉末；太大会使其分解速度减慢，影响造渣效果。

表1－5 石灰石和萤石的化学成分

名称		化学成分/%								
		CaO	MgO	SiO_2	FeO	Al_2O_3	$Fe_2O_3+Al_2O_3$	CaF_2	CO_2	S
石灰石	好	54.10	0.65	0.92			0.91	—	43.20	
	一般	50～53	0.5～2.0	0.3～5.0	<0.8	0.2～0.3		—	38～44	
	差	47.30	3.95	6.25			1.97	—	40.50	0.20
萤石	好	$CaCO_3$ 3.04	—	1.78	—	—	1.55	93.27	—	—
	一般	—	—	1.5～2.0	—	—		<92	—	—
	差	$CaCO_3$ 8.85	—	4.25	—	—	1.75	84.20	—	—

冲天炉中加入萤石可以稀释炉渣，提高炉渣流动性。但萤石是炉气中有害成分氟化氢的来源，应尽可能少用萤石。

1.1.4.2 冲天炉用耐火材料

用于冲天炉的耐火材料承受高温作用，承受熔渣、金属、炉气的化学侵蚀和下降炉料的磨损、撞击，还会在受热及冷却时发生膨胀和收缩。因此，对于耐火材料的要求应是耐热、化学性质稳定、有较高的强度、急冷急热时体积变化小。耐火材料被侵蚀后可构成炉渣的一部分。

耐火材料应能承受耐火材料之间及与炉渣、炉气、铁水的相互作用。表1-6~表1-9是常用耐火材料的性能。

表1-6 黏土耐火砖的性能（GB 4415—84）

项目		制品牌号							
		N-1	N-2a	N-2b	N3-a	N3-b	N-4	N-5	N-6
耐火度/℃ ≥		1750	1730	1730	1710	1710	1690	1970	1580
0.2MPa荷重软化开始温度/℃ ≥		1400	1350	—	1320	—	1300	—	—
重烧线变化/% ≤	1400℃，2h	+0.1 -0.4	+0.1 -0.5	+0.2 -0.5	—	—	—	—	—
	1350℃，2h	—	—	—	+0.2 -0.5	+0.2 -0.5	+0.2 -0.5	+0.2 -0.5	—
显气孔率/% ≤		22	24	26	24	26	24	26	28
常温耐压强度/MPa ≥		30	25	20	20	15	20	15	15
热震稳定性次数		N—2b、N—3b必须进行此项检验，将实测数据在质量证明书中注明							

表1-7 硅质耐火砖的性能（GB 2608—87）

项目	制品牌号		
	GZ-95	GZ-94	GZ-93
SiO_2含量/% ≥	95	94	93
耐火度/℃ ≥	1710	1710	1690
0.2MPa荷重软化开始温度/℃ ≥	1650	1640	1620
显气孔率/% ≤	22	23	25
常温耐压强度/MPa ≥	29.4	24.5	19.6
真密度/$g \cdot cm^{-3}$ ≤	2.37	2.38	2.39

表1-8 镁砖、镁硅砖的性能（GB 2275—87）

项目	制品牌号			
	MZ-91	MZ-89	MZ-87	MZ-82
MgO含量/% ≥	91	89	87	82
SiO_2含量/%	—	—	—	5~10
CaO含量/% ≤	3.0	3.0	3.0	2.5
0.2MPa荷重软化开始温度/℃ ≥	1550	1540	1520	1550
显气孔率/% ≤	18	20	20	20
常温耐压强度/MPa ≥	58.8	49.0	39.2	39.2

表1－9 镁铬砖的性能（GB 2277—87）

项目	制品牌号			
	MGe－20	MGe－16	MGe－12	MGe－8
MgO 含量/% ≥	40	45	55	60
Cr_2O_3 含量/% ≥	20	16	12	8
0.2MPa 荷重软化开始温度/℃ ≥	1550	1550	1550	1530
显气孔率/% ≤	23	23	23	24
常温耐压强度/MPa ≥	24.5	24.5	24.5	24.5

1.2 冲天炉熔炼原理

1.2.1 冲天炉内的焦炭燃烧

为掌握冲天炉熔炼原理，应了解焦炭的特性、焦炭层状燃烧的基本规律、冲天炉内焦炭燃烧的特点，以及影响底焦燃烧过程的主要因素。

1.2.1.1 焦炭特性及对焦炭的要求

焦炭是烟煤经粉碎、干馏后得到的产物。我国冲天炉熔炼使用的焦炭以城市煤气焦化厂生产的铸造焦炭为主，约占60%。冲天炉熔炼对焦炭特性和铸造用焦有如下要求。

A 焦炭的成分

（1）固定碳含量。固定碳含量是指焦炭中单质存在的自由碳，是焦炭的基本组分和最主要的可燃物质，焦炭固定碳含量愈高，焦炭经完全燃烧后所发出的热量就愈多。固定碳含量一般约为80%，高碳焦炭的固定碳含量可达95%以上，而劣质焦炭的固定碳含量只有约60%。

（2）灰分含量。灰分是焦炭中的不可燃组分，焦炭含灰量愈高，发热量就愈低。灰分的含量一般为8%～16%，但也有灰分低于5%及高于30%的焦炭。

除固定碳和灰分以外，焦炭的其他成分主要是由碳氢化合物组成的挥发物、硫以及水分，通常它们的含量分别不超过1.5%、1.2%和7%。

为了保证焦炭有足够的发热量，冲天炉熔炼用焦炭的固定碳含量要高于80%，灰分要低于15%。为减少熔炼过程中铁水的增硫，焦炭的含硫量不得超过1.2%。受热时，因焦炭中的挥发物逸出而使焦炭开裂破碎，致使焦炭无法保持所要求的块度，因此焦炭中挥发物的含量也应愈低愈好，一般控制在1.5%以下。

B 焦炭的强度与块度

焦炭的强度通常用转鼓残留量评定。我国铸造用焦的转鼓残留量一般为300～330kg。冲天炉使用的焦炭要承受加料时的冲击和料柱的压力，因此必须具有足够的强度，以免因焦炭破碎而阻塞气流通道，影响底焦燃烧。

焦炭块度适度是保证炉子正常工作的基本条件。焦炭的合适块度随炉子大小而异，对于中、小型冲天炉，焦炭块度可为80~150mm；大型冲天炉，焦炭的块度应大一些，且块度应力求均匀。

C 焦炭的气孔率

焦炭的气孔率是指焦炭内气孔的体积占包括气孔在内的焦炭体积的百分数。我国铸造用焦的气孔率一般在41%~48%之间。气孔率小的焦炭不仅反应能力低，而且焦炭致密、比重大、强度高，因而焦炭的气孔率要大。

1.2.1.2 焦炭层状燃烧的基本规律

层状燃烧是指固体块状燃料呈层状堆积时所进行的燃烧，冲天炉内的底焦燃烧属于这种方式。

A 焦炭层状燃烧的一般过程

a 燃烧反应过程

焦炭的燃烧是从加热到500~600℃焦炭的着火点温度开始的。如图1-2所示，当焦炭被加热到p点时，焦炭开始着火。此后，反应速度随温度提高而急剧上升，至n点后开始变慢。此后，反应速度随着气流速度（图中气流速度A大于B和C）的提高而增大，而温度对其影响较小。因此，焦炭的燃烧过程可以归结为以下3个环节。

（1）图1-2的$m \sim p$段为加热着火阶段。冷焦炭在气流中受热，当温度达到着火温度时开始燃烧。焦炭的着火温度可用热平衡的热量表示，即焦炭在该温度下进行氧化反应所放出的热量，等于或超过传给周围环境的热量。因此，焦炭的挥发物含量愈高、气孔率愈大、含灰量愈低，着火点就愈低。

（2）图1-2中的$p \sim n$段为动力燃烧阶段。焦炭的燃烧速度受化学反应速度制约，故称动力学燃烧。温度愈高，焦炭的燃烧速度愈大。在这一区域内，从着火点开始，焦炭因燃烧使表面温度提高，故因温度提高而使反应加速，直到整个燃烧过程不再受化学反应速度的制约为止。

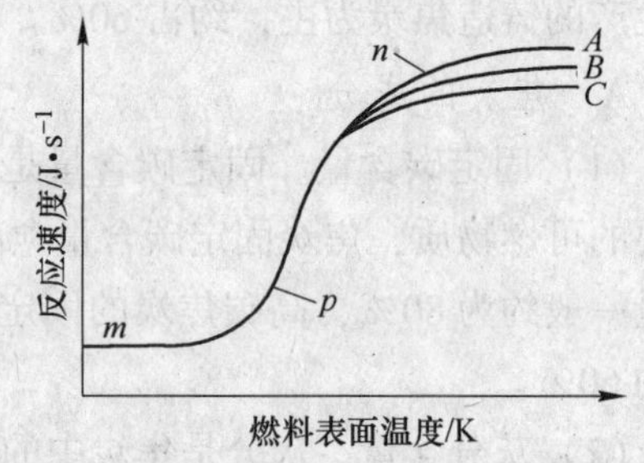

图1-2 焦炭燃烧反应速度与温度的关系

（3）扩散燃烧阶段。在扩散燃烧区域内，当氧气扩散到反应表面时，气态燃烧产物脱离反应表面的速度成为整个燃烧过程的限制环节。因此，气流速度增大有利于加强扩散，从而提高反应速度和温度。

b 焦炭层状燃烧过程

焦炭层状燃烧期间炉气成分与温度的分布如图1-3所示。可以看出，焦炭块堆积在炉栅上，从炉栅下部引入供燃烧用的空气，在穿越焦炭层的过程中，空气中的氧与焦炭中的碳发生燃烧反应，生成CO_2，部分CO_2又被碳还原成CO；随着燃烧反应的进行，炉气中的O_2逐步消失，CO_2的

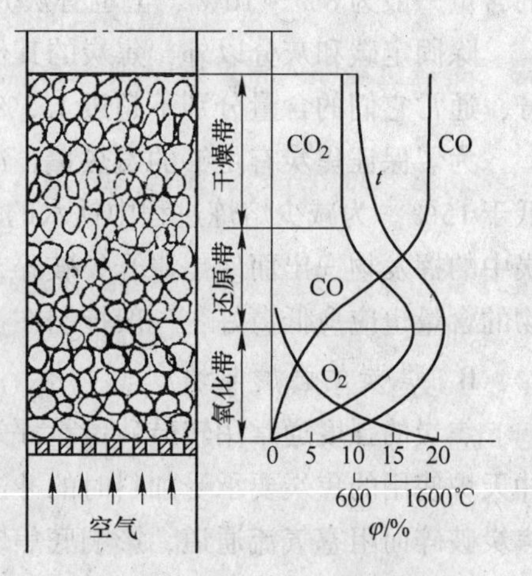

图1-3 焦炭层状燃烧示意图

浓度逐渐增加，炉气温度也随之升高。从空气接触焦炭的位置开始至炉气中自由氧基本消失，二氧化碳浓度达最大值为止，这一区域称为氧化区或氧化带。从氧化带顶面至炉气中 CO_2 与 CO 含量基本不变的区域，称为还原带。由图可见，CO_2 浓度最大的位置基本与炉气温度最高的位置相一致。

c　燃烧反应

冲天炉用焦炭作燃料，焦炭的基本成分是碳。因此焦炭的燃烧可作为固体碳的燃烧反应来分析。在焦炭的燃烧过程中，可以进行以下 4 个反应：

$$C + O_2 \longrightarrow CO_2, \quad \Delta Q = 34070\text{kJ/kg(C)} \tag{1-1}$$

$$C + (1/2)O_2 \longrightarrow CO, \quad \Delta Q = 10270\text{kJ/kg(C)} \tag{1-2}$$

$$CO + (1/2)O_2 \longrightarrow CO_2, \quad \Delta Q = 23800\text{kJ/kg(CO)} \tag{1-3}$$

$$CO_2 + C \longrightarrow 2CO, \quad \Delta Q = -12628\text{kJ/m}^3(CO_2) \tag{1-4}$$

前两个反应是供风中的氧气遇到红热焦炭时立即发生的一次反应，这两个反应均为放热反应，完全燃烧所生成的热量远高于不完全燃烧的热量。在供风充分、炉气中存在过剩氧的条件下，一次反应中生成的 CO 进一步燃烧而生成 CO_2，但与此同时，当一次反应中生成的 CO_2 遇到红热焦炭时，会被还原成 CO，这两个反应称为二次反应。二次反应中 CO_2 被还原的反应是吸热反应，起降低炉温作用，因此，应尽量抑制该反应的进行。

B　炉气燃烧比

焦炭层中因还原反应使炉气中 CO_2 减少，CO 增多，在 CO_2 与 CO 的总量中，CO_2 占的比例愈大，焦炭的燃烧愈完全，焦炭的热量越易于得到充分利用。表征焦炭燃烧完全程度的指标称为燃烧比，燃烧比（η_v）表示为：

$$\eta_v = \frac{\varphi(CO_2)}{\varphi(CO_2) + \varphi(CO)} \times 100\% \tag{1-5}$$

式中，$\varphi(CO_2)$ 与 $\varphi(CO)$ 分别为燃烧产物中 CO_2 和 CO 的体积分数。

燃烧比对燃料利用率、燃烧温度、炉气性质与燃烧产物量等各方面都有影响，现分述如下。

（1）燃烧比对焦炭利用率的影响。经推导得出，燃料因不完全燃烧造成的化学热损失为：

$$q = 70(1 - \eta_v)\% \tag{1-6}$$

由此可知，燃烧比愈小，燃料利用率愈低，化学热损失占焦炭完全燃烧发热量的份额愈大。当焦炭全部燃烧成 CO 时，燃烧比为零，此时焦炭发热量只有完全燃烧时的 30%。因此，从充分利用焦炭燃烧发热的角度出发，燃烧比应当愈高愈好。

（2）燃烧比对炉气性质的影响。炉气中 CO 与 CO_2 的比例随燃烧比不同而异，故炉气的性质也不同。$\varphi(CO)/\varphi(CO_2)$ 与 η_v 的关系为：

$$\eta_v = \frac{1}{1 + \frac{\varphi(CO)}{\varphi(CO_2)}} \times 100\% \tag{1-7}$$

表 1-10 为在不同温度划分炉气性质的界限。$\varphi(CO)/\varphi(CO_2)$ 值大于表中所列数据，或 η_v 小于表中所列数据的炉气属于还原性，反之则属于氧化性。

表 1-10 中性炉气的 $CO:CO_2$ 与 η_v 值

温度/℃	600	800	1000	1200	1300
$\varphi(CO):\varphi(CO_2)$	1.17	1.86	3.00	3.35	3.54
燃烧比 η_v/%	46	35	25	23	22

（3）燃烧比对燃烧温度与燃烧产物量的影响。燃烧比 η_v 愈大，理论燃烧温度愈高，燃烧产物量愈多。必须指出，在层状燃烧的焦炭层中，燃烧产物的成分随焦炭层高度而变化，因此燃烧比不是一个固定数值。通常所说的燃烧比可根据燃烧产物脱离焦炭层时的气相成分计算获得。因此，燃烧比反映了整个焦炭层燃烧的最终结果。

1.2.1.3 冲天炉内焦炭的燃烧

与堆积在炉栅上的焦炭层状燃烧相比，冲天炉内焦炭的燃烧，除因供风条件不同而存在差别以外，基本差别还在于冲天炉不是一个仅装焦炭的燃烧设备。在冲天炉内，层焦层中夹有固态金属炉料和熔剂，底焦层中有熔融下落的铁滴和熔剂，在焦炭燃烧过程中还发生热交换和各种冶金反应，因此，冲天炉内焦炭的燃烧除了基本服从上述层状燃烧的规律以外，其本身还存在如下特点。

A 燃烧比与焦炭消耗量的关系

图 1-4 为燃烧比 η_v 与碳耗量的关系。图中横坐标为每熔化 100kg 铁料所消耗焦炭的碳量（kg），简称碳耗量。例如：铁焦比为 10:1，则消耗 10kg 焦炭化铁 100kg。如焦炭的固定碳含量为 80%，则碳耗量为 8kg(C)/100kg(Fe)。

由图 1-4 可知，碳耗量愈低，η_v 愈大。显然，当焦炭碳含量一定时，降低碳耗量就意味着增大铁/焦比，即增多批料层中铁料所占的比例。由于铁料对炉气具有强烈冷却作用，可抑制焦炭层中 CO_2 的还原反应，从而提高炉气的燃烧比。这是冲天炉内焦炭燃烧的特点之一。

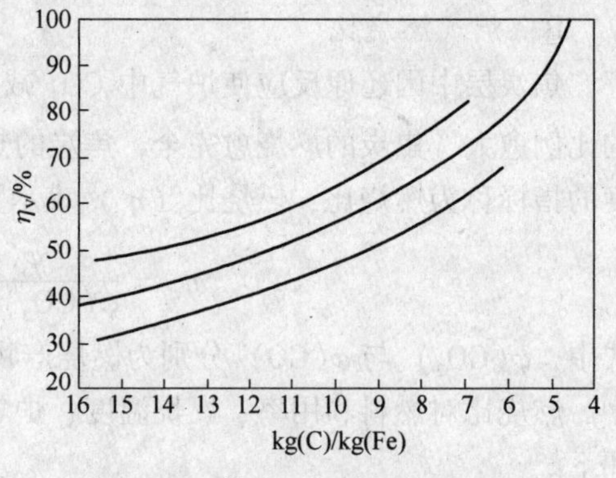

图 1-4 燃烧比与碳耗量的关系

B 冲天炉熔化率与风量和焦耗的关系

冲天炉的熔化强度、送风强度、碳耗量之间存在如下关系：

$$S = \frac{Q}{1.98\sqrt{B} + 0.528B} \tag{1-8}$$

式中，S 为冲天炉的熔化强度，即单位时间、单位截面积炉膛熔化的铁液重量，t/(m^2·h)；Q 为冲天炉的送风强度，即单位时间、单位截面积炉膛通过的风量体积，m^3/(m^2·min)；B 为碳耗量，kg(C)/100kg(Fe)。

按式（1-8）作图，S、Q、B 三者的关系如图 1-5 所示。图中阴影线的部分为冲天炉实际工作范围。由图可知，碳耗量越低，容许的送风强度及其变动范围也越小。因此，当冲天炉在低焦耗操作时，送风强度不能过大。风量必须按照铁焦比进行控制，并力求两者达到最佳配合，这是冲天炉内焦炭燃烧的特点之二。

必须指出，这里所说的风量是指真正与焦炭中碳起反应的风量，元素烧损和漏风所耗的风量不包括在内。此外，应用图 1-5 时，熔化强度与送风强度都必须按同一炉膛截面积计算。

C 风量对炉气成分的影响

一般说来，在一定范围内提高风量，由于提高了炉气温度和流速，因而有利于 CO_2 的还原反应；但同时，由于高温区域或氧化带顶面的上移，使冲天炉底焦层中的还原带相应缩短，因而，也增加了不利于还原反应的因素。研究表明，在其他条件恒定时，风量对炉气成分的影响不大，其变化趋向是炉气中 CO_2 含量随风量增大而略有下降。

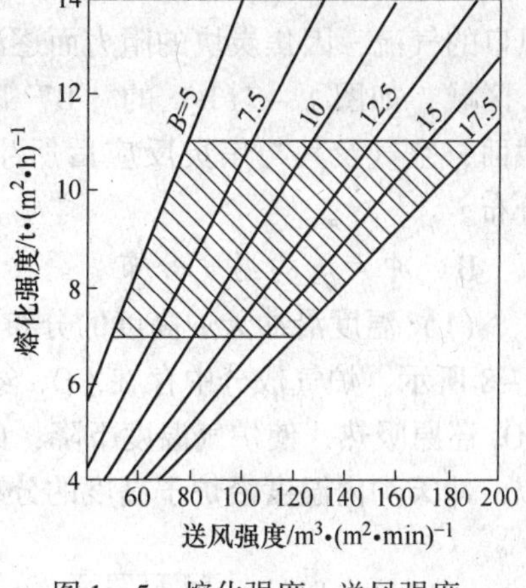

图 1-5 熔化强度、送风强度、碳耗量之间的关系

D 影响冲天炉焦炭燃烧的主要因素

冲天炉焦炭的燃烧受到一系列因素的影响，其影响因素如下：

(1) 焦炭。块度、成分、发热量、反应性和强度等。

(2) 送风。送风位置、风口结构、送风量、进风速度、逆风温度、风中氧的浓度、送风湿度等。

(3) 炉型。炉膛形状、炉径大小、炉膛各部分尺寸及其与风口布置的相互关系等。

(4) 操作。底焦高度、铁焦比、批料量、炉料状况、操作工艺等。

1.2.2 冲天炉内的热交换

1.2.2.1 炉气与温度分布

A 冲天炉内炉气分布

冲天炉内的炉气自动趋于沿炉壁流动的倾向称为炉壁效应。炉壁效应主要由炉内气流阻力分布不均匀所致。由于炉料之间的互相镶嵌，炉料与炉料之间形成的气流通道截面小、曲折多、流程长，因此阻力较大；而炉壁比较平滑，炉料与炉壁形成的通道空隙大、行程短、曲折少，所以对气流的阻力小，因此，炉壁附近的炉气流量大、流速高，而炉子中心流量小、流速低，如图 1-6 所示。

沿冲天炉纵截面与横截面的炉气呈不均匀分布，如图 1-7 所示。在冲天炉纵截面上，由于炉壁效应的影响炉气集中在炉壁附近，离炉壁越近，炉气的流速越大。

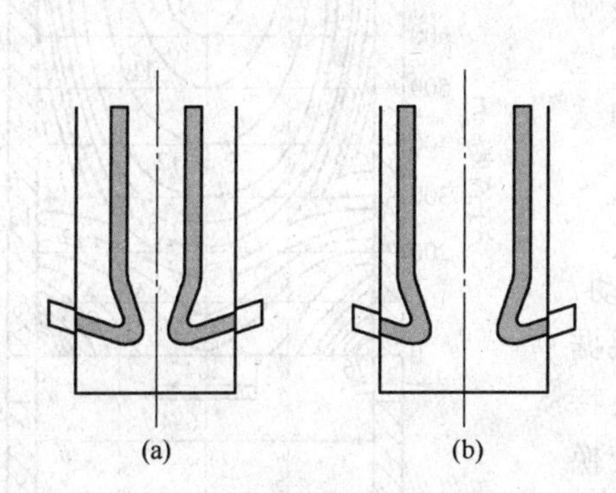

图 1-6 炉壁效应引起的炉气平均流线位置的变化

(a) 炉内气流阻力均匀；(b) 炉内气流阻力不均匀

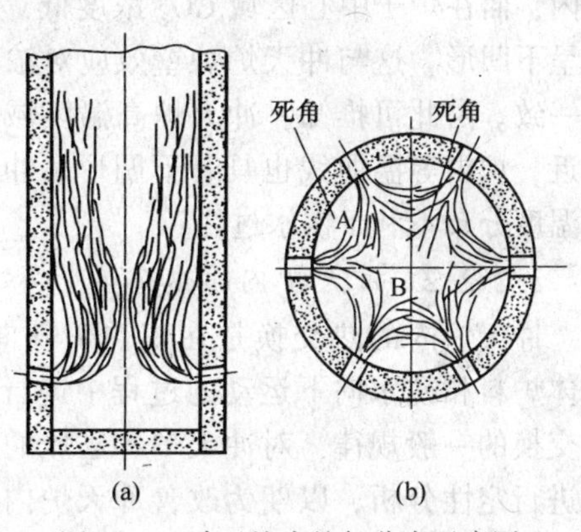

图 1-7 冲天炉内炉气分布示意图

冲天炉的横截面在风口的前沿，空气流速高、流量大，形成了强烈的燃烧带，而在两个风口之间的区域，如图1－7(b）的“A”区，由于空气量少而形成死区。此外，来自风口的气流，因焦炭块的阻力而逐渐失去动能，难于深入炉子中心，因而在炉膛截面的中心区域，如图1－7(b）的“B”区，也成为死区。可见，在冲天炉风口区域的炉膛横截面，空气及其与焦炭反应后所生成的炉气，无论沿炉膛的纵向还是径向均呈不均匀分布。

B 冲天炉的温度分布

(1) 温度沿冲天炉高度的分布。冲天炉内炉气成分与温度沿炉子高度的变化规律如图1－8所示，炉气成分中存在 CO_2 含量最大区域，此处炉气温度最高。此位置以上，由于 CO_2 还原吸热，使炉气温度下降；此位置以下，燃烧反应尚不完全，因而温度也不高。所以，冲天炉内温度沿炉子高度的分布仍不均匀。

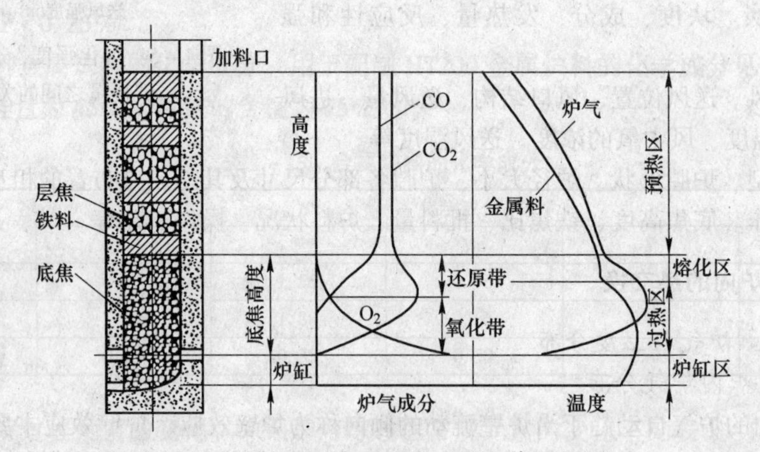

图1－8 炉气成分与温度沿冲天炉高度的变化

(2) 温度沿炉膛横截面的分布。由于炉气温度的变化与炉气中 CO_2 含量的变化一致，因此，可以从底焦层中炉气 CO_2 的浓度分布近似地推测炉内温度分布。图1－9所示为冲天炉内炉气 CO_2 等浓度曲线，表明 CO_2 最高浓度区域集中在炉壁附近约高风口400～500mm的区域内，而在炉子中心区域 CO_2 浓度低，等浓度曲线呈下凹形。这与冲天炉炉壁效应对浓度的影响相一致。由此可推知：冲天炉高温区域位于炉壁附近，炉内等温曲线也具有下凹形。冲天炉的这种温度分布不利于铁水过热。

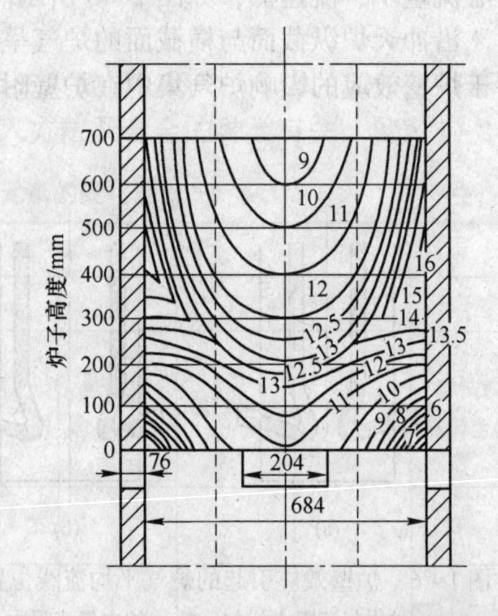

图1－9 冲天炉内炉气中 CO_2 等浓度曲线

1.2.2.2 冲天炉内的热交换

冲天炉内的热交换是在炽热炉气向上流动、固体炉料和铁水向下运动的过程中进行的，根据热交换的一般规律，对冲天炉各区域的热交换特点进行定性分析，以期为改善冲天炉内的热交换提供依据。冲天炉内各区域的位置如图1－8所示。

A 预热区的热交换

自冲天炉加料口下沿的炉料料面开始，至金属料开始熔化的位置为止，这一段炉身高度称为冲天炉的预热区。这一区域内热交换的特点是：

（1）以对流传热方式为主。正常操作条件下，预热区内炉气最高温度在1300℃左右，而炉气离开预热区的温度仅为200～600℃。在该区域，炉气与炉料之间辐射换热很小。由于炉气在料层内的实际流速较大，因此，炉气与炉料表面之间的传热方式主要是对流传热。

（2）传递热量大。设炉料的初始温度为20℃，在预热区达到的最高温度为1200℃，则预热区内所传递的热量为791kJ/kg。铸铁从20℃加热到1400℃所需的总热量为1213kJ/kg。可见，由预热区传递的热量约占总热量的65%，预热区内传热量大。

（3）预热区高度的变动大。对于一定的炉子来说，预热区高度受到炉子有效高度、底焦高度、炉内料面的实际位置、炉料块度、炉内料层的下移速度、炉气分布、铁焦比等许多因素的影响。因此，即使结构和尺寸完全相同的炉子，由于操作条件的变动，同样可以导致预热区高度的大幅度波动，并导致熔化效果的极大差异。从传热观点看，金属炉料的块度影响特别大。料块愈大，预热所需的时间愈长，预热区占据的炉身高度也愈大。当然，料块也不宜过小，以免造成严重氧化，阻碍炉气正常流动和影响热交换的正常进行。

B 熔化区的热交换特点

从金属炉料开始熔化至熔化完毕这一段炉身高度称为熔化区，该区域的热交换具有下列特点：

（1）以对流传热为主。与预热区相似，熔化区炉气与铁料之间的热交换仍以对流换热为主。在熔化区内，铁料不仅吸收熔化潜热，还吸收使铁料熔化所必需的一定过热热量。铁料的熔化开始于料块表层，然后逐层液化，乃至全部化掉。料块愈大，料层下移速度愈大，熔化区域的高度就愈大。

（2）熔化区域呈凹形。冲天炉内的熔化区，由于炉气与温度分布的不均匀性，在炉内呈凹形分布。炉气分布愈不均匀，熔化区下凹愈严重。由于炉气沿炉膛横截面分布的不均匀性，使熔化呈凹形分布如图1-10(a) 所示。图中H_b'大于H_a'，熔化区的平均位置H_b低于H_a，即b比a下凹严重。冲天炉内熔化区的分布特征表明，熔化区内的传热在炉壁附近比较强烈。

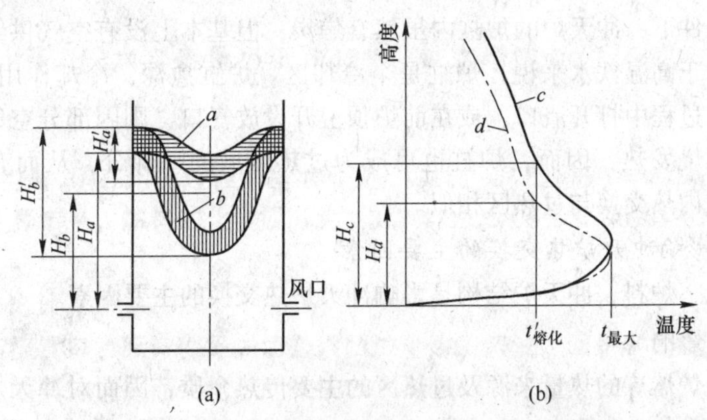

图1-10 炉气分布对熔化区形状和位置的影响

（a）对熔化区形状的影响；（b）对熔化区位置的影响

(3) 熔化区高度波动大。正常情况下，冲天炉内铁料的熔化开始于紧贴底焦顶面的炉料，在熔化过程中，因底焦燃烧消耗下降金属料也随之下移，并逐步熔化。图 1－10(b) 表示炉气温度沿炉子高度对熔化区开始位置的影响。图中 $t_{熔化}$ 为熔化区的炉气温度。显然，曲线 d 与 c 虽然最大温度相同，但由于曲线 c 高温区域大，故熔化区开始位置比曲线 d 高。

在图 1－11 中，H_1 为批料开始熔化时底焦顶面高度；H_2 为批料熔化结束时底焦顶面高度；H 为平均高度。由于预热区的高度变动大，熔化区的开始位置也随之有较大的波动。熔化区本身高度还受到炉气温度分布、焦炭烧失速度与批料量、炉料块度等许多因素的影响。这些因素的变动，将使铁料的受热面积、受热时间和受热强度发生改变，从而造成熔化区域高度发生较大的波动。

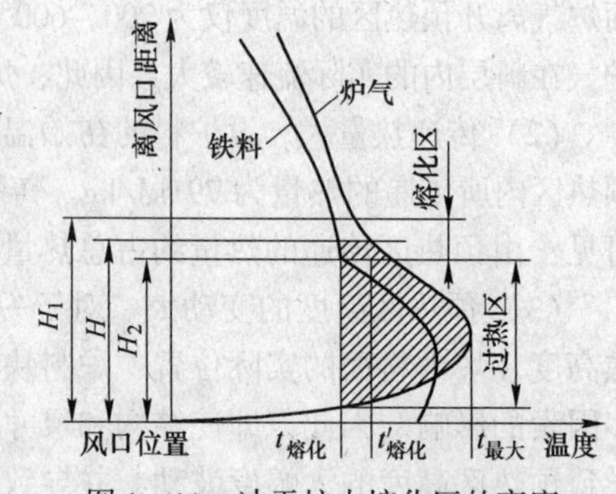

图 1－11　冲天炉内熔化区的高度

C　过热区的热交换特点

通常将铁料熔化完毕至第一排风口平面之间的炉身高度称为过热区，如图 1－11 所示。该区域的热交换有如下特点：

(1) 传热以铁水与焦炭间的接触热传导为主，以焦炭对铁水的辐射传热为辅。

(2) 传热强度大。铁水在过热区内，以小铁滴或小流股的形式穿过炽热的底焦层，停留时间一般低于 30s，而温度升高 150～250℃以上，铁水受热量达 147～209kJ/kg，这是熔化区和预热区的传热强度无法比拟的。正是由于过热区传热的这一特点，所以提高铁水温度比较困难，必须耗费较多的焦炭。因此，冲天炉熔炼一个十分重要的特点是熔化便宜过热贵。

(3) 铁水在过热区的受热强度随炉气最高温度的提高而增大；受热时间不受下料速度的制约，直接取决于过热区域的高度和铁滴的下落速度。在一般操作条件下，铁滴的大小和下落速度的变动幅度不大，所以，过热区内铁水温度的升高取决于炉气最高温度与过热区域的高度。实际上，铁水的过热度与图 1－11 中的阴影面积成正比。

D　炉缸区内的热交换特点

通常操作条件下，冲天炉的炉缸内虽然有焦炭，但基本上没有空气供给，几乎不燃烧发热，所以，对于高温铁水来说，炉缸是个冷却区。炉缸愈深，冷却作用就愈大。但是，如果在整个操作过程中打开渣口，或在前炉顶上开设放气口，则因部分空气进入炉缸，使炉缸内的焦炭燃烧发热，因而，炉缸也可成为过热区域的一部分，从而有利于铁水的过热。此时，炉缸内热交换与过热区相似。

1.2.2.3　影响冲天炉热交换的主要因素

焦炭、送风、炉料、冲天炉结构是影响冲天炉热交换的主要因素。

A　焦炭的影响

焦炭是冲天炉熔炼的热量来源及过热区的主要传热介质，因而对冲天炉热交换有重要影响。

(1) 焦炭成分的影响。焦炭的主要成分是固定碳和灰分。焦炭固定碳含量愈高，发热量愈大，阻碍燃烧反应和影响铁水吸热的灰分就愈少，熔炼过程中由灰分形成的渣量也相应减少，因而有利于提高炉气温度、强化焦炭对铁水的热传导和铁水的过热。实际上，采用含灰量很低的高碳焦炭是提高冲天炉铁水温度的重要途径。

（2）焦炭块度的影响。焦炭块度决定焦炭的表面积与体积的比值，从而影响焦炭的燃烧速度和炉气成分及温度。图1－12所示为焦炭块度对冲天炉炉气成分及炉气温度的影响。小块焦炭燃烧速度快，炉气温度较高，但高温区很短，不利于铁液的过热，如图1－12(a)所示。与此相反，块度很大的焦炭，燃烧速度很慢，产生的热量不集中，炉气温度低，也不利于铁液的过热，如图1－12(c)所示。只有块度适中的焦炭，燃烧速度适中，炉气温度较高，而高温区又较长，有利于铁液的过热，如图1－12(b)所示。在生产条件下，对于内径从500～1500mm的冲天炉，适宜的焦炭块度为80～150mm。小直径冲天炉应取较小的焦炭块度。

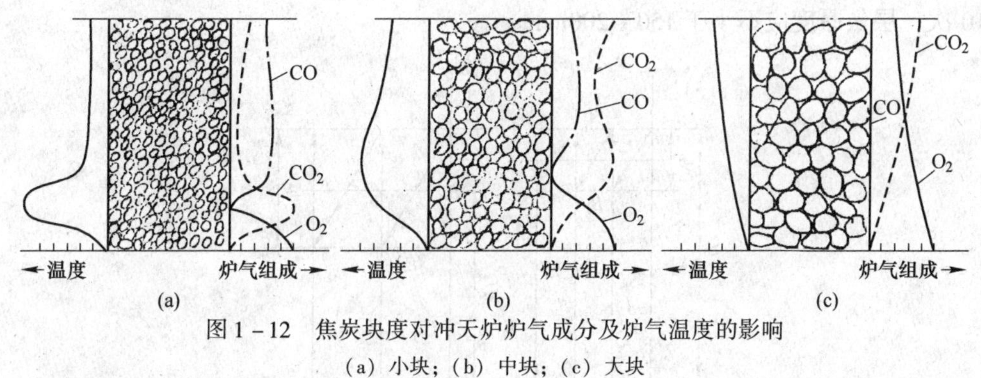

图1－12　焦炭块度对冲天炉炉气成分及炉气温度的影响

（a）小块；（b）中块；（c）大块

（3）焦炭反应性的影响。反应性是指焦炭还原二氧化碳的能力，亦称反应能力，通常用 R 表示。R 值是用 CO_2 气体通过加热至900℃的焦炭粒，测定反应后的气体成分，然后按下式计算得到：

$$R = \frac{\varphi(CO)}{2\varphi(CO_2) + \varphi(CO)} \times 100\% \tag{1-9}$$

式中，$\varphi(CO_2)$ 和 $\varphi(CO)$ 分别为气体产物中 CO_2、CO的体积分数。

焦炭反应性大，燃烧速度和还原二氧化碳的能力增大。因此，采用反应性大的焦炭能使氧化带缩短，还原带扩大，炉气最高温度降低，所以不利于铁水的过热，而且焦炭利用率也不充分。铸造用焦的 R 值应低于30%。

（4）底焦高度的影响。冲天炉炉气与金属温度沿炉身高度的变化规律如图1－13所示。底焦顶面应略高于超过炉料熔化温度所在的位置，即图1－13中的 H_1。如果底焦高度高于 H_1，则在送风开始时，底焦顶面的温度没有达到炉料的熔化温度，金属料必须待底焦燃烧下降至 H_1 时才熔化。此时，炉料预热比较充分，熔化区本身的高度小而平均位置高，因而有利于铁水的过热，但焦炭消耗量大、炉子熔化率低，因为只有加大焦炭消耗量，才能保持这样高的底焦高度。

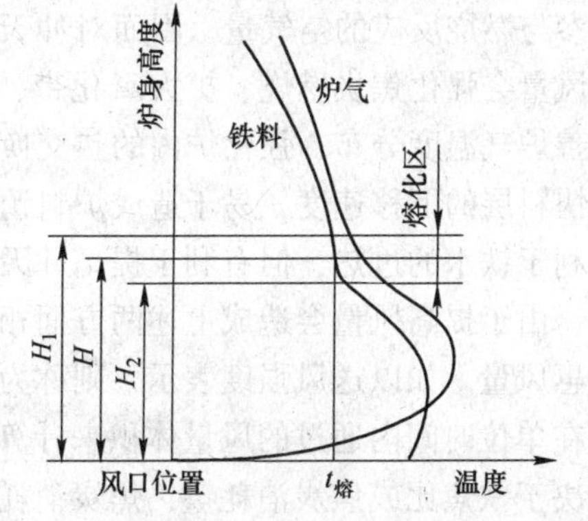

图1－13　炉气与金属温度沿炉身高度的变化

如果底焦高度低于H_1，则熔化带势必下移，情况严重时，未熔化的金属料可能进入风口区；批料层中也可能出现第二个熔化区。此时，不仅铁水温度低，而且炉子不能正常运行。

可见，合适的底焦高度是确保冲天炉内进行正常热交换的基础，也是决定炉内各区域位置的基本因素。因此，在冲天炉熔炼操作中必须严格控制底焦高度。

（5）层焦量的影响。层焦的用量应等于熔化每批铁料所消耗的底焦数量。如果层焦量过少，则在熔化期间底焦高度减小；反之，则底焦高度会增高。因此应有适宜的焦铁比，以便充分利用焦炭燃烧产生的热能，而使铁液得到最大程度的过热。

在焦铁比一定的条件下，可以有不同的层焦厚度及相应的层料厚度，层焦厚度会影响底焦的平均高度，如图1-14所示。为了维持较高的平均底焦高度，使铁液得到充分的过热，层焦厚度较小为好。但层焦厚度过薄会使加料次数频繁。一般条件下，每小时加料8~10次，层焦厚度应不小于150~200mm。

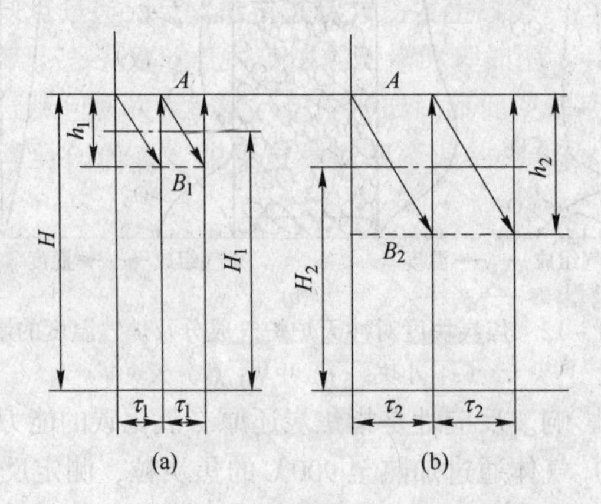

图1-14 批料层厚度对熔化区平均高度的影响

（a）薄批料；（b）厚批料

H—底焦高度；h_1，h_2—熔化区高度；A—熔化开始位置；B_1，B_2—熔化结束位置；

H_1，H_2—熔化区平均高度；τ_1，τ_2—批料熔化时间

B 送风的影响

（1）风量的影响。由于提高冲天炉的风量可提高进风速度和炉内气体的流动速度，增加参与燃烧反应的空气量，因而对冲天炉熔炼会产生如下两方面的作用：1）提高冲天炉的风量会强化焦炭燃烧、扩大氧化带、缩短还原带、提高炉气最高温度、扩大高温区域、改善炉气温度分布、强化炉内的热交换，从而有利于提高铁水温度；2）提高燃烧速度可加快料层的下移速度，易于造成炉料预热不足、熔化区位置下移、过热区高度缩短，从而不利于铁水的过热，但有利于提高冲天炉的熔化率。

由于提高风量会造成上述两方面相反的作用，因此，冲天炉有一个合适的风量，称为最惠风量。如以送风强度表示，则称为最惠送风强度。冲天炉的送风强度以单位炉膛截面积在单位时间内通过的风量体积来计算，单位为$m^3/(m^2 \cdot min)$，其最惠风量的大小主要取决于铁焦比或焦炭消耗量，焦炭消耗量愈大，炉料的预热时间就愈长，允许的料层下移速度就愈大，故其最惠送风强度也愈高，如图1-15所示，虚线表示最惠送风强度。

(2) 风速的影响。风速指风口出口处空气的平均流速。提高冲天炉的进风速度会产生下列两方面的影响：1) 清除焦炭表面阻碍燃烧反应的灰渣，强化焦炭燃烧，提高炉气最高温度，由于高速空气流易于深入到炉子中心，故可以改善炉气与温度分布，减少炉衬侵蚀，因而有利于强化炉内的热交换；2) 增加鼓风能量耗费，当风速过高时，高速空气流对焦炭块有吹冷作用，故会恶化燃烧反应，加大元素烧损。

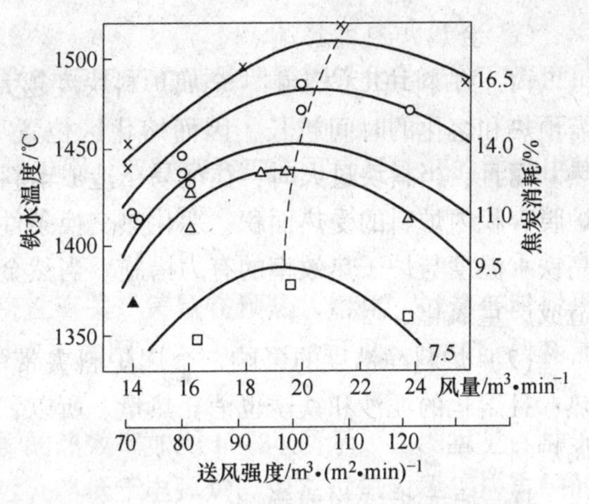

图 1－15 铁水温度与焦耗和送风强度的关系

因此，冲天炉应有合适的进风速度，如图 1－16 所示，风速过大或过小对铁水温度都有不利影响。合适的风速主要取决于焦炭含灰量与块度。焦炭含灰量高、块度小，宜用较高的风速。在图 1－16 的条件下，合适的风速为 35～46m/s。小风口冲天炉的进风速度为 40～60m/s，国外大风口冲天炉的进风速度大多低于 10m/s。

(3) 风温的影响。提高风温，即提高送入炉内的空气温度，可增加氧化带的热量来源。但由于空气体积膨胀可加大实际的进风速度，因而会产生下列两方面作用：1) 强化焦炭燃烧，提高燃烧速度和炉气最高温度；2) 缩短高温区域，加剧二氧化碳的还原反应，可降低炉气燃烧比。

风温对炉气温度分布的影响如图 1－17 所示，表明风温愈高，炉气最高温度愈高，高温区域则减小。尽管高温区域小，但由于炉气温度高，仍然可达到提高铁水温度的效果。所以，预热送风尤其是高温送风，是获得高温优质铁水、提高炉子熔化率、降低熔炼烧损的有力措施。如果利用冲天炉废气预热空气，还可以提高炉子的热效率。

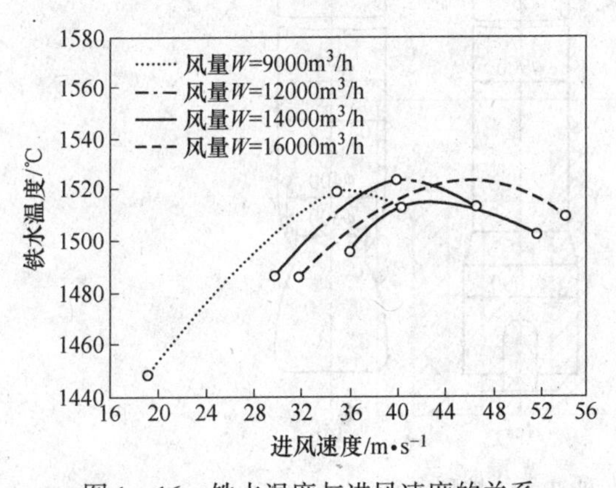

图 1－16 铁水温度与进风速度的关系

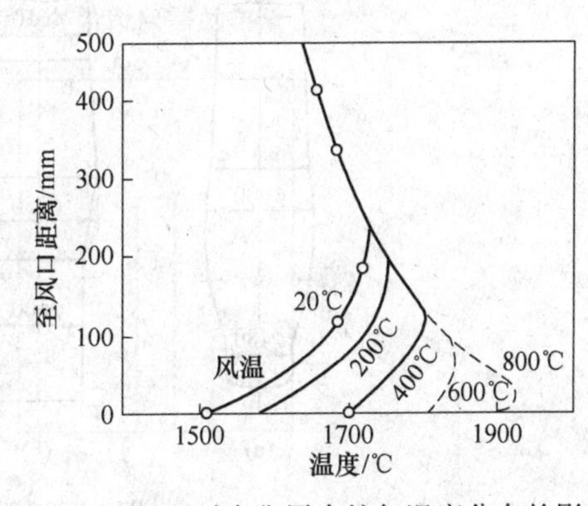

图 1－17 风温对底焦层中炉气温度分布的影响

(4) 富氧送风的影响。富氧送风，即提高送风中氧的浓度。富氧送风将加速底焦的燃烧反应、缩短氧化带、扩大还原带、提高炉气最高温度，从而提高铁水温度和炉子熔化率，其作用与热风类似。所不同的是，热风的作用起因于空气带入热量，而富氧的作用则起因于减少空气带入的氮气量。研究表明，风中含氧量增加 3%（即由 21% 增至 24%），能达到相当于 400℃热风的熔炼效果。

C 金属炉料的影响

(1) 炉料块度的影响。金属炉料块度越大，单位炉膛容积内炉料的受热面积越小，所需预热和熔化的时间越长，因而熔化区位置下降，过热区高度缩短，且不利于铁水的过热。而且，当料块过大时，往往易于造成卡料，使炉料不能均匀下移，会进一步减少单位炉膛容积内炉料的受热面积，恶化热交换条件。所以，减小冲天炉内金属炉料的块度是提高铁水温度与炉子热效率的有力措施。当然金属料块也不宜太小，以免阻塞气流通道，或造成严重氧化。

(2) 炉料净洁度的影响。金属炉料夹带的泥沙和铁锈附着于料块表面，阻碍料块受热；且熔化的泥沙和铁锈也消耗热量。所以，为保证铁水温度和铁水质量应避免不洁净金属炉料入炉。

D 冲天炉结构的影响

(1) 炉型的影响。炉型对炉气沿炉膛截面的分布及对炉内的热交换有一定影响。我国的焦炭质量较差、块度偏小，采用冲天炉风口区炉膛截面缩小的方法可使鼓风较容易进入炉膛中心，有利于改善铁液温度。曲线炉膛可减少冲天炉熔化区中心下凹倾向，熔化区平均高度上移。

图 1－18 所示是我国目前采用的 4 种炉型，图 1－18(a)、图 1－18(b) 两种炉型基本相似，风口区炉径缩小，有利于鼓风进入炉膛中心；同时，加料口至熔化区有一倾斜度，炉料均匀下降，减少炉壁效应，可防止卡料事故。图 1－18(c) 为炉底中央送风冲天炉，中央送风对大炉径冲天炉比较有利，燃烧区集中于炉膛中心，可削弱炉壁效应。图 1－18(d) 为卡腰型冲天炉，它采用小间距大斜度风口（30°～45°），为炉膛中心形成集中燃烧的高温区创造了条件。因此，随着焦炭质量提高，两排大间距风口冲天炉有更广泛的应用前景。

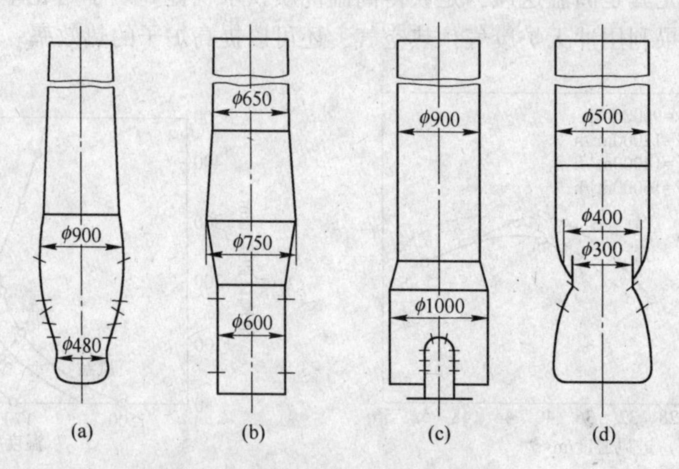

图 1－18 常见的四种冲天炉炉型

(a) 多排小风口；(b) 两排大间距风口；(c) 中央送风；(d) 卡腰冲天炉

(2) 风口布置的影响。三种不同送风位置及其相应的炉气平均流线位置如图 1－19 所示。通常，风口布置在冲天炉炉壁的送风方式称为侧部送风，如图 1－19(a)、图 1－19(b)，若将风口安在炉子底部，则称为底部送风或中央送风，如图 1－19(c) 所示。若采用风口出口与炉壁平齐的侧部送风，由于炉壁效应的影响较大，故平均流线靠近炉壁，如图 1－

19(a) 所示。而采用侧部插入式风口（即出口突入炉内焦炭层中）送风和中央送风，炉气的分布比较均匀，如图1-19(b)、图1-19(c) 所示。因此，对直径较大的炉子，为改善炉内的热交换条件，一般推荐后两种送风方式。

风口排数对冲天炉气流分布的影响如图1-20所示。多排风口的冲天炉气流分布比较均匀，因而有利于铁水的过热。多排风口的作用归因于上排风口气流在炉壁附近形成旋涡，阻碍下排风口气流折向炉壁。但其作用范围并不大，约在上排风口以上200~300mm处消失。

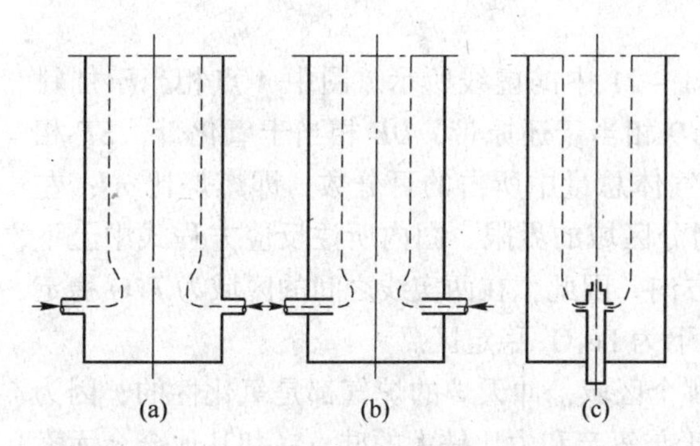

图1-19 炉气平均流线与送风位置的关系
(a) 侧部送风；(b) 侧部插入式送风；(c) 底部中央送风

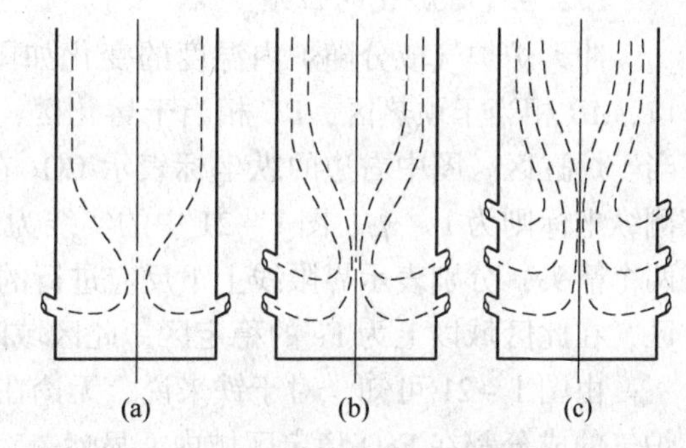

图1-20 风口排数对冲天炉气流分布的影响
(a) 单排；(b) 两排；(c) 三排

适当增加风口斜度，可延长炉气折向炉壁的流程，因而有利于削弱炉壁效应、改善炉气分布，从而有利于铁水的过热。但风口斜度不宜过大，否则将增加送风阻力，易造成高温气流直接冲刷炉底，加速炉底的损坏。因此，一般有前炉的冲天炉，其风口斜度大多限于5°~20°，只是在卡腰三节炉的特殊情况下，才使用较大斜度风口。

在多排风口中，通常将出口面积最大的排风口称为主风口，其余各排风口统称为辅助风口；将主风口位置安排在第二或第三排的位置称为主辅倒置，这是我国冲天炉特有的一种风口布置方式。显然，主风口位置不同，冲天炉最高温度的位置、炉内温度的分布也将不同，故不可避免地会对冲天炉的热交换发生影响。多排小风口或两排大排距风口冲天炉，大多采用主辅倒置的风口布置。

(3) 冲天炉尺寸的影响。冲天炉的炉膛直径取决于熔化率的要求，直径不同的冲天炉工作状况有很大差别。炉膛直径愈大，单位炉膛容积所需的炉壁面积愈小，由于炉壁散热与炉衬侵蚀造成的热损失所占份额降低，因而，大炉子即使采用无炉衬的水冷炉壁，也不至于对炉子的热效率带来较大影响。但炉膛直径愈大，炉壁效应愈严重，加之大炉子往往采用大料块、大批料量操作，则会大大恶化炉内的热交换条件。为了改善这种状况，可采用中央与侧吹联合送风的方式。

冲天炉的有效高度愈大，炉内装料量愈多，因而，愈有利于炉料的充分预热，改善炉内的热交换条件。所以，适当增加有效高度有助于提高铁水温度。但是，冲天炉的有效高度也不宜过大，否则，炉内料层过厚，易于造成卡料，影响炉料的正常运行，反而会恶化炉内的热交换。冲天炉合适的有效高度大致为炉膛内径的5~7倍，大炉子取小值。大小不同的冲天炉由于底焦高度、铁焦比、批料量、炉料状况和操作条件不同，炉壁效应强弱不一，所以，合适的有效高度也不同。

上述讨论了焦炭、送风、炉料和冲天炉结构对冲天炉热交换的影响。为了强化炉内的热交换，必须尽量提高传热强度，加大传热温差和传热面积，延长传热时间。为此，必须在提高炉气最高温度的基础上，提高熔化区域的位置，扩大过热区域的高度，这就必须正确选定冲天炉的结构尺寸，正确选用原材料，加强炉料管理，制定合适的操作参数，严格掌握每一个操作环节。

1.2.3　冲天炉的冶金反应

1.2.3.1　炉气的性质

冲天炉炉气成分随炉内温度的变化如图 1-21 中的虚线所示。图中 *A* 点相当于加料口，*AB* 相当于预热区，*BC* 相当于熔化区，*CD* 相当于还原带，*DE* 相当于氧化带，*EF* 相当于炉缸区。图中右边的纵坐标表示 CO_2 在气体总量中所占的百分数，即燃烧比 η_v；左侧纵坐标则为 $1-\eta_v$。图 1-21 中的实线为划分区域的界限。图内所注反应方程式中上下两个箭头，分别表示界限线上下反应进行的方向。因此，在两实线之间的区域为 FeO 稳定区，在此区域以上为 Fe 的稳定区，此区域以下为 Fe_3O_4 稳定区。

由图 1-21 可知，对于铁来说，无论在哪个区域，冲天炉的炉气都是氧化性的，因为炉气的成分都在 FeO 稳定区域内。显然，对于与氧亲和力比铁大的硅、锰和其他合金元素将更是如此。炉气中主要的氧化性组分为 O_2 与 CO_2。在冲天炉的氧化带内，由于 O_2 与 CO_2 的浓度都很高，因而炉气氧化性最强；在还原带内，炉气中 CO 含量较高，因而氧化性较弱。值得注意的是，这里所说的还原带仅指 CO_2 被碳还原成 CO 而言，而对于铁和合金元素来说，还原带内的炉气仍然呈氧化性。由此可见，冲天炉内的炉气不仅是热交换中的传热介质，而且是冶金反应中的氧化介质。

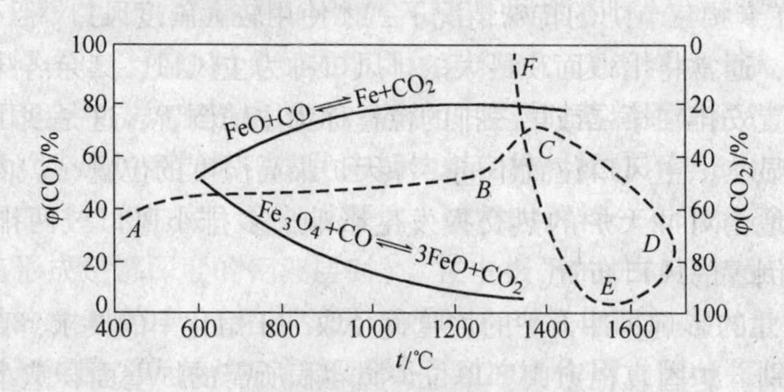

图 1-21　冲天炉熔炼中铁被氧化的可能性

1.2.3.2　冲天炉熔炼中炉渣的形成及其作用

冲天炉熔炼中，炉料及铁液被氧化而生成的氧化物（FeO、MnO、SiO_2 等），以及黏附于炉料表面的泥沙和焦炭中的灰分等都是不溶于铁液的夹杂物，为了将它们从铁液中除去，在熔炼过程中要按照炉料的重量加入一定量的石灰石（$CaCO_3$）作为熔剂。石灰石在高温下分解得到石灰（CaO）、CaO 与 FeO、硫化物、泥沙、灰分等化合物，形成低熔点的复杂化合物，即熔渣。熔渣易于与铁液分离而便于除去。有时当炉渣黏度高，不易清除时，可加入一些萤石（CaF_2），以降低炉渣熔点，使之变稀。炉渣的碱度定义为：

$$炉渣碱度 = \frac{w(CaO)+w(MgO)}{w(SiO_2)} \tag{1-10}$$

式中，$w(CaO)$、$w(MgO)$、$w(SiO_2)$ 为炉渣中该组分的质量分数。在碱性渣的碱度计算中，有时还将 Al_2O_3 作为酸性组分计在上式的分母中。

炉料中加入不同百分比的石灰石时，可以得到不同碱度的炉渣。一般冲天炉熔炼多采用酸性炉渣。当在冲天炉熔炼过程中脱硫时，需要采用碱性炉渣。酸性炉渣和碱性炉渣的成分见表1-11。由表可见，冲天炉炉渣的主要成分为 SiO_2、CaO 和 Al_2O_3。三者总和占80%～90%。为使炉渣在液态下有较低的黏度，以易于与铁分离，并充分发挥炉渣在冶金过程中的作用，炉渣应有适宜的熔点。通常为1300℃左右，其成分范围在图1-22的阴影部分内。由图可见，碱性炉渣的熔点较高。由于炉渣中除 SiO_2、CaO、Al_2O_3 外，还有多种其他成分，故炉渣的实际熔点低于图中标明的温度。

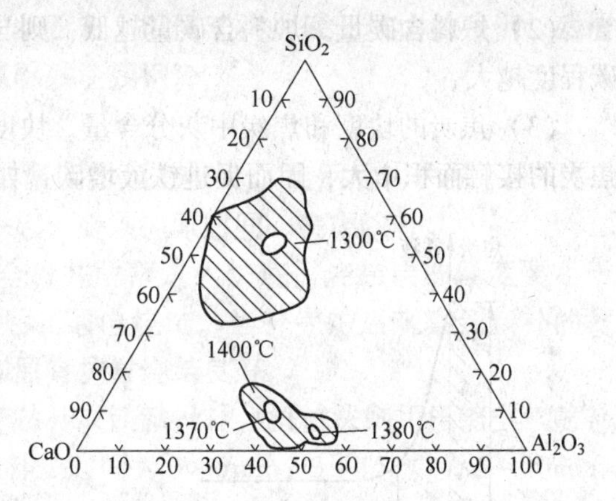

图1-22 冲天炉炉渣成分范围

（上部阴影为酸性渣成分，下部阴影为碱性渣成分）

表1-11 冲天炉炉渣的成分

名称	炉渣化学成分（质量分数）/%							
	SiO_2	CaO	Al_2O_3	MgO	FeO	MnO	P_2O_5	FeS
酸性渣	40～55	20～30	5～15	1～5	3～15	2～10	0.1～0.5	0.2～0.8
碱性渣	20～35	35～50	10～20	10～15	≤2	≤2	≤0.1	1～5

1.2.3.3 熔炼期间铁水化学成分的变化

A 含碳量的变化

在冲天炉熔炼中，铁液含碳量的变化来自两方面的原因：（1）铁液从焦炭吸收碳分（增碳）；（2）铁液中所含碳的氧化（脱碳）。铁液含碳量的变化是增碳和脱碳共同作用的结果。

a 铁液的增碳

炉料熔化后，铁水液滴在下落中与焦炭接触，在焦炭表面吸收碳分。高温下，碳在铁液中的溶解过程很快，铁液界面处的含碳量迅速达到饱和状态。其后的增碳过程是：铁液中碳原子从界面处向液滴内部扩散；铁液在界面处继续吸收碳分以维持其饱和状态。在时间充分的条件下，整个液滴将达到碳饱和状态。在增碳过程中，碳原子在铁液中的扩散是全过程的限制性环节。图1-23所示为铁液增碳过程示意图。碳的扩散速度可表示为：

$$\frac{dc}{d\tau} = D\frac{F}{V}\frac{C_0 - C}{\delta} \tag{1-11}$$

式中，C_0 为碳的饱和浓度；C 为铁液中碳的实际浓度；τ 为时间；D 为扩散系数；F、V 分别为铁液与焦炭的接触面积和铁液的体积；δ 为扩散层厚度。

在冲天炉熔炼过程中，铁液的含碳量总是趋向于共晶成分的含碳量，故通常将共晶含碳量定义为铁液的饱和含碳量，即：

$$C_0 = 4.3\% - \frac{1}{3}w(Si) + w(P) \tag{1-12}$$

影响铁液增碳的主要因素如下：

(1) 铁液温度。铁液温度高，碳原子扩散速度快，而且温度高时铁液黏度低、流动性好，单位时间内与焦炭的接触面积大，使增碳速度提高。

(2) 炉料含碳量。炉料含碳量越低，则与饱和含碳量的差值（C_0-C）越大，铁液增碳程度越大。

(3) 焦炭的块度和焦炭中灰分含量。块度小的焦炭具有较大的相对表面积，使铁液与焦炭的接触面积增大，因而促进铁液增碳，如图1-24所示。

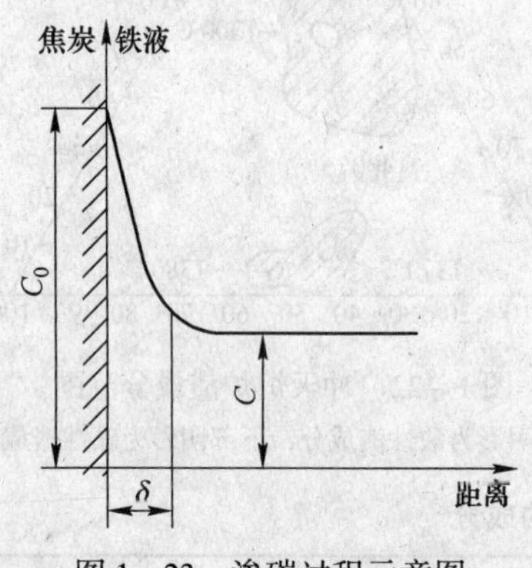

图1-23　渗碳过程示意图

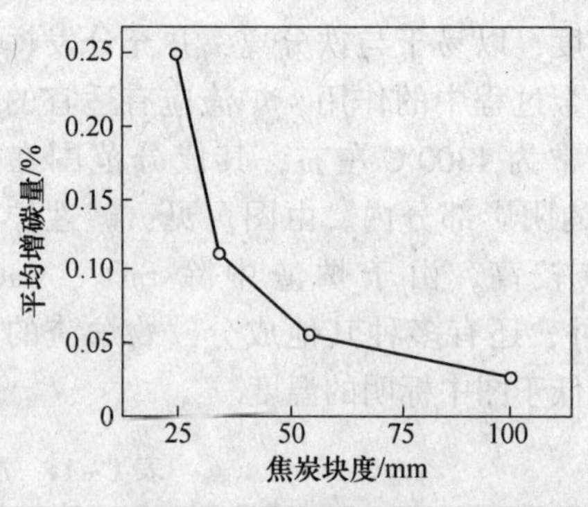

图1-24　焦炭块度对铁液增碳的影响

焦炭中灰分在铁液的高温作用下易与铁液中的FeO结合而在焦炭表面上形成一层渣膜，在焦炭与铁液间形成隔离层，因而降低扩散速度。故当灰分含量高时，铁液增碳程度较轻。

(4) 铁液在炉缸中停留的时间。冲天炉炉缸中充满焦炭，如果用炉缸储存铁液，则铁液将有较长的时间与焦炭接触而进行较充分的增碳过程。因此，为使冲天炉能熔炼出低碳铁水，应设置前炉储存铁液。

(5) 送风强度。增大送风强度可使熔化率上升，使铁液在过热区内停留的时间缩短，故增碳程度减弱。

b　铁液的脱碳

冲天炉熔炼过程中，铁液的脱碳包括：(1) 炉气对铁液的直接脱碳；(2) 炉气通过FeO对铁液的间接脱碳。炉气中的O_2和CO_2对铁液的直接脱碳反应式为：

$$[C]+O_2 \longrightarrow CO_2 \quad (1-13)$$

$$[C]+CO_2 \longrightarrow 2CO \quad (1-14)$$

式中的方括号表示铁液中的碳。前一个反应主要发生在氧化带内，后一个反应主要发生在氧化带以及还原带的下半部。炉气中的O_2和CO_2浓度和铁液中碳的浓度愈高，脱碳量愈大。

由于冲天炉炉气对于铁是氧化性的，故铁液中含有一定量的FeO，而FeO又会促使碳氧化。

$$[FeO]+[C] = [Fe]+CO \quad (1-15)$$

由于过热区炉气的氧化性强、温度高，故碳的氧化过程主要发生在冲天炉的过热区。其影响铁液脱碳的主要因素如下：

（1）炉料含碳量。炉料含碳量愈高，脱碳量愈大。

（2）送风温度和强度。提高送风温度能有效地提高炉温、缩小氧化带、扩大还原带、减弱炉气的氧化性、降低脱碳速度，从而使增碳率提高。

在焦铁比一定的条件下，提高送风强度会使氧化带扩大，炉气氧化性（CO_2/CO）提高，因而使脱碳速率增高，铁液总的增碳量减少，如图1－25所示。

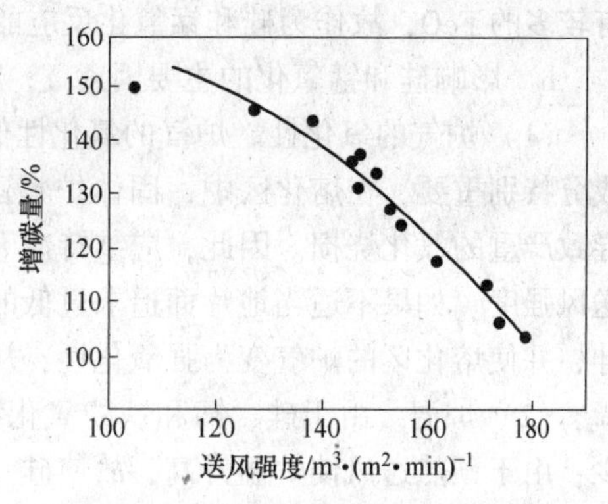

图1－25　送风强度对增碳量的影响

c　铁液含碳量的控制

在铸铁熔炼过程中，铁液的最终含碳量主要与炉料的含碳量及炉内燃烧状况有关。

控制铁液含碳量主要在冲天炉的配料中进行。在金属炉料中，生铁的含碳量较高，一般在4.0%以上。回炉废铸铁件的含碳量低于生铁，其含量大致在3.2%～3.8%之间。废钢的含碳量最低，一般是在0.2%～0.6%之间。故需要熔炼高含碳量的球墨铸铁、蠕墨铸铁时，宜采用全部或大部分生铁作炉料；而当熔炼低碳含量的灰铸铁时，可采用较多回炉废铸铁件作炉料。当熔炼高牌号灰铸铁及可锻铸铁时，可采用不同比例的废钢，并配以部分生铁和废铸铁件作炉料。表1－12中列出了熔炼不同牌号灰铸铁时配料的含碳量，以及相应的废钢加入量和最终的铁液含碳量的对应关系，供参考。

表1－12　不同牌号灰铸铁的配料含碳量与铁液含碳量

铸铁牌号	HT150	HT200	HT250	HT300	HT350
废钢在炉料中的比例/%	0	10～25	25～40	40～60	50～75
配料中碳的质量分数/%	3.7～4.0	2.8～3.3	2.2～2.8	1.4～2.2	1.2～2.0
铁液中碳的质量分数/%	3.5～3.8	3.3～3.6	3.2～3.5	3.0～3.3	2.9～3.2

B　含硅量和含锰量的变化

a　铁液中硅和锰的氧化

冲天炉熔炼过程中，硅和锰的氧化有两种途径，即直接氧化和间接氧化。直接氧化是送风中的氧与铁液表面层的硅和锰直接反应形成氧化物，形成的氧化物直接进入炉渣中。

$$[Si] + O_2 \longrightarrow (SiO_2) \quad (1-16)$$

$$2[Mn] + O_2 \longrightarrow 2(MnO) \quad (1-17)$$

$$[Si] + 2CO_2 \longrightarrow (SiO_2) + 2CO \quad (1-18)$$

$$[Mn] + CO_2 \longrightarrow (MnO) + CO \quad (1-19)$$

式中，圆括号表示炉渣。

间接氧化是铁液中的硅和锰与FeO发生反应形成氧化物：

$$[Si] + 2[FeO] \longrightarrow (SiO_2) + 2[Fe] \quad (1-20)$$

$$[Mn] + [FeO] \longrightarrow (MnO) + [Fe] \quad (1-21)$$

硅和锰的氧化主要在熔化区和过热区进行，并以间接氧化方式为主。由于铁液中溶解有较多的 FeO，故作为硅和锰氧化反应的介质使得氧化反应速度大为提高。

b 影响硅和锰氧化的主要因素

（1）炉气的氧化性。炉气的氧化性低，有利于减少硅、锰的氧化烧损。熔化区的炉气成分特别重要，在熔化区中，固体炉料逐层熔化，若炉气为强氧化性，则将被逐层氧化，导致严重的氧化烧损。因此，应维持冲天炉的正常燃烧状况，特别是选用适宜的焦铁比和送风强度。如果不适当地片面追求过低的焦铁比，或送风强度过大，都将使氧化带向上延伸，并使熔化区的炉气变为强氧化性，从而导致炉料中硅和锰的大量烧损。

（2）炉温。由于硅、锰和铁的氧化都是放热反应，因此当温度提高时氧化烧损率减少；由于预热送风使炉温升高，故使硅、锰的氧化烧损率减少。在热风温度较高和酸性炉渣条件下，甚至会发生炉渣中的 SiO_2 被还原的现象，铁液中含硅量非但不降低，反而有所增高。

（3）炉渣性质。由于铁液与炉渣之间的相互作用，使铁液中的硅、锰含量与炉渣中 SiO_2、MnO 成分的活度有一定的平衡关系。生产中大多数使用酸性冲天炉，酸性炉渣中 SiO_2 的活度较大，而 MnO 的活度较小，因此，铁液中硅的回收率较高，而锰的回收率较低；碱性冲天炉的情况则相反。

c 冲天炉熔炼中硅和锰的烧损率

在冲天炉正常熔炼条件下，酸性冲天炉硅的烧损率为 10% ~20%，锰的烧损率为 15% ~25%；碱性冲天炉硅的烧损率为 20% ~30%，锰的烧损率为 10% ~15%。

C 含硫量的变化

a 熔炼中铁液的增流与脱硫

铁液中的硫来自于炉料和焦炭。在冲天炉熔炼条件下，炉料中固有的硫量与熔炼中铁液的增硫量的关系如图 1 -26 所示。酸性冲天炉熔炼不具有脱硫能力；碱性冲天炉，特别是预热送风碱性冲天炉，具有一定程度的脱硫能力。

b 影响铁液增硫的主要因素

（1）炉料含硫量。铁液从焦炭中吸收硫的过程与吸收碳相似。增硫程度与炉料含硫量有关，炉料含硫量愈低，增硫量愈多。在废钢、生铁和废铸铁件三种炉料中，废钢的含硫量最低，生铁其次，废铸铁件最高，冲天炉熔炼中废钢的增硫量最多。

（2）焦铁比。熔炼一定量铁液时，使用的焦炭量愈多，则从焦炭带入的硫量愈多，铁液增硫严重，如图 1 -26 所示。

（3）焦炭含硫量。要求铸造焦炭有较低的含硫量，焦炭含硫量高铁液增硫严重。

c 影响铁液脱硫的主要因素

（1）炉渣碱度。炉渣的碱度越高，炉渣脱硫能力越强。冲天炉熔炼过程中炉渣含硫量与炉渣碱度之间的关系如图 1 -27 所示。由此可知，随着碱度提高，渣中含硫量增加。

（2）炉气的氧化性。炉气的氧化性强，渣中 FeO 含量高，不利于脱硫。因为 $FeS + CaO = CaS + FeO$，反应式中 FeO 含量增高阻碍脱硫反应向右进行。焦铁比过低，送风强度过大，促使炉气氧化性提高，从而降低脱硫效果。

（3）温度。由于脱硫是吸热反应，故提高温度有利于脱硫。高温和高碱度（$R = 1.4 \sim 2.0$）可以为脱硫创造良好条件。

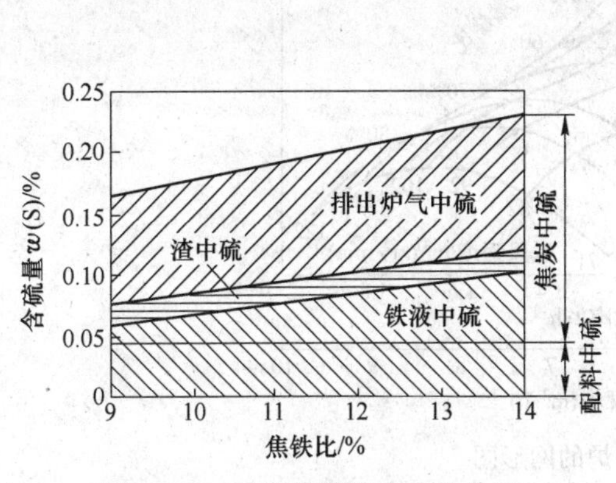

图 1－26 冲天炉熔炼中硫的分配

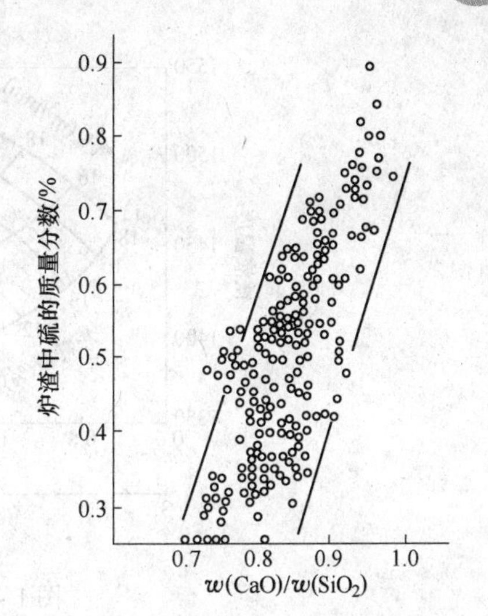

图 1－27 炉渣含硫量与炉渣碱度的关系

D 含磷量的变化

冲天炉熔炼中，由于炉气的氧化性较弱、炉温较高，故铁液中所含磷量不易被氧化除去。冲天炉熔炼的脱磷能力很弱，即使是在碱性冲天炉中也不能有效脱磷。

为了有效脱磷，要求炉渣具有高碱度和强氧化性，同时要求有低的炉温。在冲天炉熔炼条件下，不能满足低温和强氧化性的要求，因此对铁液的含磷量只能通过配料来控制。磷对铸铁的力学性能，特别是对球墨铸铁和可锻铸铁的韧性有害，因此，应严格限制炉料的含磷量。

1.3 铸铁熔炼过程控制

1.3.1 冲天炉操作参数的确定

1.3.1.1 冲天炉的网形图

冲天炉是多变量的复杂系统，通过大量的实践积累，建立了可描述冲天炉送风强度、焦耗量、燃烧比、铁液温度与冲天炉熔化率之间相互关系的网形图，如图 1－28 所示。

由图可见，焦耗一定时，随着送风强度的提高冲天炉的熔化率增加，而铁液的温度先提高，达到某一最大值后开始下降。对应最高温度的送风强度称为最佳送风强度，随焦炭消耗率提高，最佳送风强度相应提高，铁液温度也相应提高，图中箭头所指为表示不同焦炭消耗量的最佳风量连接线，此时铁液中合金元素烧损也较低。

风量一定时，随着焦炭消耗量增加，铁液温度提高，但炉子的熔化率降低。

为达到一定的铁液温度，可以有不同的焦耗量与风量的配合。例如，为达到 1450℃的铁液温度，可以有多组碳耗量与风量的配合，从而得出不同的熔化率，见表 1－13。由表可见，第四种情况最好，焦耗低而熔化率高。对于某一冲天炉来说，采用不同风量和焦耗相配合的方案，总有一种最佳配合，此时既能保证铁液的温度，又可以节省焦炭和提高熔化率，合金元素的烧损也在正常范围之内。每一台冲天炉都应从长期的操作中积累并绘出特有的网形图，用以指导冲天炉的正常工作。

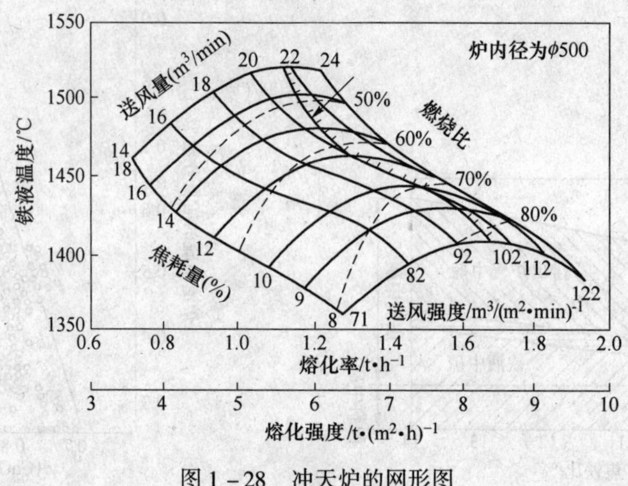

图 1－28　冲天炉的网形图

┅┅┅—最佳风量线

表 1－13　冲天炉的焦耗量、风量和熔化率的关系

焦耗/%	17	14	12	11
风量/$m^3 \cdot min^{-1}$	14	15.5	17	20
熔化率/$t \cdot h^{-1}$	0.70	0.94	1.12	1.40

1.3.1.2　层焦量与底焦量的确定

A　层焦量

层焦的作用是补偿每熔化一批铁料底焦的消耗，并将各批铁料分隔开，因此层焦应有一定厚度。根据炉子大小和焦炭的块度，层焦厚度一般控制在 100～200mm。可按下式计算层焦量：

$$W_J = (0.086 \sim 0.126) D^2 \rho \tag{1-22}$$

式中，W_J 为每批层焦的质量，kg；D 为熔化区的炉膛直径，m；ρ 为焦炭堆积密度，ρ = 450～500kg/m^3。

每批层焦的质量（kg）也可按铁焦比确定：

$$W_J = \frac{W_T}{K} \tag{1-23}$$

式中，W_T 为层铁重量，kg，一般小炉子取小时熔化量的 1/10；K 为层铁焦比。

B　底焦高度

冲天炉第一排风口中心线到底焦顶面之间的距离称为底焦高度。它是影响铁液温度和化学成分的重要参数。底焦顶面温度约 1200℃，金属料在此处开始熔化。

底焦高度是变动的，其高度受下列因素影响：（1）送风强度越大，氧化区越大，底焦高度也越高；（2）风口排距、排数和斜度增加，底焦高度也相应提高；（3）焦炭块度小、反应能力强、氧化区缩短，底焦高度相应降低；反之，底焦高度提高；（4）层焦耗量增加，底焦高度相应提高。

针对不同结构的炉子，底焦高度有下列两种经验估算法：

多排小风口冲天炉的底焦高度为：

$$h = D_{max} + (500 \sim 700)$$

式中，D_{max}为最大炉膛直径，mm。

大间距双排送风冲天炉的底焦高度为：

$$h = L + (800 \sim 1200)$$

式中，L为风口间距，mm。熔化率小于5t/h的冲天炉，或风口倒置时，取上限值；熔化率大于5t/h的冲天炉，或风口顺置时，取下限值。

底焦高度是否合适应经过实践进行修正。如果开风6～8min时，主排风口能见到滴铁，说明底焦高度基本合适；如果见到滴铁的时间小于5min，说明底焦高度不够。修炉时能测到底焦高度，即底焦高度在熔化区的上沿，炉衬有明显的侵蚀，炉壁有少量挂渣，此处就是底焦的顶面。

1.3.1.3　风量的计算

（1）按最佳送风强度计算。

$$W = \frac{\pi}{4}D^2Q \tag{1-24}$$

式中，W为送风量，m^3/min；D为熔化带炉膛直径，m；Q为最佳送风强度，$m^3/(m^2 \cdot min)$。

焦炭中固定碳的质量分数按93%计算时，最佳送风强度与层焦消耗［kg(焦)/100kg(铁)］的关系为：

$$Q = 71 + 3.33C \tag{1-25}$$

式中，C为铁水的含碳量。

（2）按焦炭消耗量计算风量。

冲天炉熔化率与焦炭燃烧比（η_v）的关系可用下式表示：

$$G = \frac{60W}{1000[kK \times 4.45(1-\eta_v)]} \tag{1-26}$$

式中，G为熔化率，t/h；k为焦炭中碳的质量分数,%；K为焦耗量,%；W为风量，m^3/min。式（1-26）可简化为：

$$G = \frac{0.0135W}{kK(1-\eta_v)} \tag{1-27}$$

式（1-27）两边除以炉膛截面积，得到冲天炉熔化强度$S[t/(m^2 \cdot h)]$和送风强度$Q[m^3/(m^2 \cdot min)]$的关系为：

$$S = \frac{0.0135Q}{kK(1-\eta_v)} \tag{1-28}$$

燃烧比可在加料口处测得。由表1-14可确定由焦耗量确定的最佳送风强度。

表1-14　根据焦耗量确定最佳送风强度

每100kg铁的焦耗量/kg	5	6	7	8	9	10	11	12	13	14
最佳送风强度/$m^3 \cdot (m^2 \cdot min)^{-1}$	88	91	94	98	101	104	108	111	114	118

在冲天炉熔化率、焦耗量和炉气燃烧比已知的情况下，可由式（1-29）计算出冲天炉的风量$W(m^3/min)$。

$$W = 74kKG(1 + \eta_v) \tag{1-29}$$

1.3.1.4　熔剂加入量

冲天炉用的溶剂主要是石灰石及少量萤石，其加入量根据焦耗量、焦炭中灰分含量和铁料锈蚀情况等确定，一般石灰石加入量多为层焦重量的20% ~30%。由于萤石产生的气体对人、农作物有害，故应尽可能少用萤石。

1.3.2　冲天炉配料计算

根据铁水的化学成分，考虑冲天炉在熔炼过程中元素的烧损和炉料的实际情况，进行各种金属炉料配合比例的计算。下面以配制 HT200 铸铁为例说明配料计算方法。

1.3.2.1　配料计算的原始资料

（1）铸铁的化学成分。灰铁 HT200 的化学成分是：3.45% C，1.75% Si，0.65% Mn，S <0.12%，P <0.25%。

（2）各种金属炉料的化学成分。用于配制 HT200 金属炉料的化学成分见表 1－15，所用硅铁的含硅量为45%，锰铁的含锰为75%。

表 1－15　金属炉料的化学成分

炉料名称	化学成分/%				
	C	Si	Mn	P	S
生铁	4.19	1.56	0.76	0.04	0.036
回炉料	3.28	1.88	0.66	0.07	0.098
废钢	0.15	0.35	0.50	0.05	0.05

（3）熔炼过程元素的变化。冲天炉熔炼过程常规元素的变化率见表 1－16。

表 1－16　冲天炉熔炼过程中常规元素的增减率

元素	C	Si	Mn	P	S
变化率/%	+（0 ~ 15）	－（10 ~ 20）	－（15 ~ 25）	0	+（40 ~ 80）

注：“+”表示元素增加，“－”表示元素减少。

熔炼 HT200 铸铁，假设元素的烧损为：Si 约 15%；Mn 约 20%；S 为 +50%。熔炼铸铁需要加入合金元素，且合金元素的烧损量与其加入方法及合金的种类有关，见表 1－17。

表 1－17　熔炼过程中合金元素的变化量

加入方法	项目	合金元素								
		Cr	Mo	W	V	Mn	Cu	Ti	Sb	P
炉内加入	铁合金	铬铁 Cr1 ~ Cr5	钼铁 Mo551 Mo552	钨铁 W701 W702 W657	钒铁 V401 V402 或钒钛生铁	锰铁 Mn1 ~ Mn5	紫铜或含铜生铁	钒钛生铁		磷铁或高磷生铁
	冲天炉熔化增减率/%	－（15 ~ 25）	－（10 ~ 15）	－（10 ~ 15）	－（15 ~ 20）	－（15 ~ 25）				－（10 ~ 17）
	电炉熔化增减率/%	－（10 ~ 15）	－（5 ~ 10）	－（5 ~ 10）	－（8 ~ 13）	－（10 ~ 15）				－（7 ~ 13）

续表 1-17

加入方法	项目	合金元素								
		Cr	Mo	W	V	Mn	Cu	Ti	Sb	P
铁水槽冲入	铁合金	铬铁 Cr1 ~ Cr5	钼铁 Mo551 Mo552		钒铁 V401 V402	锰铁 Mn0 ~ Mn3	紫铜	钛铁 Ti251 Ti252	锑	
	铁合金粒度/mm	1 ~ 7	1 ~ 5		1 ~ 7	1 ~ 10	5 ~ 20	1 ~ 10	5 ~ 15	
	铁液温度/℃	1420 ~ 1450	1420 ~ 1450		1420 ~ 1450	1410 ~ 1430	1380 ~ 1420	1400 ~ 1430	1350 ~ 1420	
	元素增减率/%	-(8 ~ 13)	-(5 ~ 8)		-(7 ~ 10)	-(8 ~ 10)		-(20 ~ 30)	-(35 ~ 45)	

1.3.2.2 配料计算

A 炉料中各元素含量的计算

根据熔炼过程中元素的变化，将所需的铁水化学成分折算成炉料的化学成分。

(1) 炉料碳量的计算。按经验公式：$w(\mathrm{C}_{炉料}\%)=\dfrac{w(\mathrm{C}_{铁水}\%)-1.8\%}{0.5}$进行计算。式中，$w(\mathrm{C}_{铁水}\%)$、$w(\mathrm{C}_{炉料}\%)$ 分别为碳在铁水与炉料的质量百分数；1.8 为增碳系数，此值随冲天炉的增碳量和炉料原始含碳量而变化，大致为1.7% ~1.9%。由于铁水的平均含碳量为3.4%，因此：$w(\mathrm{C}_{炉料}\%)=\dfrac{3.4-1.8}{0.5}\%=3.2\%$。

(2) 硅量计算。铁水含硅量应为1.75%，硅烧损率为15%，因此：$w(\mathrm{Si}_{炉料}\%)=\dfrac{1.75}{1-0.15}\%=2.06\%$。

(3) 锰量计算。铁水含锰量应为0.65%，锰烧损率为20%，故 $w(\mathrm{Mn}_{炉料}\%)=\dfrac{0.65}{1-0.20}\%=0.81\%$。

(4) 硫量计算。铁水含硫量小于0.12%，铁水增硫量为50%，故 $w(\mathrm{S}_{炉料}\%)=\dfrac{0.12}{1+0.5}\%=0.08\%$。

(5) 磷量计算。磷在熔炼过程中基本不变，因此：$w(\mathrm{P}_{炉料}\%)=w(\mathrm{P}_{铁水}\%)<0.25\%$。

根据上述计算结果，炉料的化学成分为：3.2% C，2.06% Si，0.81% Mn，S < 0.08%，P < 0.25%。

B 炉料配比计算

回炉料是指浇冒口、废铸件等一切必须回炉重熔的铸铁。回炉料的配比主要取决于废品率和成品率，随具体情况而变化。此处按20%计算。

设生铁的配比为$X\%$，则废钢的配比为$100\%-20\%-X\%$。按炉料所需含碳量为3.2%，生铁、废钢、回炉料的含碳量分别各为4.19%、0.15%、3.28%，可列出下列方程：

$$4.19X + 0.15(100 - 20 - X) + 3.28 \times 20 = 3.2 \times 100$$

由此解出：$X\% = 60\%$。所以，铁料配比为：生铁 60%，废钢 20%，回炉料 20%。

C　核算炉料配比成分

按上述配比及各种炉料的成分，计算配比后的炉料成分列于表 1－18。

表 1－18　配比后的炉料成分　(%)

炉料名称	配比	C		Si		Mn		S		P	
		成分	数量	成分	数量	成分	数量	成分	数量	成分	数量
生铁	60	4.19	2.51	1.56	0.94	0.76	0.46	0.036	0.022	0.04	0.024
回炉料	20	3.28	0.66	1.88	0.38	0.66	0.13	0.098	0.020	0.07	0.014
废钢	20	0.15	0.03	0.35	0.07	0.50	0.10	0.050	0.010	0.05	0.010
合计	100		3.20		1.39		0.69		0.052		0.048
要求成分			3.20		2.06		0.81		<0.08		<0.25
差额			0.00		0.67		0.12		合格		合格

表中成分是指各元素在相应炉料中的含量；数量是成分与配比的乘积，表示该炉料在该配比时所带入的该元素的量。由表可知，上述配比值可行，仅 Si、Mn 两元素尚嫌不足，可通过加入铁合金补足。但当其中某一元素超出标准时，则需重新调整配比，或改换炉料，直至合乎要求为止。

D　铁合金加入量

（1）硅铁加入量。缺少的硅量为 0.67%，即每 100kg 炉料需加硅 0.67kg。所用硅铁含硅量为 45%，故每 100kg 炉料需加硅铁量为$\frac{0.67}{0.45} = 1.5$kg。

（2）锰铁加入量。与上述计算方法相同，每 100kg 炉料需加入含锰 75% 的锰铁为$\frac{0.12}{0.75} = 0.16$kg。

E　确定配料单

根据配比和层铁量，确定每批炉料中各种炉料的重量。如果层铁量为 500kg，则每批铁料的组成为：生铁 $500 \times 60\% = 300$kg；废钢 $500 \times 20\% = 100$kg；回炉料 $500 \times 20\% = 100$kg；45% 硅铁 $500 \times 1.5\% = 7.5$kg；75% 锰铁 $500 \times 0.16\% = 0.8$kg。

上述配料方法较为常用。除此以外，还可以用求解多元一次联立方程式等方法进行配料计算。

1.3.3　铁液脱硫处理

高温时硫以 FeS 形式存在于铁液中，但其溶解度随温度降低而减少，在凝固过程中，FeS 以网状形态分布于奥氏体的晶界，从而大大降低铸铁的力学性能。硫是强反石墨球化元素，铁液中过高的残硫量严重影响石墨的球化。在大多数铸铁中，硫都是有害元素，应采取有效措施减少硫含量。

由于冲天炉脱硫效果有限，当需要得到低硫铁液时，需要采用炉外脱硫处理。炉外脱硫的基本要点是尽量扩大脱硫剂与铁液之间的接触面积，为脱硫反应创造动力学条件，以缩短反应时间和加强脱硫的效果。

1.3.3.1 常用的脱硫剂

(1) 苏打脱硫。苏打是早期广泛采用的脱硫剂。将苏打（Na_2CO_3）置于浇包内，铁液流入浇包时产生搅拌。苏打在高温下发生分解，生成氧化钠和二氧化碳气体，氧化钠与铁液中的硫化合而生成硫化钠：

$$Na_2CO_3 \longrightarrow Na_2O + CO_2\uparrow \tag{1-30}$$

$$Na_2O + FeS \longrightarrow Na_2S + FeO \tag{1-31}$$

生成的硫化钠不溶于铁液，并进入炉渣。

这种方法的缺点是，该反应产生大量气体，造成铁液翻腾，导致铁液温度大幅度下降，故这种脱硫方法已基本被淘汰。

(2) 电石脱硫。工业用电石中含有碳化钙（CaC_2）和氧化钙（CaO），电石的脱硫反应是：

$$CaC_2 + FeS \longrightarrow CaS + Fe + 2C \tag{1-32}$$

$$CaC_2 + 2CaO + 3FeS \longrightarrow 3CaS + 3Fe + 2CO\uparrow \tag{1-33}$$

电石的脱硫能力很强。电石的加入量根据铁液的含硫量高低而定，一般加入量为铁液重的0.5%～1.5%，电石粒度控制在0.075～0.212mm。电石脱硫是放热反应，铁液降温较少。但电石价格昂贵，且易吸潮，要妥善保管。

(3) 石灰脱硫。石灰脱硫的脱硫反应如下：

$$CaO + FeS = CaS + FeO \tag{1-34}$$

石灰脱硫是吸热反应，铁液降温明显。石灰加入量一般是电石的2倍以上，因此采用石灰脱硫时铁液必须有较高的出炉温度。

由于用这种方法脱硫比用电石脱硫更为安全，因此，近年来用石灰加萤石作脱硫剂在铸造厂的应用迅速增多。

1.3.3.2 炉外脱硫

(1) 摇包和回转包脱硫。摇包脱硫是将脱硫处理用的铁液包置于摇动的框架上，借助包的摇动使电石颗粒与铁液充分混合而脱硫，如图1-29所示。此法脱硫效果较好，处理后铁液中硫的质量分数降至0.015%以下。

回转包脱硫的原理示于图1-30。回转的筒形包在机械力带动下做回转运动，铁液和脱硫剂在回转过程中进行充分混合和接触。

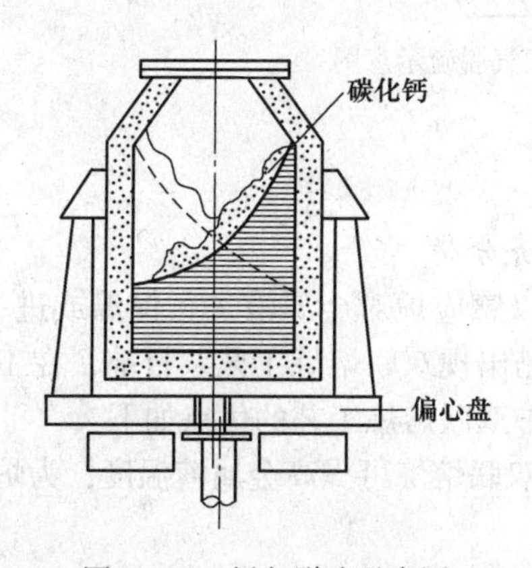

图1-29 摇包脱硫示意图

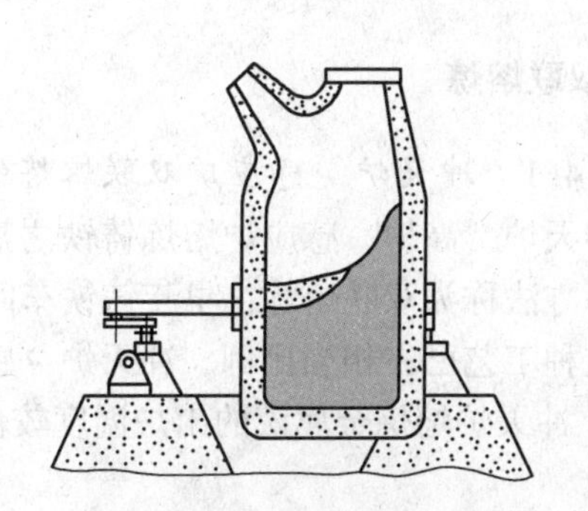
图1-30 回转包脱硫示意图

这两种脱硫方法都是借铁液包的摇晃和转动使铁液和脱硫剂充分接触，以达到较高的脱硫率。其缺点是操作时间长、铁液降温多，较适合于大量铁液的脱硫处理，目前有被气动脱硫法替代的趋势，但对于氮气供应困难的地区，采用此法也是一种选择。

（2）喷射脱硫。喷射脱硫是用喷枪以压力为2～3atm的氮气作载体，将电石粉吹入铁液，利用氮气流的作用搅动铁液，脱硫后铁液中硫的质量分数可降至0.02%，其缺点也是降温较严重，达50～100℃，其原理如图1－31所示。

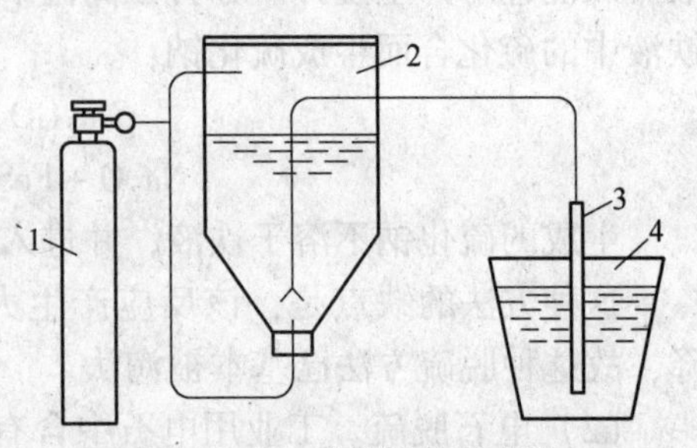

图1－31　喷射脱硫示意图

1—氮气瓶；2—料斗；3—喷射管；4—铁液包

（3）机械搅动脱硫。机械搅动脱硫是在冲天炉的前炉中，用包敷有耐火材料的搅棒搅动铁液。这种方法可连续脱硫，处理后铁液中硫的质量分数可降至0.02%以下。脱硫过程铁液温度降低20～40℃，这种方法的缺点是搅拌装置的机械部分易发生故障。

（4）多孔塞吹气脱硫。多孔塞吹气脱硫法的工作原理如图1－32所示。从包的上部定量撒布碳化钙颗粒，氮气从包底吹入铁液，包内形成涡流促使铁液与脱硫剂接触。脱硫后铁液中硫的质量分数可降至0.02%，脱硫过程铁液降温约为40～60℃。此法目前在国内外应用较多。

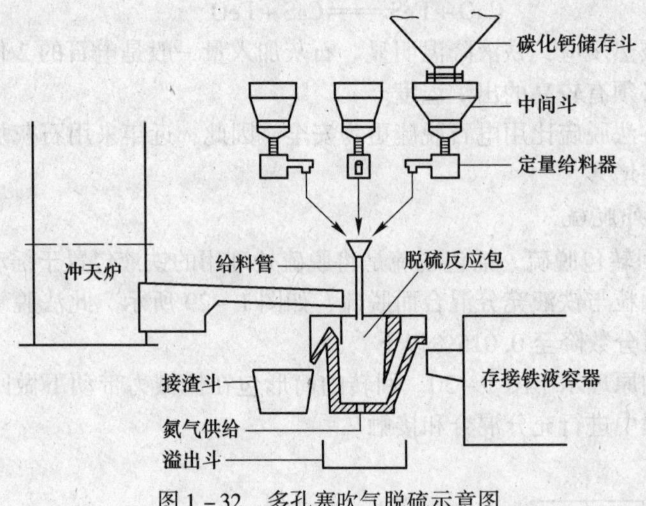

图1－32　多孔塞吹气脱硫示意图

1.3.4　双联熔炼

1.3.4.1　冲天炉－感应炉双联熔炼的经济分析

用冲天炉、高炉、感应炉熔炼铸铁之后，以感应炉对金属液进行保温或进一步熔炼，这种熔炼方法称为双联熔炼，早年铸铁车间就已出现双联熔炼工艺。目前，在工业发达国家中，这种工艺已占相当比例。冲天炉－感应炉双联熔炼工艺的优点如下：

（1）冲天炉熔炼金属液的出炉温度较低，双联熔炼可提高金属液温度，为炉前处理创造条件。

（2）随着对低硫、低磷原铁液需求量日益增多，双联熔炼工艺可满足低硫、低磷的要求。

(3) 球墨铸铁件的需求量越来越多，双联熔炼工艺可满足球墨铸铁化学成分和温度的要求。

(4) 随着高速造型线和自动浇注机的大量应用，双联熔炼工艺可满足铁液的柔性供给方式。

(5) 降低铁液熔炼成本。

双联熔炼工艺的发展很大程度上与其经济性有关。铸铁在预热、熔化、过热各阶段所需的热量分别占总耗能量的57%、19%和24%，如图1－33所示。可见，预热阶段耗能最大。

各种铸铁熔炼炉在预热、熔化和过热阶段的热效率如图1－34所示。由图可见，冲天炉和感应电炉在预热和熔化阶段的热效率相近，略低于电弧炉，但在过热阶段感应电炉的过热效率却大大高于冲天炉和电弧炉。可见以感应电炉作为保温、储存、过热作用的第二熔炼设备最为经济合理。据估计，用冲天炉－工频感应炉双联熔炼比单独用冲天炉熔炼能源费可降低25%左右。

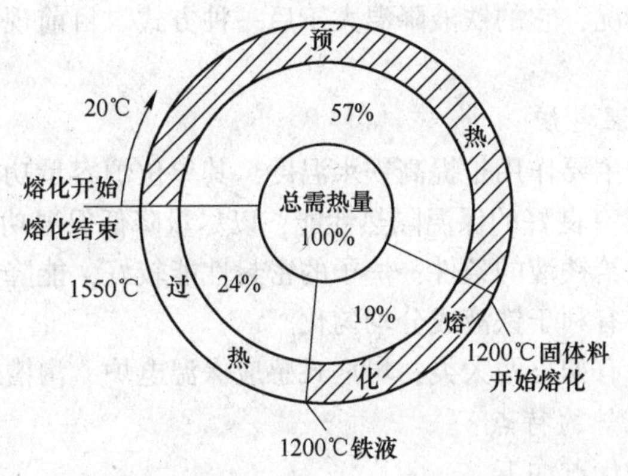

图1－33 铸铁在预热、熔化、过热各阶段所需的热量

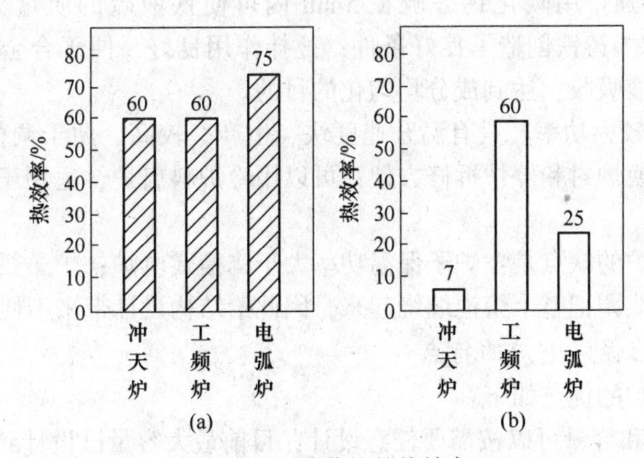

图1－34 熔化炉的热效率

(a) 预热和熔化阶段的热效率；(b) 过热阶段的热效率

1.3.4.2 冲天炉－感应炉双联熔炼技术

以感应炉作为第二熔炼设备的双联熔炼形式很多，实际生产中应用的有冲天炉－感应

炉双联熔炼、感应熔化炉－感应保温炉双联熔炼、高炉－感应炉双联熔炼等，但国内铸造生产中以使用冲天炉－感应炉双联熔炼为主。国内外某些工厂双联熔炼的配置情况可参考其他文献。

冲天炉－感应炉双联熔炼是一种应用最广泛的双联熔炼组合，可用于浇注球墨铸铁、高级灰铸铁、可锻铸铁、合金铸铁等铸件。这种组合充分利用了冲天炉高效率、连续出铁的优点，避免了过热效率低、大幅度调整化学成分能力差等缺点。代之以过热效率高的感应炉作为它的前炉，使得在铁液温度调整、成分调整和方便均匀化等方面具有优势，同时，在冲天炉停风时仍能保持铁液温度，并在降低铁液熔炼成本等方面也具有明显的优越性。

由于双联熔炼工艺可降低冲天炉的出铁温度，因此，可提高单炉作业的熔化速度。如内径为850mm的冲天炉单炉作业的熔化率为4t/h，而与感应炉双联作业后，熔化率可达10t/h。且由于熔化温度低，可延长炉衬寿命，有利于长时间作业和连续作业，使铁焦比也得到降低。

双联作业时，炉子之间铁液的运送可以用浇包运送或流槽输送。前者适用于冲天炉和感应电炉相距较远的情况，它的铁液降温大于后一种方式。目前现代化车间大部分按后一种方式运送铁液。

1.3.4.3 感应保温电炉

双联熔炼保温炉的主要作用是提高铁水温度，其单位炉容量功率密度小于熔化炉，一般在120kW/t以下；具有良好的保温隔热性能，以尽量降低保温功率；具有相当大的储存铁液能力；具备连续供给铁液的条件；炉子的密封性能较好，能降低铁液氧化程度；炉子熔池内具有搅动功能，有利于铁液成分均匀化。

感应保温电炉主要有如下两大类：坩埚式感应保温电炉、沟槽式感应保温电炉。

A 坩埚式感应电炉的特点

坩埚式感应电炉的优点如下：

（1）去硫能力强。用碳化钙去硫在5min内可使铁液硫的质量分数从0.08%降到0.015%，为生产球墨铸铁创造了良好条件；搅拌作用良好，便于合金元素在烧损很小的情况下较快地被铁液吸收，达到成分均匀化的目的。

（2）可以输入较大功率。具有温升速度快、生产率较高、便于调整化学成分等特点；炉衬费用较低，更换炉衬和停炉拆修方便；可以用冷炉料启炉，适用于周期作业，变更铁液牌号方便。

坩埚式感应电炉的缺点是：炉子保温功率大于沟槽式电炉；炉子投资较大，电气控制部分较复杂；水冷线圈把整个熔池缠绕起来，因此给结构设计带来不便。

B 沟槽式感应保温电炉的特点

沟槽式感应电炉的优点如下：

（1）炉膛形状和容量可以按需要任意设计，目前最大容量已设计到300t。炉子初次投资和运行费用较低。

（2）炉膛内炉衬较厚，热损小、使用寿命长。炉子的热效率、电效率均高于坩埚炉，因此保温功率小。

（3）熔池存在一定的搅拌作用，借助于加料口、出料口和感应体喷口、感应体数量的合理设置，可以满足铁液化学成分均匀化的要求。

沟槽式感应电炉的缺点是：感应体目前最大功率仅为2500～3000kW，限制了大容量炉子的过热铁液能力；熔池内的搅拌作用较弱，不适应某些要求熔液搅拌强烈的冶金过程，温度、化学成分调整比较缓慢；炉衬较昂贵，筑炉和维修时间较长，不宜断续作业，变更铁液化学成分也不容易。但是，随着可拆式感应体的出现，沟槽式电炉的使用时间已可达到1～2年，昂贵的炉衬造价换得长时间的运行，在经济上已不再是一个显著的缺点。

参 考 文 献

[1] 李隆盛．铸造合金及熔炼［M］．北京：机械工业出版社，1989.
[2] 陆文华．铸铁及其熔炼［M］．北京：机械工业出版社，1985.
[3] 张武成．铸造熔炼技术［M］．北京：机械工业出版社，2004.
[4] 朱吉禄．金属冶炼设备发展概述［J］．中国铸造装备与技术，2001（5）：1-5.
[5] 刘幼华，胡起直．冲天炉手册［M］．北京：机械工业出版社，1992.
[6] 钱立，张宏标．直燃式冲天炉的应用效果与冶金特性分析［J］．铸造，2001（3）：164-166.
[7] Seymour Katz. Can Oxygen Enrichment Boost Furnace Production?［J］. Modern Casting, 2001（8）：51-53.
[8] 金仲信．近代新型化铁炉简介［J］．中国铸造装备与技术，2001（6）：10-13.
[9] Mohamed Abdelrahman. Intelligent Signal Validation System for Cupola Furnace［J］. AFS Transactions, 1999, 107：457-466.
[10] 黎克仕．感应炉熔炼铸铁［M］．北京：机械工业出版社，1986.
[11] 李恩棋．铸造用感应电炉［M］．北京：机械工业出版社，1997.
[12] 沈才芳．电弧炉炼钢工艺与设备［M］．北京：冶金工业出版社，2002.
[13] 郭茂先．工业电炉［M］．北京：冶金工业出版社，2002.
[14] 梅炽．有色冶金炉设计手册［M］．北京：冶金工业出版社，2001.
[15] 田世江．我国铸钢件生产采用精炼技术的讨论［J］．中国铸造装备与技术，2001（3）：12-15.
[16] 巫瑞智．喂线技术的现状与发展［J］．铸造，2003（1）：7-9.
[17] 李晨曦，王峰，伞晶超．铸造合金熔炼［M］．北京：化学工业出版社，2012.

2 炼钢原理及其合金熔炼

铸钢车间通常采用碱性电弧炉炼钢法。碱性电弧炉炼钢分为氧化法和不氧化法，前者应用较多。用这种方法能够熔炼低碳钢、低合金钢和高合金钢。氧化法的特点是有氧化期，在氧化期中加入矿石或吹氧使熔池沸腾，以降低钢中气体和非金属夹杂物，可得到含磷、含气量很低的钢液。其缺点是氧化法一般不能回收炉料（返回钢）中易氧化的合金元素，如锰、铬、钒等。

碱性电弧炉氧化法炼钢过程可分为扒补炉、装料、熔化期、氧化期、还原期和出钢等几个阶段，下边分别予以介绍。

2.1 装料与熔化

2.1.1 扒补炉

熔炼过程炉衬长期处于高温状态，并受炉渣和钢液的冲刷和侵蚀，尤其当炉渣中含较高 SiO_2 和 CaF_2 时，对镁砂炉衬冲刷更为严重。一般炉渣中含有8%～10%的MgO即为炉渣对炉衬侵蚀的结果。冶炼时，熔池温度的剧变（出钢前在1600℃左右，出钢后降至1000～1200℃，不连续生产时降温更大）也会引起炉衬的损坏。

不正确的熔炼操作也会使炉衬受到损坏，如装料时，废钢料块太大、炉底没垫石灰和碎钢屑，则大块废钢会冲击炉底造成凹坑；若炉顶装料时落料距炉底过高，同样也会产生极大的冲击和震动，造成炉底损坏；熔化末期钩料和推料操作不当时也会损坏炉壁；吹氧时，如果氧气流冲击炉壁和炉底，会造成深坑；装料时炉料分布不恰当，电极迅速到达炉底（当炉底还没有形成足够深度的钢液层时），在电极下的炉衬会被强烈的弧光加热，加热的温度超过炉衬的耐火度时，会在炉底形成深坑；当氧化期加入大量矿石，铁矿石达到炉底时会在炉底激烈沸腾，促使炉底局部区域受到冲刷作用。因此每熔炼一炉钢出炉后，都需要认真的检查和仔细的修补，否则在炼钢过程中，轻则造成“镁砂渣”，即大量的（MgO）进入炉渣，使炉渣变黏，影响熔炼过程的顺利进行，必须通过扒除“镁砂渣”重新造渣；严重时可造成漏钢事故，被迫停炉大修。

2.1.1.1 扒渣的要求

前一炉出钢后，必须立即把炉坡和炉底的全部炉渣和钢液扒出，否则补炉材料就不能和原有炉衬紧密地烧结，在下一炉冶炼时，会因残钢、残渣的熔化，使补炉材料进入钢液和炉渣中。不但会扩大坑凹尺寸，严重时会造成漏炉事故，同时还会增加炉渣中的MgO含量，使渣变黏，不利于冶炼的顺利进行。

如补炉质量有问题，当熔炼温度较低时，会造成炉底上涨；当熔池温度高时，炉底的补炉材料会全部浮起，并导致漏钢事故，因此必须尽快将钢液和炉渣扒净。黏稠的炉渣熔点很高，易凝固，很难扒出，因此，出钢前必须造成流动性良好的炉渣，使大部分炉渣在出钢时随钢水流入盛钢桶，这样一方面保护钢液的二次氧化；另一方面，在熔炼过程中也能加速脱硫和脱氧反应，使熔炼工作顺利进行。

前一炉出钢后，可立即投入几锹小块或粉状石灰，以便于将炉底凹坑内的残钢、残渣用铁耙扒出，其中，补好炉体的关键是彻底扒除残渣残钢。

2.1.1.2　补炉的工艺要求

镁砂的烧结温度是1600℃，白云石的烧结温度约为1540℃。出钢后，炉温下降很快，为使补炉材料和原有耐火材料很好地烧结在一起，必须抓紧时间，高温快补。

烧结层的厚度要适当，太厚不易烧结完全，并脱落进入炉底。烧结层的厚度要小于30mm，需要厚补时，应该分层补，每层补完后，通电烧结。当补完炉后观察到新补的材料和原有炉衬一样发红时，说明新补的材料和原有炉衬烧结良好。

补炉方法有人工或机械两种。人工用大铲贴补或铁锹投补，机械法则用压缩空气喷补或机械投料。炉子容量为0.5～1.5t时，一般补炉时间为3～5min；3～15t炉为5～10min。

2.1.1.3　补炉材料

补炉材料与打结工作层所用的材料相同。为了节约原材料，可以利用损坏的炉墙破碎至1～2mm后，作为补炉材料；也可以采用粒度为2～6mm的白云石代替价格较贵的镁砂。

2.1.2　装料

装料是电弧炉炼钢中的重要环节。如果装料合理，可以加速熔化、节省电力、操作顺利；若装料不合理，则熔化时间延长、耗电量大、合金及炉料烧损增加，甚至会影响炉衬寿命和导致电极损坏。装料应注意以下问题：

（1）正确选择大、中、小块炉料的比例。经验证明，炉料单位容积重量为3.0～4.5t时能得到最好的效果。过于紧密或过于疏松的炉料都将引起电能单位消耗量增加。国内常用的料块尺寸比例见表2－1。

表2－1　金属料的块度比例

炉子容量/t	大块料/%	中块料/%	小块料/%	细料/%
1.5～5.0	20～30	30～40	30～35	5～10
6.0～10	25～35	30～40	25～30	5～10
12～15	30～40	20～40	20～35	5～10
20～40	40～50	25～35	15～20	5～10

注：小块料—尺寸为100mm×100mm×100mm，重2～7kg；
中块料—尺寸为100mm×100mm×100mm～250mm×250mm×250mm，重8～40kg；
大块料—尺寸为250mm×250mm×250mm～600mm×350mm×250mm，自重40kg至装料重的1/50。

（2）装料次序。装料前在炉底加入1.0%～1.5%石灰，主要用于造渣，同时也能减缓炉料对炉底的冲击，但要注意炉底是否上涨。石灰层上面铺一层小块炉料，保护炉底免受大块料冲击损坏炉底。若需加焦炭增碳时，则焦炭放在小料的上面，以控制焦炭的收得率。接着把大块料放在电弧作用区域，大块料间的空隙填以小料，然后在大块料的四周放中小料，最后在上面放一层小料。为容易引弧起见，每根电极下放置3~4块焦炭。焦炭导热性比料块导热性低，它能保持电极端部的温度、稳定电弧。采用机械化底开式装料罐加料时炉料的装法如图2-1所示。

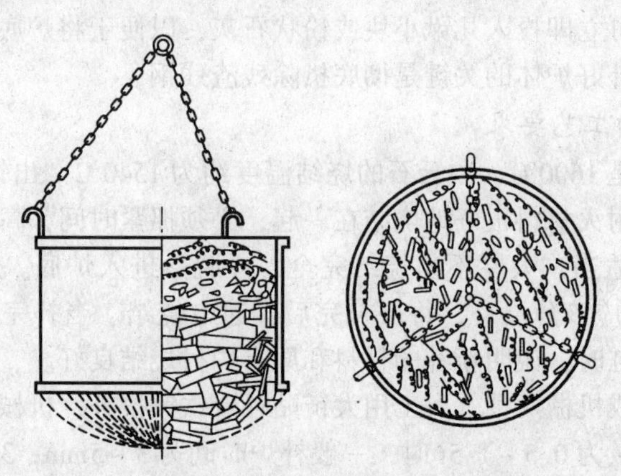

图2-1 炉料罐与炉料装法

(3) 合理布料。布料对熔化期工作效率影响很大，一般底部装料较紧、上部较松，但也应保证装入的炉料单位重量在规定的范围内。

炉料在炉中央应呈丘状堆积，向炉坡方面倾斜，以免熔化终了时炉坡上留有未熔化的料块。

根据炉膛温度分布特征，在高温区装料应多一些，低温区少一些，大块废钢不要装在炉门或炉坡上。难熔的铁合金，如钨铁、钼铁等应放在高温区，但也不要放在电弧作用区域内。

装料时应保证炉料烧损最小。易烧损的铁合金应放在高温区之外，以减少合金元素的消耗。

全部炉料的分布应使电极在熔化开始时能迅速深入其中，并被致密的炉料包围，使炉顶及炉内衬免受电弧直接加热，减轻上部料层受辐射热的烤灼，这样才能保证料块在熔化期不致塌下，从而减少熔池与电极的短路次数。

(4) 电弧炉超装。电弧炉超装是提高电炉产量行之有效的方法。目前已普遍采用，并已积累了丰富的经验。根据多年的生产实践证明，电炉超装控制在适当的范围内才能充分发挥其优越性。过多地超装会造成熔炼时间延长、炉衬寿命缩短、操作不易掌握、炉温不易控制，并给前后工序及辅助设备配合造成困难。电炉的超装幅度可参考表2-2。

表2-2 电炉出钢量

电炉公称容量/t	1.5	3	5	10	15	20
变压器容量/kV·A	1000~1200	1800	2700~2800	5000~7000	7000	9000
炉壳直径/mm	2230~2338	2740	3140~3240	3800~3900	4160	4600
电炉每炉出钢量/t	2.5~3	4.5~5.5	9~10	17~19	22~25	30~35

2.1.3 熔化期

装料完毕通电熔化之前，要认真检查以下各项工作：电极是否夹牢，长度是否足够熔炼一炉钢，电极周围的密封圈安装是否正确，电炉的冷却系统有无障碍，电炉上有无引起短路的物体。完成上述各项检查后确认已经达到要求，方能通电。

熔化期主要目的是迅速熔化炉料、在钢中进行脱磷、防止钢液吸气和金属元素的烧损。炉料熔化过程基本上分为四个阶段：

第一阶段。装完炉料后，升起电极，然后合上电闸，下降电极开始送电，如图2-2(a) 所示。炉料充满炉膛大部分空间，由于电弧暴露在炉料上面，距炉顶很近，所以对炉顶的辐射热相当大。输出副边电压越高，电弧越长，功率越大，对炉顶辐射也越严重，炉顶越易损坏，热效率就越低。为此，一般采用较低的工作电压，即用较短电弧加热炉料。一般这一阶段所需要时间只有5~10min，之后电极就可插入炉料，把电弧埋没在炉料中。因此，为了缩短熔化期，可改用副边高电压，使当炉顶温度还不十分高时，电弧就已埋入炉料，并进入熔化的第二阶段。

第二阶段。电弧已埋入炉料，故电弧的绝大部分热量都用来加热和熔化炉料。对炉顶的辐射热很小，因此，这个阶段采用最高的电压，即最大功率，这样能保证熔化过程的快速进行。最高电压操作一直保持到炉底熔池形成，如图2-2(b) 所示。

第三阶段。随着炉料不断熔化，熔池液面不断上升，电极也慢慢上升，到电弧开始暴露在外面时炉料已大部分熔化成钢液。由于电弧仍埋在炉料中，故仍旧采用最高电压进行操作，直到电弧暴露到外面，如图2-2(c) 所示。

第四阶段。炉料已大部分熔化，只是靠近炉墙的低温区仍有少量未熔化炉料，由于电弧暴露在熔池上面，熔池的温度也很高，故电弧和熔池表面对炉墙和炉顶的辐射热量很大。为了防止烧坏炉顶和保证较高的热效率，故采用较低的电压，直到炉料全部熔完，如图2-2(d)、(e) 所示。

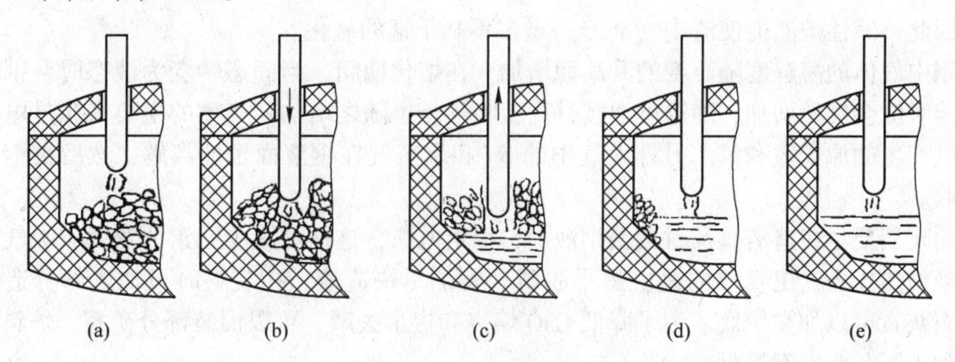

图2-2 炉料的熔化过程

(a) 开始起弧；(b) 电极进入炉料形成井洞；(c) 形成熔池，电极上升；
(d) 基本熔化，仅炉壁有余料；(e) 全部熔化

第二和第三阶段占全部熔化时间的70%~80%，所以是决定熔化期长短的主要阶段。在熔化期，金属直接暴露在电弧之下，电弧区温度高达3000~6000℃，已超过某些金属元素的沸点，因此，可造成部分金属元素的挥发。一些金属元素的沸点见表2-3。

表2-3 大气压下金属元素的沸点

元素	Mn	Al	Cr	Fe	Ni	Si	Mo	W
沸点/℃	2036	2467	2665	2877	2902	3427	4827	5527

炉料中含有硅、锰、碳、铬、钒等元素，这些元素都与氧有较大的亲和力，容易被氧化。熔化末期，硅、锰氧化严重，硅几乎全部被氧化，锰可被氧化50%～60%，其氧化生成物进入炉渣，是炉渣的主要来源之一。各元素的氧化过程如下。

2.1.3.1 硅的氧化

硅和氧的亲和力很大，在钢中可发生如下反应：

$$2(FeO) + [Si] \xlongequal{\quad} (SiO_2) + 2[Fe], \qquad \Delta H = -332kJ/mol$$

在碱性炉操作中，渣中含（SiO_2）低，含（CaO）高，故又可发生下列反应：

$$2(FeO) + (SiO_2) \xlongequal{\quad} (2FeO \cdot SiO_2), \qquad \Delta H = -24.8kJ/mol$$

$$(2FeO \cdot SiO_2) + 2(CaO) \xlongequal{\quad} (2CaO \cdot SiO_2) + 2(FeO), \qquad \Delta H = -108.5kJ/mol$$

硅的氧化反应是放热反应，熔化期的温度低，所以有利于硅的氧化。在碱性炉渣中，（CaO）和（SiO_2）可生成复杂、稳定的化合物，所以碱性炉渣是硅氧化的重要条件。

2.1.3.2 锰的氧化

锰和氧的亲和力也比较大，在钢液面可发生如下反应：

$$(FeO) + [Mn] \xlongequal{\quad} (MnO) + [Fe], \qquad \Delta H = -145kJ/mol$$

炉渣中含有（SiO_2），可发生下列反应：

$$(MnO) + (SiO_2) \xlongequal{\quad} (MnO \cdot SiO_2)$$

因此，锰在酸性炉渣中比在碱性炉渣中利于氧化。锰的氧化也是放热反应，低温有利于锰的氧化；温度高不利于锰的氧化，而利于Mn的还原。故炼钢操作中可利用锰的还原程度来判断炉温。

在碱性炉渣中，又可发生下列反应：

$$(CaO) + (MnO \cdot SiO_2) \xlongequal{\quad} (CaO \cdot SiO_2) + (MnO)$$

因此，碱性炉渣促使渣中（MnO）增多不利于锰的氧化。

钢中气体的溶解度随温度的升高而增加。在熔化期间，当固态转变为液态时，钢中气体的溶解度会突然增加，随温度继续升高，吸气量也随之增加。气体的主要来源是电弧离解炉气产生的原子氮和氢。另外大气中的 N_2 和水蒸气在钢液面也能离解，然后被钢液很快吸收。

熔化期要尽快造渣，及时覆盖钢液面，稳定电弧，这样可减少元素的蒸发、吸气和减少钢液的热损失，更重要的是应提早脱磷。为了尽快造渣，在装料时可加入部分造渣材料。石灰石可以加在炉底。为了降低CaO熔点和提早去磷，可以混装部分矿石，炉料熔完后再加入石灰和矿石等材料。

熔化后炉渣的主要成分，大致的波动范围为：CaO 约 40%，SiO_2 约 20%，FeO 约 20%，P_2O_5 为0.4%～0.6%。

当炉料熔化量约达90%时，可搅拌取样分析碳和磷。熔完后取样全面分析碳、硅、锰、磷、硫、铬。如含碳量达不到规定要求，要扒渣，采用增碳操作。常用的增碳剂为碎电极。

熔化期操作中要及时推料，避免架桥，并应及时钩下低温区固体料，使之进入钢液中。为了缩短熔化期，常常采取如下措施：

（1）充分利用变压器的能力和合理的电力制度。

（2）吹氧助熔。当炉中约有一半炉料被熔化后便可吹氧助熔，提高熔池的温度，并可吹氧切割大块炉料，以其消除搭桥现象。吹氧的压力控制在 4 ~ 10Pa 为宜，吹氧量 7 ~ 8m^3/t，可以节省电耗。

（3）用燃料辅助加热。废钢达到红热之前，吹氧还不能使金属元素激烈氧化发热，此时可用氧气和煤气燃烧来加热炉料，可缩短熔化期、提高生产率、降低电耗。在熔化期使用油氧喷嘴加热有较好的效果。

（4）炉外预热废钢。可使废钢入炉后提前达到熔化温度，因而缩短熔化时间。

2.2 氧化与还原

2.2.1 氧化期

炉料全部熔化后，取样作全面分析，扒除 30% ~50% 熔化期炉渣，并补加渣料。若钢中的含碳量合适而且温度够高（1480℃或结膜时间在 25 ~ 30s 以上），即可加入矿石进行氧化。

2.2.1.1 氧化期的任务

由于炉料中带有很多的 P、S 等有害元素和一些杂质，在熔化期间产生了大量氧化物夹杂，电离产生的气体可进入钢液，严重影响钢液质量，因此必须在熔炼过程中去除。通过氧化期碳的氧化造成钢液沸腾，可以去除钢液中的气体和杂质，并创造脱磷条件。所以氧化期的具体任务是：

（1）脱磷。氧化末期的磷必须小于 0.015% ~0.02%。

（2）除气。氧化末期氮、氢含量应尽可能低。

（3）去除钢液中的非金属夹杂。

（4）使氧化末期钢液温度高于出钢温度。

（5）控制氧化末期碳的含量应低于规定下限（0.03% ~0.1%）。

2.2.1.2 脱磷

造氧化渣的目的之一是脱磷。炼钢过程中脱磷的氧化反应在金属 - 炉渣界面进行，且仅有 FeO 参与去磷的氧化反应为：

$$2[P] + 8(FeO) = (FeO)_3 \cdot P_2O_5 + 5[Fe]$$

磷酸铁反应生成物仅在低温下稳定，为了较好地脱磷，应在大量磷酸铁生成后，将渣由炉内扒除，以免炉温上升后磷酸铁分解而发生回磷。因此，只有使（P_2O_5）进一步生成更稳定的化合物才能确保磷的去除。渣中（CaO）能与（P_2O_5）生成稳定的磷酸钙化合物 $(CaO)_4 \cdot P_2O_5$ 或 $(CaO)_3 \cdot P_2O_5$，并把 $(FeO)_3 \cdot P_2O_5$ 中的 FeO 置换出来，其反应式如下：

$$(FeO)_3 \cdot P_2O_5 + 4(CaO) = (CaO)_4P_2O_5 + 3(FeO)$$

因此，CaO 及 FeO 参与的脱磷反应综合式为（磷在钢液中以 Fe_2P 或 Fe_3P 形式存在，从热力学分析的角度，仍可看成［P］）：

$$2[P] + 5[FeO] + 4(CaO) = (CaO)_4 \cdot P_2O_5 + 5[Fe], \quad \Delta H = -880\text{kJ/mol}$$

$$K_P = \frac{w(CaO)_4 w(P_2O_5) w[Fe]^5}{w[P]^2 w(FeO)^5 w(CaO)^4} \tag{2-1}$$

$$w([P]) = \sqrt{\frac{w(CaO)_4 w(P_2O_4)}{K_P w(FeO)^5 w(CaO)^4}} \tag{2-2}$$

已知反应的平衡常数与温度的关系是：

$$\lg K_P = \frac{51875}{T} - 33.66 \tag{2-3}$$

由脱磷反应方程式可见，有利于脱磷反应的条件是：

（1）提高炉渣中 CaO 的浓度。

（2）提高炉渣中 FeO 的浓度。

（3）脱磷反应是放热反应，因而低温有利于脱磷。

（4）不断放渣造新渣或增加渣量，以降低渣中（P_2O_5）的浓度，有利于脱磷。

已经提到去磷的反应式在钢－渣界面进行，如图2－3所示，该界面反应包括如下3个步骤：

（1）反应物扩散到界面。

（2）在界面进行化学反应。

（3）生成物从界面移走。

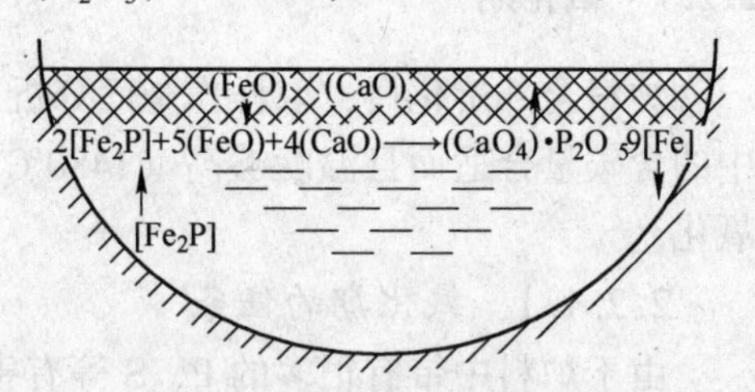

图2－3 脱磷反应过程示意图

上述步骤所需用时间的总和就是整个反应的时间，而反应速度则由最慢的环节决定。在炼钢温度下，化学反应本身很快，但是扩散速度较慢，所以扩散是决定反应速度的关键环节。上述几个步骤中反应物扩散到界面，生成物从界面移走，这两个过程均为扩散过程，因此，增大扩散反应的界面面积、提高温度、增加炉渣的流动性都有利于提高扩散速率。

高碱度、强氧化性和黏度低（良好的流动性）的炉渣，较大的渣量和较低的温度，以及钢与渣的有力搅拌，促进界面充分接触都有利于脱磷的进行，也是脱磷的必要条件。

（1）炉渣碱度和氧化性的影响。随炉渣碱度和氧化亚铁含量提高，磷的分配比增大，炉渣碱度和渣中 FeO 含量对磷在渣/钢中的分配比值的影响示于图2－4。分配比越高，表明钢液中的磷转移到炉渣的越多，脱磷效果越好。但实际上，炉渣碱度太高，炉渣黏度增大，使脱磷效果降低。

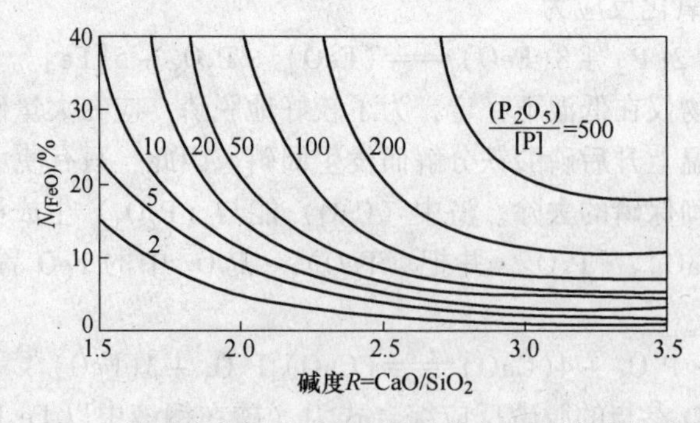

图2－4 炉渣碱度和氧化亚铁含量对磷在渣/钢分配比的影响

（2）炉渣黏度的影响。脱磷反应在炉渣－钢液界面进行，随反应进行，界面处的氧化钙和氧化亚铁被消耗，同时，反应产物磷酸钙增多，必然引起界面物质的扩散。当炉渣黏度大时，不利于扩散进行，因此，脱磷效率降低。

（3）渣量的影响。随脱磷反应进行，渣中磷酸钙增多，渣量大可容纳磷酸钙的数量增多，因此，有利于脱磷。采用放渣造新渣的方法与增加渣量具有同样的作用，也可以提高脱磷效率。

（4）温度的影响。脱磷是放热反应，低温有利于脱磷反应正向进行。熔化期及氧化前期温度较低，有利于脱磷。

由于电炉的原材料主要是废钢，一般情况下，炉料含磷量为0.04%~0.05%，脱磷反应可以伴随脱碳的进行而完成。只要掌握好炉渣的碱度和氧化性，即可达到所需要的脱磷效果。炉渣碱度和含氧化铁量对脱磷效果的影响见表2-4。

表2-4 炉渣碱度和含氧化铁量对脱磷效果的影响

碱度 $R=\frac{w(CaO)}{w(SiO)}$	含氧化铁量/%	氧化期末钢液含磷量/%
1.5~2.5	10~20	0.010~0.030
2.0~3.0	20~30	0.007~0.020
2.0~3.0	30~40	0.004~0.008

如果炉料 $w[P]>0.06\%$，而且熔炼高碳钢，则要求在熔化后期和氧化初期早造渣、早脱磷。

2.2.1.3 脱碳

脱碳（碳的氧化）反应是氧化期最重要的反应之一。脱碳的目的除了控制钢液含碳量外，主要是借助于脱碳反应造成的熔池强烈沸腾去除钢液中的气体和非金属夹杂物，并使钢液温度和成分均匀，同时沸腾也有利于熔池加热。

为了实现上述目的，要求氧化期有比较高的脱碳速度和一定的沸腾时间，故氧化期必须有一定的脱碳量，一般脱碳量为0.3%~0.4%。因此，要求熔化结束后的含碳量应比钢种规格含碳量高0.3%~0.4%。

炼钢过程中，碳的氧化反应是多相反应。一般碳的氧化反应包括下列几个阶段。

（1）FeO从炉渣扩散至钢液中：

$$(FeO) = [FeO] \tag{2-4}$$

（2）钢液中的FeO与碳反应，形成一氧化碳：

$$[FeO]+[C] = [Fe]+[CO] \tag{2-5}$$

（3）一氧化碳以气泡形式自钢液中溢出，并排至炉气中：

$$[CO] = \{CO\}\uparrow \tag{2-6}$$

（4）脱碳反应的总反应式为：

$$(FeO)+[C] = [Fe]+\{CO\}\uparrow \tag{2-7}$$

反应式（2-4）中，炉渣中FeO转移到金属中的反应是扩散过程，氧化亚铁由炉渣转移进入钢液中的速度随着渣中氧化亚铁浓度的增加、钢液中氧浓度的降低、熔池温度的升高以及炉渣黏度的降低而增加。

反应式（2-5）是一个单相反应，反应速度很快；反应式（2-6）是一个新相生成的反应。CO气泡的生成条件对碳的氧化过程具有重要影响。根据表面现象理论，气泡仅能在粗糙不平的固体表面上产生。电炉炉底的表面非常粗糙，凹凸不平（钢液表面张力很大，对炉底不润湿)，在这些凹凸不平的小坑内存在空气（称为“气袋”），这些“气袋”就成为 CO 气泡析出的核心。钢液中反应生成的 CO 不断扩散进入气袋，气袋中一氧化碳越来越多，体积越来越大，可形成一个独立的气泡，穿过钢液和炉渣，进入炉气中，并使整个熔池沸腾。冶炼期间钢液可采用加入矿石和吹氧脱碳，当向钢液吹氧时碳的氧化过程如图 2－5 所示。一种方式是碳被氧气直接氧化：$C+O_2 \rightarrow 2CO$；另一种方式是间接氧化，钢液中的铁先被氧化成氧化亚铁，而后碳又被氧化亚铁氧化。

脱碳反应式（2－7）的速度主要取决于反应式（2－4）。为了增加反应式（2－4）的速度，必须提高炉渣的氧化能力。具体措施是提高炉渣中（FeO）含量、提高钢液与炉渣的温度以及降低炉渣的黏度。

碳的氧化反应可以写为：

$$[C]+[O] = \{CO\}\uparrow$$

反应的平衡常数为：

$$K=\frac{P_{CO}}{w[C]w[O]} \tag{2-8}$$

则：

$$w[C]\cdot w[O]=\frac{P_{CO}}{K} \tag{2-9}$$

在气相中 CO 的分压为 1atm(1600℃)，反应达平衡时，钢中碳与氧浓度之间的关系如图 2－6 中（虚线）所示。

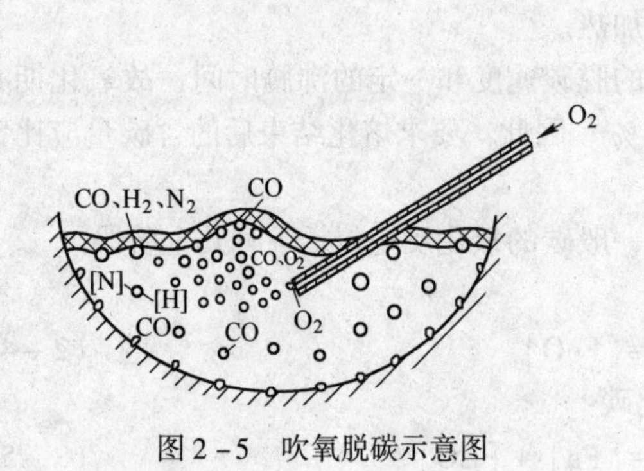

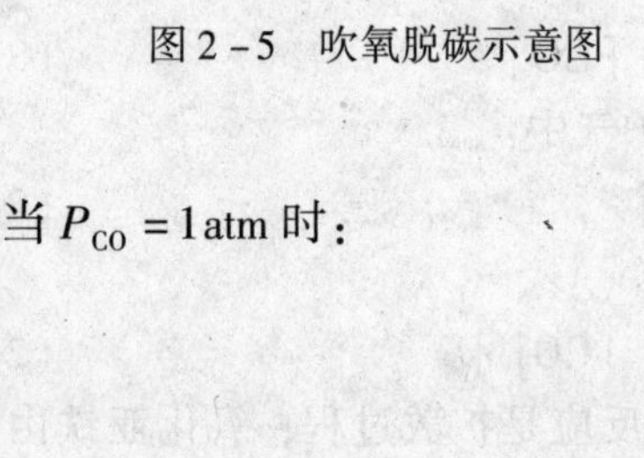

图 2－5　吹氧脱碳示意图

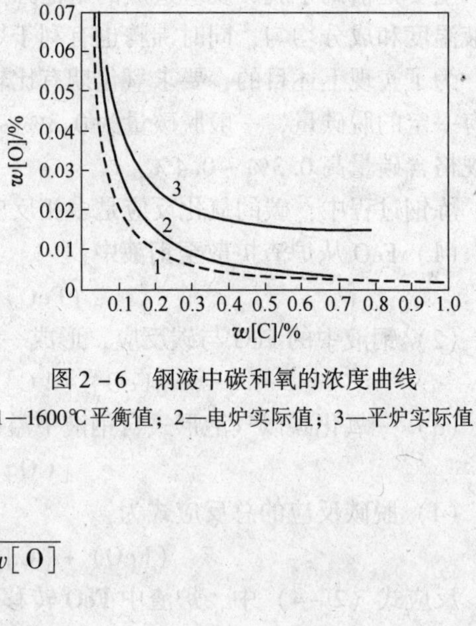

图 2－6　钢液中碳和氧的浓度曲线

1—1600℃平衡值；2—电炉实际值；3—平炉实际值

当 $P_{CO}=1atm$ 时：

$$K=\frac{1}{w[C]w[O]}$$

即：

$$w[C]w[O]=\frac{1}{K}$$

设：$m=1/K=$ 常数时，则：

$$m=w[C]w[O]$$

式中，m 称为碳氧乘积，它仅是温度的函数。有人在 1580～1620℃范围内测出 $m\approx$

0.0020～0.0025。

在实验室条件下，不同研究者得到的 m 值有很大差别。因为碳氧反应是一个复杂的过程，影响因素很多。如钢液温度、钢液含碳量和气体成分等都对 m 值有影响。图 2－6 中的实线分别为在电炉、平炉中实测的碳氧浓度曲线。

根据上述的碳－氧平衡条件，金属在一定碳含量时，为使碳得以氧化，钢液中［O］的浓度必须超过平衡状态［O］的浓度。由此不难看出，钢液含碳量高时，碳得以氧化的可能性比钢液中含碳量低时要大得多。在实际操作中，碳含量高时碳氧化速度远远大于碳含量低时的氧化速度，这就是熔炼低碳钢时后一阶段碳的氧化速度偏低的原因。

脱碳反应的热效应有如下解释：在钢液中的同相反应是弱放热反应，即：

$$[FeO] + [C] \longrightarrow [Fe] + \{CO\} \uparrow, \qquad \Delta H = -46 kJ/mol$$

在炉渣中有（FeO）参与时：

$$(FeO) \longrightarrow [FeO], \qquad \Delta H = +121 kJ/mol(\text{吸热反应})$$

因此，当炉渣中有 FeO 参与的异相脱碳反应是吸热反应，

$$[FeO] + [C] \longrightarrow [Fe] + \{CO\} \uparrow, \qquad \Delta H = +75 kJ/mol$$

所以高温脱碳速度快，为了促使脱碳反应进行，需要创造一定的温度条件。

电弧炉炉气氧化性弱，通过炉渣向熔池的传氧速度小。为了提高脱碳速度，一般向熔池加入矿石（铁矿石）。矿石脱碳是吸热反应，加入矿石后钢液温度下降，因此，必须分批少量加入，而且在加矿石前钢液温度要达到要求。否则，加矿石使钢液温度显著下降，脱碳反应不能正常进行，不利于熔池的沸腾；而当钢液温度回升后，由于熔池中含氧量过高，还会发生爆炸性的碳氧反应，使钢液由炉门喷溅溢出。

为了强化脱碳，电炉炼钢已经广泛采用吹氧脱碳技术，如图 2－7 所示。吹氧管多用内径为 15～20mm 的钢管，钢管与氧气导管接通后可直接插入熔池中吹炼。吹氧压力为 0.6～0.8MPa。吹氧脱碳速度可以达到 0.03%～0.04%/min，而矿石脱碳速度一般只有 0.010%～0.015%/min。吹氧脱碳是放热反应，熔池沸腾活跃，因此吹氧脱碳去气效果好、熔池升温快、缩短熔炼时间、节约电力。在有条件企业应大力推广吹氧脱碳技术。

脱碳反应产物是 CO 气泡，不溶解于钢液，因而形成的气泡可脱离钢液并上浮。因此，脱碳反应是不可逆过程。借助于脱碳反应能够有效去除钢液中的气体和非金属夹杂物，即钢液中的气体和夹杂物被上浮的 CO 气泡所吸附，并随气泡上浮排除钢液，如图 2－8 所示。

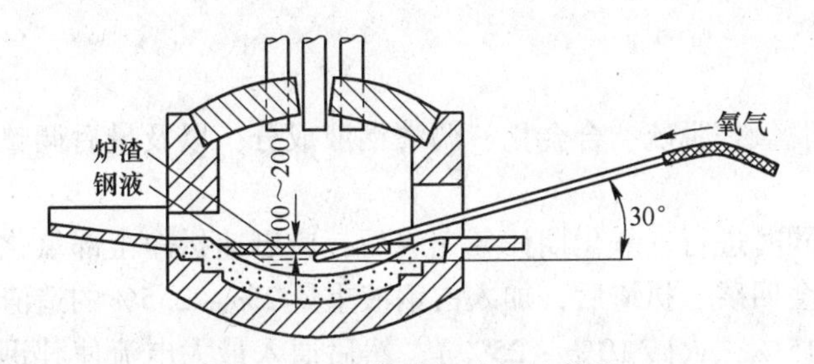

图 2－7　电炉吹氧助熔示意图

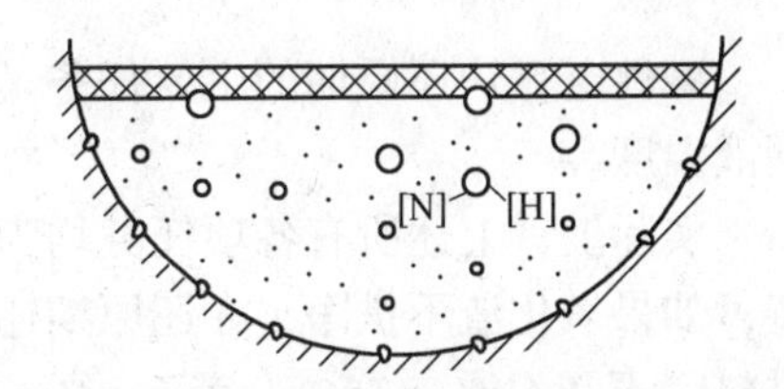

图 2－8　CO 气泡净化钢液的示意图

脱碳沸腾有助于排除钢液中的气体（氢、氮），图 2－9 所示为熔炼过程中钢液中氢和含碳量的变化趋势。可以看出：在氧化前期，脱碳速度 $v_C = 0.4\% \sim 0.6\%/h$ 时，有明显

的去气效果；而在氧化后期沸腾较弱，v_C =0.2% ~0.3%/h，脱氧速度甚至低于由炉气中吸气速度，使含［H］量有所回升。还原期不能脱碳沸腾，故含［H］量明显增加，尤其当空气湿度大时，该现象更为显著，如图2-10所示。因此，过分延长沸腾和还原精炼时间对降低钢中气体含量并无好处。电弧炉炼钢的气体含量高于其他炼钢方法（氧气转炉、平炉），其原因在于电弧区由于弧光的强烈作用，使炉气中的 H_2O、N_2 和 H_2 发生离解，并通过炉渣溶于钢液中，这是电弧炉熔炼的缺点。为了降低钢中气体含量，除控制好沸腾时间外，还要严格控制气体来源，如把石灰、铁合金烤干、烤红，这样可以降低钢中含氢量。

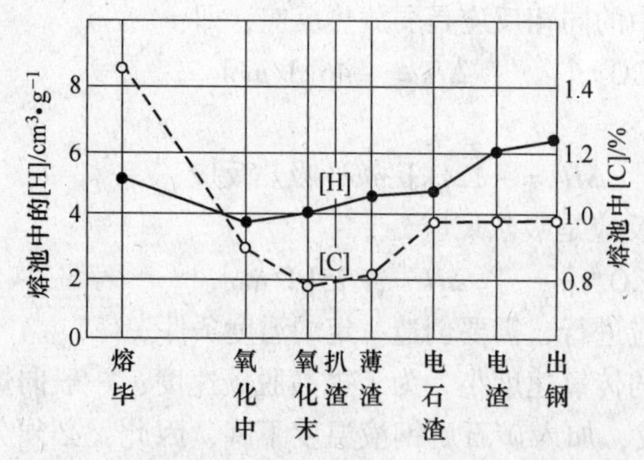

图2-9　氧化法冶炼 ZGCr15 含［H］量的含氧量的变化

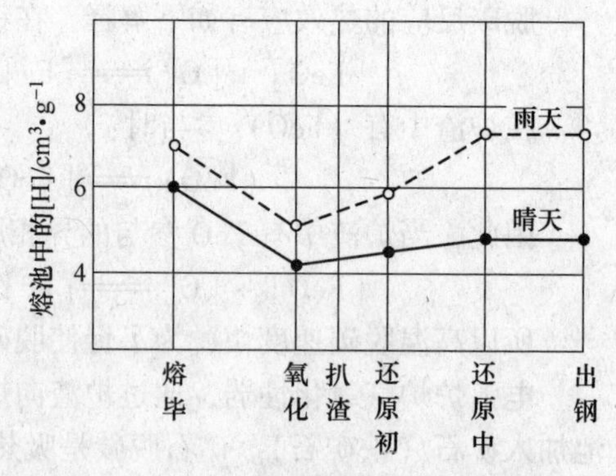

图2-10　空气湿度对含［H］量的影响

氧化期应分批加入铁矿石，同时加入适量的石灰造渣。加入矿石后，促使熔池沸腾，使熔渣从炉门流出，可达到脱磷的目的。如果炉渣过黏，不能由炉门自动外流，应加萤石调整炉渣的流动性。沸腾变弱后，再加下一批矿石，两批矿石加入时间一般相隔 10 ~15min，每批矿石加入量一般控制在炉料重量的 1% ~1.5%。每批矿石加入之前应充分搅拌钢液，取样分析［C］、［Mn］、［P］，根据分析结果掌握加入矿石量。根据经验，每吨钢加入 1kg 矿石可脱 0.01%［C］。当钢液中［P］过高时，可以在氧化中期扒渣一次（扒除 60% ~70%），一般在氧化末期扒除氧化渣即可达到去磷的要求。

氧化末期熔池较平静时，取样进行化学分析。根据炉前判断［C］量和温度是否合适，在试样送走后即可扒除约 50% 的炉渣，使熔池在薄渣层下进行"纯沸腾"10min（由取样时间算起），这时渣层薄、温度高、炉渣流动性好、气体和非金属夹杂物等得以充分排除。

2.2.2　还原期

碱性电弧炉还原期的主要任务是脱氧、脱硫、合金化、调整钢液成分，以及最后调整钢液温度。

实际上，上述所有各项任务均为同时进行。氧化期任务完成后，应迅速扒净全部氧化渣，如果氧化渣不扒净，在还原期还会回磷。扒渣后，加入占钢液重量 2% ~2.5% 的造渣材料（石灰 60% ~75%，萤石 5% ~15%，火砖 10% ~25%），然后通入最大电流使其迅速熔化。薄渣形成后，即可加入还原剂，造还原渣，开始脱氧和脱硫。

2.2.2.1　脱氧

如前所述，氧化期是利用氧与各元素的氧化反应去除钢液中的碳、硅、锰、磷等。但是从另一方面看，氧化末期钢液的成分和温度虽已调整合适，但却溶入大量的氧，因此，必须进行脱氧操作。

A 脱氧方法

脱氧方法分为沉淀脱氧（直接脱氧）和扩散脱氧（间接脱氧）两种。

（1）沉淀脱氧。把脱氧剂直接加入钢液中进行脱氧的一种方法。这种脱氧方法的实质是向钢液中加入比铁更容易氧化（比铁和氧的亲和力大）的元素，把溶解于钢液中的 FeO 还原，生成不溶于钢液的新氧化物（脱氧产物）。新生成的氧化物还应尽量从钢液中排出，如果这些氧化物留在钢中，即成为非金属夹杂物，影响钢的质量。因此，脱氧的任务，不但在于把钢中以 FeO 形态溶解的过剩氧去除，而且还要把脱氧产物从钢液中排除。常用的沉淀脱氧剂有锰铁、硅铁、铝、钒铁、钛铁等。这种脱氧方法速度快，但脱氧产物易留在钢中使非金属夹杂物增多。

（2）扩散脱氧。电弧炉炼钢在还原性炉渣中进行的脱氧是扩散脱氧。氧能溶于钢液又能溶于炉渣。根据分配定律氧在钢和渣之间的分配系数可用式（2－10）表示：

$$L_O = \frac{\sum w(\mathrm{FeO})}{w[\mathrm{O}\%]} \tag{2-10}$$

式中，$\sum w(\mathrm{FeO})$ 为渣中 FeO（铁中氧化物换算成 FeO）的总摩尔分数表示；$w[\mathrm{O}\%]$ 为钢液中氧的质量百分数。

在 1600℃纯铁中氧的溶解度为 0.23%，其分配系数为：$L_O = \frac{100}{0.23} = 435$。

根据以上关系，降低渣中 FeO 含量，则钢液中氧含量也必然随之下降。这种降低钢液中氧含量的方法称为扩散脱氧。

钢液脱氧过程在炉渣中进行，前一阶段是碳起脱氧作用：$\mathrm{C + FeO \rightarrow CO\uparrow + [Fe]}$；后一阶段是硅起脱氧作用：$\mathrm{2Si + (FeO) \rightarrow (Si_2O) + [Fe]}$，还原生成的铁可返回钢液中，如图 2－11 所示。

扩散脱氧和沉淀脱氧可用示意图 2－12 表示（图中 MO 表示氧化物，即脱氧产物）。扩散脱氧在渣－钢界面进行，因此不会在钢中形成非金属夹杂。但反应进行缓慢，需要较长的脱氧时间。这种方法在电弧炉炼钢中已被广泛采用。

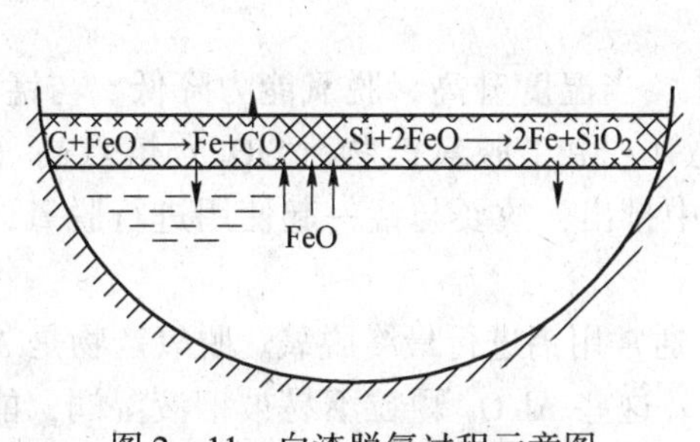

图 2－11 白渣脱氧过程示意图

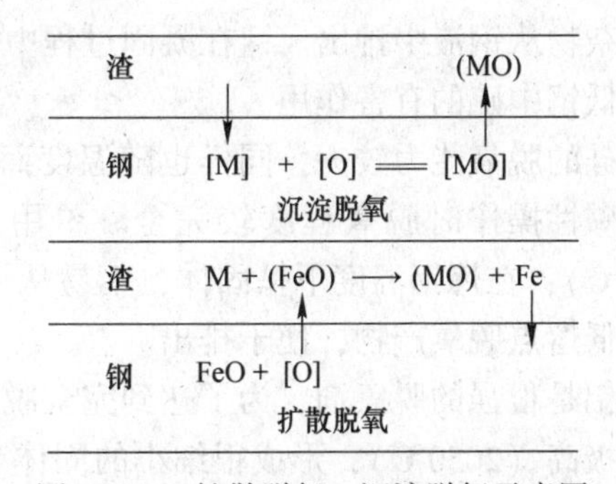

图 2－12 扩散脱氧、沉淀脱氧示意图

B 脱氧元素

生产中，根据不同钢种的需要，选用硅、锰、铝、钒、钛、钙、锆等元素组成的各类铁合金（如 Mn - Fe、Si - Fe、铝或 Al - Fe、Ti - Fe、Si - Ca、Si - Mn 合金等）进行脱氧。这些元素比铁更容易氧化，能与钢液中 FeO 发生反应，使氧化铁还原，因而可达到钢液脱氧的目的。此外，这些元素脱氧时形成的脱氧产物具有不溶于钢液，可被排除的优点。

上述脱氧元素都有脱氧能力，但每一种脱氧元素又有各自的特点，因此，必须了解它们的特点，以便更好地掌握和使用。

元素脱氧能力：在一定温度的钢液中，用与一定浓度的脱氧元素成平衡时的含氧量来衡量。显然，与一定浓度的脱氧元素成平衡的含氧量越低，这种元素的脱氧能力越强，即表示这种元素同氧亲和力越大。某些元素在 1600℃的脱氧能力，以及与钢液中不同脱氧元素残余量相平衡的脱氧程度如图 2 - 13 所示。

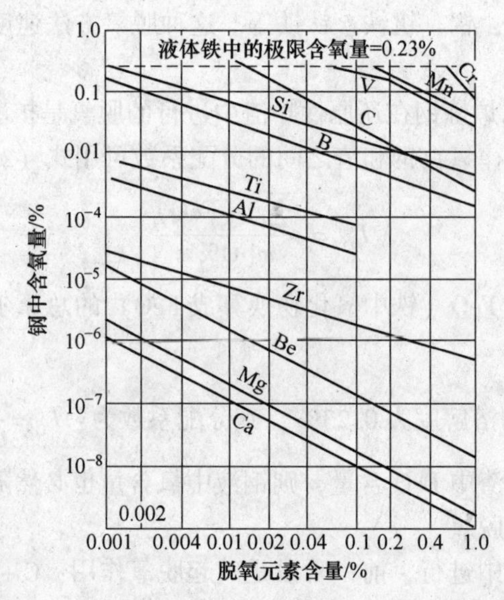

图 2 - 13　脱氧元素的残余量与钢液中含氧量的关系

按照脱氧能力由小到大排列的顺序是铬、锰、钒、碳、硅、硼、钛、铝、锆、铍、镁、钙。炼钢最常用的脱氧元素是锰、碳、硅和铝。

锰的脱氧能力较弱，并随温度提高其脱氧能力降低。当钢中有锰存在时，可增加硅和铝的脱氧能力。脱氧产物生成的（MnO）可与其他氧化物（SiO_2）形成低熔点物质，有利于夹杂物从钢液中排出。锰在凝固过程中和硫形成硫化锰，其熔点高于硫化铁，因此，锰可降低钢中硫的有害作用。

硅的脱氧能力较大，同样也随温度而变化，当温度升高，脱氧能力降低。与锰相反，硅在碱性操作时脱氧程度较完全。单用硅脱氧，由于脱氧产物（SiO_2）熔点高（熔点 1710℃），在炼钢温度下呈固体，不易从钢液中排出，故要与锰一起使用进行脱氧，以便形成低熔点脱氧产物，便于排出。

铝是很强的脱氧剂，为了达到完全脱氧，通常用铝进行最终脱氧。脱氧产物是 Al_2O_3，熔点极高（2050℃），形成很细小的固体颗粒。这些 Al_2O_3 颗粒不易被钢液湿润，能上浮去除。但单用铝脱氧时其产物 Al_2O_3 上浮的速度很慢。

C　脱氧产物的排除

脱氧不仅要把钢液中的氧降低到所需程度，而且应考虑最大限度地排出脱氧产物。研究表明：脱氧产物的排出程度主要取决于脱氧产物在钢液中的上浮速度。上浮速度大，则脱氧产物排出快。脱氧产物上浮速度可以近似用式（2－11）来表示：

$$v = Kr^2 \tag{2-11}$$

式中，v 为脱氧产物的上浮速度；K 为常数；r 为脱氧产物半径。

为了尽可能地排除脱氧产物，要求脱氧产物有较大的颗粒尺寸。当脱氧产物为液体时，有利于细小颗粒的聚合长大及上浮。研究证明：几种氧化物相互作用可以生成低熔点化合物。常用脱氧元素锰、硅、铝的脱氧产物是 MnO、SiO_2 和 Al_2O_3，其相互作用可以生成低熔点化合物。用锰、硅、铝脱氧时，三种元素必须有合适的比例，即要求锰、硅量大于铝量，才能保证生成低熔点化合物，如 $3MnO \cdot Al_2O_3 \cdot 3SiO_2$。

当用两种以上脱氧剂脱氧时，为了保证加入的脱氧剂都能起脱氧作用，而依次生成几种脱氧产物，脱氧剂的加入次序是先加弱脱氧剂，后加强脱氧剂，这样才能保证弱脱氧剂在钢液含氧量高的情况下起脱氧作用。例如，用 Fe－Mn、Fe－Si 和 Al 脱氧时，先加入Fe－Mn，后加入 Fe－Si，最后加 Al，以保证生成 MnO、SiO_2 和 Al_2O_3 的低熔点化合物。

为得到低熔点脱氧产物，生产中普遍采用两种以上脱氧元素熔合在一起的复合脱氧剂。当合金元素比例适当时，有利于脱氧产物的排除，从而降低钢中夹杂物含量。最常用的复合脱氧剂是硅－锰合金、硅－钙合金以及硅－锰－铝和硅－锰－钙等合金。

D 扩散脱氧

电弧炉炼钢用的还原性炉渣主要有两种：白渣和电石渣，在个别情况下可使用耐火砖渣。

a 白渣下的扩散脱氧

白渣是使用最普遍的还原渣，已广泛应用于熔炼各种钢种。薄渣形成以后（钢液重量的2.5%～3.0%），继续分批向炉中加入石灰、萤石和焦炭粉或木炭粉混合料，它们的比例为：8 份石灰、2 份萤石、1 份炭粉（粒度 0.5～1mm）。混合料的加入量为炉料重的1%。加入的焦炭粉与炉渣中的氧化铁、氧化锰可发生如下反应：

$$(FeO) + C = [Fe]_{液} + CO\uparrow$$

$$(MnO) + C = [Mn]_{液} + CO\uparrow$$

用炭粉还原 20min 之后，冷却的炉渣可转变成灰色，这时渣中的（FeO）含量约为1.5%。在还原期开始时，渣为黑色（冷却之后）并发亮是由于渣中有（MnO）和（FeO）的缘故。

渣变灰色之后，分批加入含有 75% 硅铁粉的混合料进行还原。常用的混合渣料有如下三种配方：

50% 石灰＋15% 萤石＋20% 硅铁粉＋15% 碳粉

60% 石灰＋0% 萤石＋30% 硅铁粉＋10% 碳粉

4 份石灰＋1 份萤石＋1 份硅铁粉＋1 份碳粉

每批混合料中，硅铁粉用量为钢液重量的 0.2%～0.3%。作为还原剂加入的硅铁粉约有 50% 用于还原，其余进入钢液。因此，总的硅铁粉用量不能太多，以免增加钢液的硅含量，一般应小于 7kg/t（钢水）。用硅铁粉还原 15～20min 后炉渣变成白色，此时，渣中氧化铁已降低至 0.6% 以下。好的白渣可形成泡沫渣，并能均匀地在试样勺杆或耙子上粘上

3 ~ 5mm 厚的一层。渣样在空气中冷却会自动粉碎成白色粉末，如钢液在试样模内凝固时产生收缩，说明钢液已得到良好的脱氧。

硅铁粉的脱氧反应式为：

$$2(FeO) + Si = 2[Fe]_{液} + (SiO_2)$$

$$2(MnO) + Si = 2[Mn]_{液} + (SiO_2)$$

在白渣下钢液每 1h 增加 0.02% ~ 0.04% 的碳。

白渣的化学成分为：55% ~ 65% CaO，15% ~ 20% SiO_2，1% CaS，2% ~ 3% Al_2O_3，FeO < 1.0%，MgO < 10%，Mn < 0.4%，CaF_2 < 5% ~ 10%。

单一使用炭粉脱氧会延长脱氧时间，所以为继续脱氧，应向炉渣中加入硅铁粉混合料，进一步降低钢中含氧量。用硅铁粉脱氧不仅脱氧完全，而且脱氧快，脱氧生成物（SiO_2）进入炉渣，可降低炉渣熔点、提高流动性、缩短还原时间。

除了上述造白渣方法之外，另一种方法是炭粉加入后，立即加入硅铁粉，或同时将炭粉和硅铁粉一起加入，进行扩散脱氧，炭和氧化物作用后生成一氧化碳，增加了炉气的还原性气氛，减少了吸入的空气量，因此，可减少硅的烧损，同时也充分发挥了硅的脱氧效力，缩短了还原期。

b 电石渣下扩散脱氧

电石渣下扩散脱氧主要用炭粉进行还原。还原开始时，向造好的稀薄渣加混合渣料，其组成是：石灰 60%，萤石 15%，炭粉 25%。

混合渣料为炉料重量的 1% ~ 2%，大炉子还原期总渣量通常为 4%，小炉子为 7%。

在电弧的高温作用下，氧化钙和碳反应，生成碳化钙：

$$3C + (CaO) = (CaC_2) + CO\uparrow$$

为了加速形成电石渣，应尽量做到炉子密封，将电极孔用密封圈封闭，并关炉门 20 ~ 30min 后，当沿炉门冒出黑烟时标志着电石渣已形成。

生成碳化钙的同时，炭粉还将炉渣中的（FeO）和（MnO）还原。碳化钙能熔于炉渣中，故脱氧能力高于碳，其脱氧反应式如下：

$$3(FeO) + (CaC_2) = 3[Fe] + (CaO) + 2CO\uparrow$$

$$3(MnO) + (CaC_2) = 3[Mn] + (CaO) + 2CO\uparrow$$

上述反应主要发生在形成碳化钙的区域，其他部分的脱氧作用大部分由碳承担。

电石渣下进行脱氧，钢液中每小时增硅量为 0.05% ~ 0.15%，这是碳化钙还原二氧化硅的结果。

$$3(SiO_2) + 2(CaC_2) = 3[Si] + 2(CaO) + 4CO\uparrow$$

$$(SiO_2) + (CaC_2) = (SiC) + (CaO) + CO\uparrow$$

随着脱氧的进行，渣中碳和碳化钙的含量逐渐减少，因此必须向炉内补充石灰和炭粉。电石渣的化学成分为：55% ~ 65% CaO，10% ~ 15% SiO_2，8% ~ 10% MgO，1% ~ 4% CaC_2，2% ~ 3% Al_2O_3，8% ~ 10% CaF_2，FeO < 0.5%，CaS < 1.5%。弱电石渣含 1% ~ 1.5% CaC_2，强电石渣含 2% ~ 4% CaC_2，电石渣在空气中会碎成灰色粉末，放在水中产生乙炔，具有强烈臭味，其反应式为：

$$CaC_2 + 2H_2O = C_2H_2\uparrow + Ca(OH)_2$$

电石渣还原的缺点是会增加钢中含碳量，每小时约增加 0.1%，因此，该方法不能熔炼低碳钢。

在电石渣下出钢会使钢液发生不稳定增碳，并易使钢中混渣，增加夹杂物含量，故出钢前应使电石渣变为白渣。加入石灰和萤石稀释渣中的碳和碳化钙，并打开炉门让炉气氧化炉渣，可迅速将电石渣变白。为了缩短还原期，在薄渣形成以后，向渣面加入小块电石和炭粉进行还原；或在造薄渣前加入电石。实践证明，这种办法可提高钢的质量，同时也节省电能。

选择还原渣应注意如下问题：

冶炼 $w[C] \leqslant 0.2\%$ 的钢，用白渣还原；

冶炼 $w[C] = 0.2\% \sim 0.6\%$ 的钢，用白渣或弱电石渣还原；

冶炼 $w[C] > 0.6\%$ 的钢，用白渣或弱电石渣还原，也可以用强电石渣。

目前电弧炉炼钢已很少使用强电石渣，多数使用白渣或弱电石渣操作。

E　综合脱氧

为了强化氧化过程、缩短还原期时间，充分利用扩散脱氧和沉淀脱氧的优点可进行综合脱氧。其操作特点是：扒氧化渣造稀薄渣后立即加入锰铁，或硅锰铁，或硅锰铝进行脱氧，然后造白渣进行扩散脱氧。综合脱氧的效果良好，目前已普遍采用。

F　出钢前最终脱氧

钢液在白渣下保持一定时间后，出钢前还要加入强脱氧剂进行最终脱氧。最终脱氧一般用铝，加入量为钢液重量的 0.10% ~0.15%，加铝量与钢种有关。

2.2.2.2　脱硫

还原期另一个任务是钢液的脱硫，故应了解硫在钢中的存在形式及钢中脱硫的技术要点。

A　硫在钢渣间的分配

钢中硫以硫化亚铁［FeS］的形式存在，FeS 能溶于钢中，同时又能溶于炉渣中。钢与渣是互相不相溶解的两种溶液。在一定温度达到平衡时，FeS 溶于渣与钢中的浓度之比是一个常数：

$$L_{FeS} = \frac{w(FeS)}{w[FeS]} \tag{2-12}$$

式中，L_{FeS} 为 FeS 的分配系数；$w(FeS)$ 为 FeS 溶于渣中的浓度；$w[FeS]$ 为 FeS 溶于钢中的浓度。

脱硫过程在渣中进行，根据实验数据，氧气顶吹转炉炼钢中硫的分配系数为：$(S)/[S] = 7 \sim 8$，最高达到 14，平炉炼钢为 4 ~6，最高达到 10，电炉还原期能达到 30 ~50。

B　去硫的条件

在炼钢过程中，硫除了以硫化铁的形式存在外，还呈硫化锰、硫化钙等硫化物的形式同时存在。其中，只有硫化铁能无限溶于钢液中，硫化锰溶解很小，硫化钙几乎不溶于钢液。但是，硫化铁、硫化锰、硫化钙都能同时溶于渣中。因此，可以利用硫化物本身的特性，使硫化铁转变成其他形式的硫化物，从钢中转移到渣中，以达到从钢中去硫的目的。在这三种硫化物中，硫化钙最为稳定，其次是硫化锰。也就是说，硫和钙的亲和力最大，硫和锰的亲和力次之，硫与铁的亲和力最小。利用这个特性可使金属中的硫形成硫化钙或硫化锰进入渣中，从而达到去硫的目的。

$$(CaO) + (FeS) = (CaS) + (FeO)$$

在一定温度下，硫在渣与钢之间的分配系数（S）/［S］是一个常数。渣中的 FeS 与 CaO 发生反应，不断形成 CaS，可使 FeS 的浓度大大降低，根据平衡分配定律，在这个温度下，要保持硫化铁的分配常数 L_{FeS}，钢中的 FeS 必然不断向渣中转移，以保持其平衡状态。

即：

$$[FeS] \rightleftharpoons (FeS)$$

这样渣中的（FeS）不断与渣中 CaO 反应，使渣中 FeS 浓度逐渐降低；钢中 FeS 不断向渣中扩散，使钢中 FeS 浓度降低，因而达到钢中脱硫的目的。

总的脱硫反应可由式（2－13）表示：

$$[FeS] + (CaO) = (CaS) + (FeO)$$

平衡常数：

$$K_S = \frac{w(CaS)w(FeO)}{w[FeS]w(CaO)} \tag{2-13}$$

或改写为：

$$w[FeS] = \frac{w(CaS)w(FeO)}{K_S w(CaO)}$$

由于脱硫反应在钢－渣界面进行，故凡能使反应式向右进行的条件，都可促进脱硫的进行。从反应式可以看出：

（1）（CaO）浓度越高，越有利于脱硫（炉渣碱度高）。

（2）减少渣中 FeO 的含量，有利于脱硫反应进行。

（3）脱硫反应是吸热反应，因此，高温对钢中脱硫有利。另外炉温高有利于石灰的熔化，可保证高碱度炉渣具有良好的流动性。

（4）减少生成物（CaS）浓度可促进脱硫反应进行，即在操作中加大渣量或采用放渣操作，再造新渣，可以减少渣中 CaS 的浓度，同时又能及时增加（CaO）的浓度，所以对脱硫有利。

（5）增加钢液中碳、硅、锰的含量，可降低硫在钢中的溶解度，提高硫的活度，有利于脱硫反应的正向进行。此外，熔池的强烈沸腾可增大界面反应面积，也有利于脱硫的进行。

C　还原期脱硫

根据上述的脱硫条件，碱性电弧炉炼钢的还原期最适合于钢液脱硫。因为，此时炉渣中 CaO 高、FeO 低，钢液和炉渣温度高，即硫的分配系数提高。脱硫过程在渣中进行，在白渣条件下，渣中氧化钙起脱硫作用，随着脱硫过程进行，渣中的硫化铁含量降低，钢液中的硫化铁扩散进入渣中，故达到脱硫的目的，其过程如图 2－14 所示。

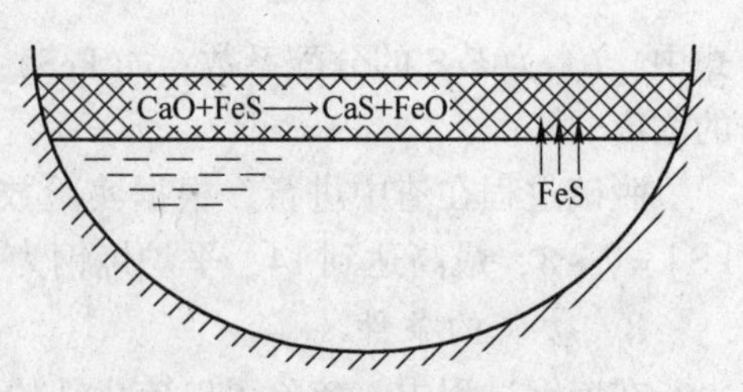

图 2－14　白渣脱硫过程示意图

还原期的脱硫过程和脱氧同时进行，钢液中的 C、Si、Mn 参与脱硫过程。其反应式如下：

$$[FeS] + (CaO) + C = [Fe] + (CaS) + CO\uparrow$$

$$2[FeS] + 2(CaO) + Si = 2[Fe] + 2(CaS) + (SiO_2)$$

$$3[FeS] + 2(CaO) + CaC_2 = 3[Fe] + 3(CaS) + 2CO\uparrow$$

由于反应生成物 CO、SiO_2 能逸出炉外，或溶于碱性渣中形成稳定化合物，因此，脱硫反应实际上是不可逆反应。电炉还原性炉渣中 FeO 的含量很少，无论是白渣或电石渣，渣中的氧化铁含量都小于1%，而在电石渣条件下，甚至小于 0.5%；而 CaO 含量通常达到60%，因此，硫的分配系数可达 30~50。另外还可采取合理的供电制度来保证熔池的高温状态，造渣及加入还原材料以控制熔池具有良好的还原性气氛，并采取加强熔池搅拌等措施，可使钢液中的硫达到较低的数值。

综上所述，实现钢液脱硫的有利条件是：（1）高炉温；（2）炉渣应有高的碱度和良好的还原性；（3）足够的渣量。当要求钢液中含硫量很低时，还应在扒除部分渣后加入萤石和石灰造渣继续脱硫。

由于钢中的扩散速度很小，钢液和炉渣间达不到平衡状态，但在出钢过程中钢渣之间的激烈搅拌使钢液中硫还会继续减少，可继续脱硫 30%~50%。

2.2.2.3 合金元素的加入和调整

各种合金元素加入的次序、时间和加入方法对回收率有很大影响，合金元素加入的次序与时间可根据以下要求确定。

（1）加入的合金元素要能尽快熔化，使成分均匀。

（2）合金元素的回收率要高，即减少合金元素的烧损，不增加钢中的夹杂含量。

（3）合金元素带入的杂质和气体要能被去除。

为了达到这个目的，强脱氧元素应在脱氧良好的条件下加入，以减少烧损和夹杂；难熔及比重大的元素应在早期加入，常用合金的加入时间和回收率见表 2-5。

表 2-5 合金元素的加入时间和回收率

合金名称	用 途	加入时间及条件		回收率/%
硅铁	脱氧、调整含硅量	造还原渣时加入硅铁粉，出钢前 7~10min 在良好的白渣下加入		30~40 90
锰铁	脱锰、调整含锰量	扒除氯化渣后加入还原期中，在良好的白渣下加入		93~95
铬铁	加入合金元素	还原期中，在良好的白渣下还原 15min 后加入		95
钼铁	加入合金元素	随炉料装入或在熔化末期加入，还原期调整		95~98
钨铁	加入合金元素	氧化末期或还原初期加入，还原期调整（补钨后需大于 15min 才能出钢）		95~98
钛铁	加入合金元素	出钢前 5~10min 加入炉中或出钢时加在盛钢桶中		40~70
钒铁	加入合金元素	出钢前 5~8min 加入钢中含钒	<0.3%时	80~90
			>1%时	95~98
硼铁	加入合金元素	出钢时加在盛钢桶中		30~60
镍	加入合金元素	随炉料装入		98
铜	加入合金元素	熔化末期或氧化初期加入		95~98
铝	加入合金元素	高铝钢，在脱氧良好和温度够高的条件下，于出钢前 8~15min 加入，停电扒渣，插铝		60~80

补加合金的数量按式（2－14）确定：

$$补加合金的数量=\frac{(特种钢要求的成分-钢液中残留的成分)\times 钢液量}{合金中的元素成分\times 回收率} \quad (2-14)$$

在高合金钢合金元素加入量的计算中，不能用式（2－14）计算，因为补加的合金数量较多，补加合金后的钢液总重量发生了变化。因此在计算时，补加合金中的元素成分必须扣除合金本身达到这一钢种规格所要求的成分。计算公式可表示如下：

$$补加合金的数量=\frac{(特种钢要求的成分-钢液中残留的成分)\times 钢液量}{(合金中的元素成分-钢种要求成分)\times 回收率} \quad (2-15)$$

现举例加以说明。

若冶炼 10t ZGMn13 钢液，钢种要求的含锰量为 13%，加合金前钢液中残留的含锰量为 8%，所加入的铁合金为含锰 73% 的锰铁，设回收率为 95%，求锰铁的加入量？

$$补加合金的数量=\frac{(13\%-8\%)\times 10\times 1000}{(73\%-13\%)\times 95\%}=877\text{kg}$$

碱性电弧炉铸造碳钢氧化法熔炼工艺见表 2－6。

表 2－6　铸造碳钢氧化法熔炼工艺

时期	序号	工序	操作摘要
熔化期	1	通电	用允许的最大功率供电
	2	助熔	推料助熔。熔化后期，加入适量的渣料及矿石。炉料熔化 60% ~80% 时，吹氧助熔。熔化末期改用较低电压供电
	3	取样、扒渣	炉料全熔后，充分搅拌钢液，取钢样，分析碳、磷。带电放出大部分炉渣后，加入渣料，保持渣量在 3% 左右
氧化期	4	吹氧脱碳	钢液温度在 1560℃（热电偶温度）以上时，加入 3 ~5kg/t 硅铁，随即进行吹氧脱碳。吹氧压力为 0.6 ~0.8MPa，耗氧量约 6 ~9m³/t
	5	估碳、取样	估计钢液含碳量降至低于规格下限 0.02% ~0.04% 时，停止吹氧。充分搅拌钢液，取钢样，分析碳、磷、锰
还原期	6	扒渣、预脱氧	扒除全部氧化渣（先带电，后停电），加入全部锰铁，并加入 2% ~3% 渣料（石灰:萤石:耐火砖块 =4:1.5:0.2），造稀薄渣
	7	还原	稀薄渣形成后，加入还原渣料（C >0.35% 造弱电石渣，C≤0.35% 造白渣），恢复通电，进行还原。钢水在良好的还原渣下保持时间一般应不小于 20min
	8	取样	充分搅拌钢液，取钢样，分析碳、磷、锰、硫。并取渣样分析，要求 $w(\text{FeO})\leq 0.8\%$
	9	调整成分	根据试样的分析结果调整化学成分（含硅量于出钢前 10min 调整）
	10	测温	测量钢液温度，并作圆杯试样，检查钢液脱氧情况
出钢	11	出钢	钢液温度符合要求，圆杯试样收缩良好时，停电，升高电极，插铝 1kg/t，出钢
	12	浇注	钢液在盛钢桶中镇静 5min 以上浇注。浇注过程中间从钢桶中取钢样，作成品钢化学分析

2.2.3　出钢与浇注

钢液的化学成分在出钢之前要认真调整到全部符合规格。此外，脱氧良好、温度合乎要求、炉渣纯白、流动性和碱度合适即可进行终脱氧出钢。出钢前应清理电弧炉的出钢口和出钢槽，并吹扫炉顶积灰，以免倾炉出钢时积灰落入钢液内增加钢中夹杂。

2.2.3.1 出钢方法

通常情况下，出钢都是采用大出钢口和钢液炉渣混出的出钢方法。这种出钢方法，由于钢液得到炉渣的保护，可以减轻钢液降温和二次氧化。炉渣还可以使钢液进一步脱氧脱硫，悬浮于钢液中的非金属夹渣物也可再次得到炉渣的洗涤和进一步排除。有时也采用先出钢、后出渣的出钢方法，在出钢前应向出钢口处投放适量的石灰，使炉渣变稠，然后以最大倾炉角度出钢，使渣面升高至出钢口以上，让钢液先流出。

2.2.3.2 出钢过程中钢液的处理

（1）合成渣洗涤。在出钢过程中，利用合成渣洗涤钢液的办法可以缩短熔炼时间、显著提高钢的质量，因而应用广泛。常用的合成渣是 $CaO-Al_2O_3$ 碱性渣系，其化学成分为：Al_2O_3 40% ~50%，CaO 50% ~55%，$SiO_2 \leqslant 5\%$，$C \leqslant 0.1\%$。这种渣的特点是熔点低、流动性好、与钢液黏附力小、容易携带夹杂物上浮。合成渣在出钢时，与钢液混合后能被高度乳化为细小的渣滴，增加钢－渣界面，显著提高钢－渣间的物化反应速度，从而迅速完成脱硫精炼的任务。

（2）盛钢桶吹氩精炼。盛钢桶吹氩是炉外精炼法中的一种，具有设备简单、成本低廉等优点。氩气是惰性气体，吹入钢液内只起搅拌作用，使钢液去气和去除杂质，而不发生任何化学反应。

有两种吹氩方法：一种是由空心陶瓷管吹入钢液；另一种是由安装在盛钢桶底部的透气砖吹入钢水，如图 2－15 所示。

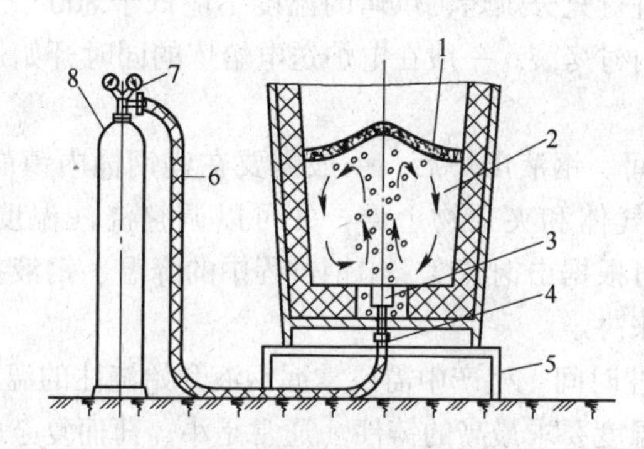

图 2－15 钢液吹氩精炼示意图

1—熔渣；2—钢液；3—透气砖；4—活接头；5—盛钢桶支架；6—耐压胶管；7—减压阀；8—氩气瓶

2.2.3.3 浇注

钢液浇注是铸钢生产中的重要环节，做好浇注工作，对保证铸件质量有重要意义。因而应了解与浇注有关的事宜。

（1）盛钢桶。盛钢桶简称钢包，常用的有三种形式：倾转式、底注式和茶壶式，其中以底注式盛钢桶最为常用，其结构如图 2－16 所示。

底注式盛钢桶的主要特点是能有效地挡渣，但是浇注次数（即浇注口的开闭次数）受到限制，使得大容量的底注式盛钢桶不适合用于浇注大批的小铸件。可采取用大的底注式

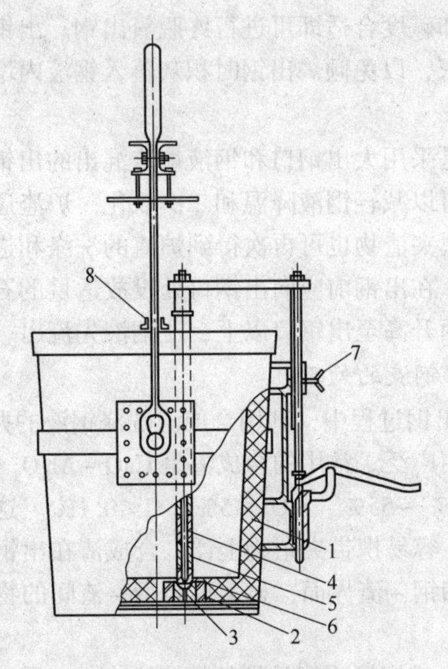

图2-16 底注式盛钢桶结构图

1—耐火材料包衬；2—钢壳；3 注孔砖；4—塞杆铁芯；5—塞杆；6—塞杆头；7—紧固螺钉；8—安全装置

盛钢桶与小的倾转式盛钢桶相配合的方法解决大批小铸件的浇注问题。

盛钢桶在使用前要进行充分烘烤，烘烤的温度不应低于800℃，烘烤时要注意缓慢升温，防止急火把耐火砖内衬烤裂。一般在电炉送电熔炼的同时开始烘烤浇包，直到钢液出炉为止。

(2) 钢液的镇静时间。钢液出炉后，一般需要在盛钢桶内镇静一段时间后再进行浇注。这样有利于钢液中气体和夹杂物上浮，并可以调整浇注温度。镇静时间不应少于5min。具体的镇静时间可根据出钢温度、出钢过程中的降温、钢液在盛钢桶内的降温速度和要求开始的浇注温度来决定。

(3) 浇注温度和浇注时间。生产中需要掌握钢液开始浇注的温度，浇注温度是根据钢包要浇注的铸件中浇注温度要求最高的铸件（通常是小、薄而复杂的铸件）来决定，示于表2-7，可供参考。

表2-7 铸钢开始浇注的温度

钢　号	开始浇注温度/℃	钢　号	开始浇注温度/℃
ZG15	1540~1560	ZG45	1510~1530
ZG25	1530~1550	ZG55	1500~1520
ZG35	1520~1540		

铸钢件的浇注速度主要根据铸件重量来决定。表2-8列出了容量为5~10t盛钢桶浇注一般的中、小铸件条件下，对浇注时间的控制数值，可供参考。

表 2-8 铸钢件浇注时间

铸件重量/kg	浇注时间/s	铸件重量/kg	浇注时间/s
<100	<10	500 ~ 1000	<60
100 ~ 300	<20	>1000	>60
300 ~ 500	<30		

浇注时间由人工操作（盛钢桶注口的开启程度）来控制。在生产中，为了控制浇注时间，盛钢桶常选择具有适当直径的浇口砖。

2.3 电弧炉炼钢工艺

2.3.1 碱性电弧炉不氧化法炼钢工艺

碱性电弧炉不氧化法的熔炼工艺见表 2-9。

表 2-9 ZGMn13 不氧化法熔炼工艺

时期	序号	工序	操作要点
熔化期	1	通电熔化	用允许最大的功率供电，熔化炉料
	2	助熔	推料助熔。熔化后期，加入适当的渣料，并调整炉渣，使其流动性良好。熔化末期适当减小供电功率
	3	取样	熔清后充分搅拌钢液，取样分析 C、P、Mn。温度达 1500℃时根据含磷量扒除部分炉渣，加入适量渣料造稀薄渣；分批加入 2% 石灰石，或低压吹氧使钢液沸腾（$6m^3/t$），沸腾结束后，加入适量料渣
还原期	4	还原	加入碳粉造电石渣还原。电石渣保持 15min，将电石渣变为白渣，取渣样分析，要求 (FeO) ≤0.5%，并做弯曲实验
	5	取样	搅拌钢液，取样，分析 C、Si、Mn、P、S
	6	调整成分	根据分析结果，调整钢液化学成分（硅量在出钢前 10min 内调整）
	7	测温	测量钢液温度，要求出炉温度 $t = 1470 \sim 1490$℃，并做圆杯试样，检查钢液脱氧情况
出钢	8	出钢	钢液温度达要求、脱氧良好，停电、升高电极、插铝 0.5kg/t，出钢

电弧炉所熔炼的优质钢仅有 65% ~75% 能得到有效利用，其余部分在各有关工序中都将变成废钢。

这些废钢中的硫、磷含量都很低，且含有贵重的合金元素。如果这些废钢用氧化法来熔炼，其中的大部分合金元素都将因氧化而损失掉。采用不氧化法熔炼能做到节省电能、提高电弧炉生产率和节省合金原材料，对国民经济具有重要意义，所以采用不氧化法炼钢的比例逐年增加。

返回法熔炼所用的原材料必须经过严格检验，了解其化学成分，配料计算及炉料称重也要准确。应认真选择炉料使元素的成分接近最后要求的成分，不足的部分可用适量的铁合金来弥补。

由于没有氧化期，不能完成脱磷和去气、去夹杂的任务，因此要求废钢低磷、清洁、无锈，各种元素要低于钢种的规格。不氧化炼钢法不进行脱磷和碳，故不需要造氧化渣。炉料全熔后，钢液的含碳量应低于成品规格下限的0.03%～0.066%。为了降低炉料的含碳量，有时加入低碳钢或软铁。

配料后，还应注意装料工序。装料时应将较难熔化的钨铁和软铁放在炉子中央，易熔化的炉料放在炉坡；铬铁、镍等应放在电弧区之外，以减少挥发损失；易氧化的钒铁、钛铁、铌铁不可与炉料同时装入炉内，以免氧化损失；吸碳能力较大的合金应放在离电极远处。炉气中的氧和炉料表面的氧化物，可在熔化期氧化部分合金元素，各元素在熔化期的烧损率范围如下：

钨	钒	铬	钛	锰	铝	硅
6%～15%	60%～80%	10%～15%	80%～90%	15%～25%	≈100%	40%～60%

熔化期加入经烘干的石灰石或石灰造渣，加入量为炉料重的2%～4%，目的是去磷。石灰石分解释放出CO_2，并引起钢液沸腾，因而有利于排除钢液的气体。若熔化后炉渣含MgO高，炉渣发黏，不利于造还原渣，可以扒除部分炉渣。当渣中含有钨、铬、钒等氧化物时，应先用炭粉、硅粉、铝粉还原，然后扒渣。还原期的脱硫、脱氧，以及合金化操作与氧化法无原则上的差别。主要特点是根据钢种选择脱氧剂造还原渣。返回法熔炼时间比氧化法短，可提高生产率20%左右，降低电耗12%～15%。

近年来在电弧炉炼钢中广泛采用吹氧技术，返回法也可采用吹氧操作，即返回吹氧法。返回吹氧法可以在炉料中配入较高的碳，利用吹氧法操作造成强烈沸腾使熔池除气。同时，吹氧法还可以抵消电极和还原渣的增碳作用，这对于熔炼低碳不锈钢尤为重要。

2.3.2 酸性电弧炉炼钢工艺

酸性电弧炉炼钢同碱性电弧炉炼钢比较，具有如下特点：

(1) 炉衬寿命较长。酸性炉衬是由硅砖和石英砂砌筑而成，虽然（SiO_2）的耐火度比氧化镁（MgO）低，但是它的热稳定性比碱性耐火材料（镁砖和镁砂）好，具有良好的耐急冷急热性，这使得酸性炉衬的使用寿命大大超过碱性炉衬。

(2) 冶炼时间较短。由于酸性炼钢不能脱硫和脱磷，也不进行沸腾去气去夹杂，因而炼钢时间短于碱性电炉炼钢。

(3) 耗电量少。酸性电弧炉一方面熔炼时间短，另一方面热损失比碱性炉小。因为硅砖的导热率仅是镁砖（或镁砂）的1/4，炉体向外的散热量少，因而，酸性炉的耗电量较少。

(4) 钢液中的气体和夹杂物较少。一方面，酸性炉渣的流动性差，能较好地覆盖钢液表面，有效防止气体侵入；另一方面，在酸性炉渣作用下钢液中所含［FeO］较少，由于FeO是碱性氧化物，它与酸性炉渣的结合能力强，而与碱性炉渣的结合能力弱（即酸性炉渣比碱性炉渣脱氧能力强），因而，在酸性炉炼钢的还原期，钢液中的［FeO］含量能降得很低。故终脱氧任务轻、所需加入的脱氧剂数量少、钢液中的脱氧产物少。

酸性炉炼钢的主要缺点是：不能脱硫和脱磷，因而必须使用低磷、低硫的炉料。

酸性炉可用来熔炼碳钢、低合金钢和某些高合金钢（如含硅、含铬的高合金钢等），但不适合于熔炼高锰钢（因为MnO是碱性氧化物，会加剧侵蚀酸性炉衬）。

2.4 感应炉熔炼工艺特点

2.4.1 感应电炉概述

感应电炉分为有铁芯和无铁芯两种。有芯感应炉主要用于有色金属及其合金的熔炼，炼钢中极少应用。在铸钢生产中所用的感应电炉都是无芯感应电炉。

按炉子容量的大小和所采用不同的电流频率，可分为高频、中频和工频感应电炉。高频感应电炉的电流频率一般是 $2\times10^5\sim3\times10^5$Hz。电炉的容量一般为 10~100kg。这种感应电炉多用于实验室工作，或在精密铸造车间生产小型铸钢件用。中频感应电炉的电流频率一般是 1000~2500Hz，电炉容量一般为 100~1000kg。工频感应电炉的电流频率就是工业用电的频率（50~60Hz）。炼钢用的工频电炉的容量一般为 100kg~10t。

按照坩埚材料的性质，感应电炉分为酸性和碱性两种类型。酸性感应电炉造酸性渣，不能脱磷、脱硫；碱性感应电炉造强碱性渣，能够脱磷、脱硫。碱性炉的使用寿命一般为 40~50 次，而酸性炉的寿命则可达 100~200 炉次，因而，在生产中一般多应用酸性电炉。有些钢种必须在碱性炉内进行熔炼，如高锰、高镍、高铬、高钛和高铝的合金钢，或者是含硅量要求严格控制的合金钢。含锰高的钢在酸性炉内熔炼时，氧化锰（MnO）会与炉衬中的二氧化硅（SiO_2）反应，形成易熔的硅酸锰盐而使炉衬损坏；铝和钛易与酸性炉衬发生反应，使炉衬的二氧化硅还原成硅，进入合金液中，一方面损坏炉衬，另一方面使钢中的硅很难控制。但由于酸性电炉有着使用寿命长、成本低等优点，在生产中仍被广泛应用。工频感应电炉的主要技术性能见表 2-10。

表 2-10 无芯式工频感应炉的主要技术性能

序号	技术性能		电炉熔量/kg								
	名称	单位	100	150	250	400	500	700	1500	300	1000
1	额定功率	kW	100	100	130	135~200	180	300	450	750	2700
2	感应圈电压	V	380	380	380	380	380	1000	380	500	1000
3	感应圈匝数		70	54	46	40	36	60	18+18	18+18	16+18+18
4	每匝电压	V	5.43	7	8.26	9.5	10.6	16.7	21.1	27.8	55.6
5	频率	Hz	50	50	50	50	50	50	50	50	50
6	功率消耗	kW/kg	1	0.67	0.52	0.43	0.36	0.43	0.3	0.25	0.27
7	炼钢生产率	kg/h		100					500~750		
8	炼钢单位耗电量	kW·h/t		1200					900~1000		

感应电炉有两种熔炼方法：氧化法和不氧化法。一般用酸性感应电炉不氧化法操作的较多，该方法较简单，基本上是炉料的重熔过程。

2.4.2 感应电炉炼钢的特点

图 2-17 所示是感应电炉感应加热示意图。当交流电通过原线圈（感应器）时，它绕着线圈产生交流磁场，交流磁场在副边线圈上产生感应电动势，由于感应电动势的作用，

在金属炉料中（闭合线圈）产生交流电流，依靠本身的电阻，按照焦耳－楞次定律，将电能转换为热能，用以熔化金属。因为热是在被加热的金属中发生，所以从热工的观点看，感应电炉是最好的熔炼工具。

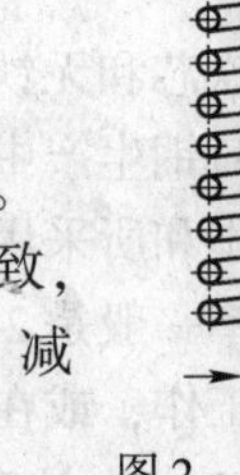

图 2－17　无芯感应炉示意图

感应电炉炼钢与其他熔炼炉相比较，具有下列优点：

（1）由于没有电极，可以熔炼含碳量很低的钢种。

（2）由于没有弧光存在，可以得到含气量很低的钢种。

（3）钢液的自动搅拌作用可使钢液化学成分均匀一致，加速钢液与钢渣间的反应，并可促进非金属夹杂物上浮，减轻人工搅动的劳动量。

（4）感应电炉中合金元素的烧损少，热效率高。

（5）操作时能够精确的调整温度。

（6）可以在“真空”或在对熔炉操作有利的气氛中进行熔炼。

但是，感应电炉也有下列缺点：

（1）炉渣不能被感应加热，只能从钢液中吸热，渣温低，不利于钢－渣的冶金反应。

（2）坩埚寿命短。坩埚壁较薄，加之金属流不断搅拌冲刷，或者是炉壁内外温差大，易产生热应力而破裂，一般寿命只有几十次，碱性坩埚较酸性坩埚寿命更短，酸性坩埚寿命最长不过百余次。

（3）无芯感应电炉热效率低。无芯感应炉没有铁芯，磁力线被迫通过空气，而空气对磁力线的通过具有很大的阻力，致使有效的磁通量大为减少。

感应电动势的大小由式（2－16）确定：

$$E = 4.44\Phi_{m} f n \times 10^{-16} \tag{2-16}$$

式中，Φ_m 为磁通量；f 为交流电的频率，Hz；n 为线圈数，个。

当磁通量减少时，要获得足够大的感应电动势应增加电流频率（线圈的数目有一定限制，不可能无限增加）。当增加电流频率时，磁力线会迅速变化，产生于炉料中的电动势会在线圈的平面上，即在与磁力线的轴相垂直的面上产生涡流。由于表面的肌肤作用，炉料中产生的电流密度在炉料表面（指和坩埚接触的金属）达到最大值，沿着从边缘向中间的方向降低。电流密度很大的金属表面一层的厚度称为穿透厚度，主要热量发生在这一层炉料中。

电流的很大一部分是在导电体（炉料）表面很薄的一层流通，而导体的中间部分几乎没有电流通过，所以无芯感应炉可以看作一个具有空气芯的变压器，在它的副边线圈上仅有一个短路线圈。

在无芯感应炉中，感应器和熔融的金属是两个同心导体，两导体中的电流方向相反，它们互相排斥的结果使炉液的中部突起，造成所谓“峰顶”，如图 2－18 所示。这种现象有利于产生强烈的“搅拌”作用，但易使炉渣流向坩埚壁，使金属的突起部分暴露出来。为了掩盖“峰顶”必须增加钢渣量，而钢渣量的增加对炉衬的寿命又会产生不利的影响。

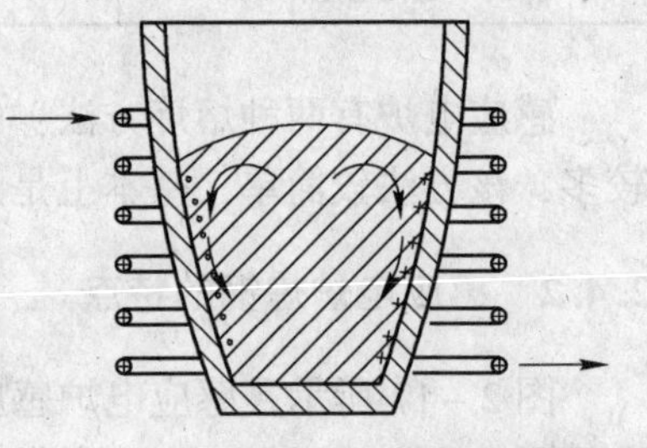
图 2－18　感应电炉中钢液的运动

2.4.3 感应电炉的结构及炉衬

感应电炉的结构如图2-19所示。感应电炉在熔炼过程中感应器受到高温炉衬的强烈加热，为了避免温度过高一般都将感应器作成空心，多采用钢管做成，并通水冷却，如图中3所示。炉体通过装在炉架上的转轴用机械的方法倾转。

电气部分供给感应器需要的交变电流。高频电炉和中频电炉的电气部分应包括变频的装置，变频可以用不同的方法来实现。一般情况下，对高频感应电炉采用电子管振荡装置来变频，中频感应电炉采用高频发电机来变频，近年来，利用可控硅变频的方法可把工业用电的频率变为中频来供给中频感应电炉。与中频发动机相比，用可控硅变频既可提高电能的利用效率，也可使结构紧凑、无噪声、使用可靠、效果良好。

由于感应电炉的感应器有很大的电感，加之磁通是通过空气而闭合的，所以感应电炉的无功功率相当大，功率因数 $\cos\phi$ 相当低，其值一般只有0.10%～0.11%。因此必须采用相应的电容器与感应器并联，以补偿无功功率，提高功率因数。感应电炉功率越大，所需配备的电容器容量也越大。

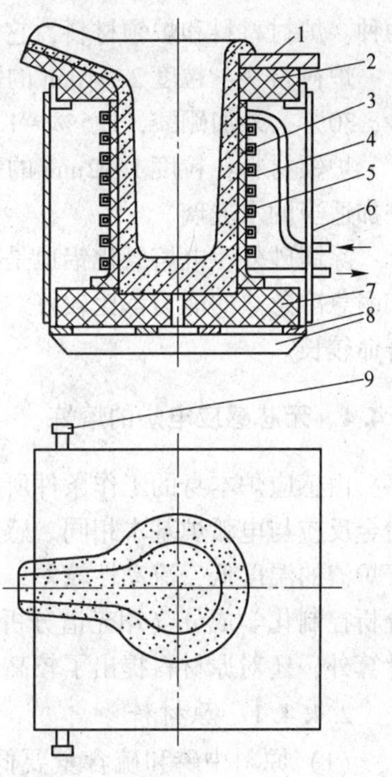

图2-19 感应电炉炉体构造图

1—耐火石棉板；2—耐火砖；3—捣制坩埚；4—石棉布或玻璃丝布；5—感应器；6—炉体外壳；7—耐火砖底座；8—角铁；9—转轴

坩埚是感应电炉的熔化室，用耐火材料打结而成。耐火材料可采用酸性或碱性两种。酸性感应电炉的主要耐火材料是石英砂，黏结剂一般使用硼酸和水玻璃，对石英砂化学成分的要求是：SiO_2 99%～99.5%；杂质含量：Fe_2O_3 < 0.5%，CaO < 0.25%，Al_2O_3 < 0.2%；对硼酸的要求是 B_2O_3 ≥98%，粒度小于0.5mm。打结坩埚使用的材料分为两种：一种是用于打结坩埚下部（与钢液接触的部分）的炉衬，另一种是用于打结坩埚上部（称为炉口部分或炉领部分）的炉衬，这两种材料的配比如下。

炉衬材料：25%粒度为5～6mm的石英砂，20%粒度为2～3mm的石英砂，30%粒度为0.5～1.0mm的石英砂，石英粉25%；外加1.5%～2.0%的硼酸。

炉领材料：30%粒度为1～2mm的石英砂，40%粒度为0.2～0.5mm的石英砂，20%石英粉，外加10%水玻璃。

上述两种材料的特点是炉衬材料的耐火度较高，而炉领材料的烧结强度较高。

炉衬材料的配制方法是将石英砂与硼酸干混，而不加水湿润。打结坩埚时也应尽量少加水，用干捣实法的质量较好，但劳动条件较差。

碱性感应电炉的耐火材料主要是镁砂，镁砂有两种：冶金镁砂和电熔镁砂。在耐急冷急热性方面，电熔镁砂比冶金镁砂高得多。冶金镁砂的成分要求是；MgO≥87%；SiO_2 < 4%；CaO < 5%，应特别注意尽量减少氧化铁的含量，因为氧化铁具有一定的导电性，如果打结用的材料中混入氧化铁，则炉衬就有导电性，易发生漏电（电流穿过炉衬），甚至

造成炉衬击穿事故。

碱性感应电炉的坩埚材料是用硼酸和水玻璃作为黏结剂打结而成，坩埚材料也可分为两种：炉衬材料和炉领材料，它们的配合比如下。

炉衬材料：粒度2～4mm的镁砂，15%；0.8～1mm的镁砂，55%；小于0.5mm的镁砂，30%；外加硼酸，1.5%～1.8%。

炉领材料：粒度1～2mm的镁砂，40%；小于1mm的镁砂，40%；耐火黏土，20%；外加适当的水玻璃。

除镁砂外，电熔氧化铝也是很好的坩埚材料。电熔氧化铝是中性耐火材料，其耐火度和耐急冷急热的能力都比较好。用电熔镁砂和电熔氧化铝来制作大吨位感应电炉的坩埚，寿命较长。

2.4.4　无芯感应电炉的熔炼

由感应炉本身的工作条件所决定，感应炉应严格选用熔化所用的炉料。在感应炉中的冶金反应与电弧炉基本相同。感应熔炼基本上是一个熔化过程，较少采用氧化法熔炼。由于炉渣的温度低，流动性较差，去磷、去硫能力不高，整个熔炼时间较短，难以依靠炉前分析控制化学成分（用光谱分析法可以控制），也不进行脱碳沸腾，熔炼除要求配料精确计算外，还对原材料提出了较高的要求。

2.4.4.1　原材料

（1）原料中磷和硫含量要低，一般原材料中的含量低于规格要求的上限0.005%～0.01%，对各种原材料应准确了解其化学成分，尤其熔炼高级合金钢时，其成分控制更为严格，因此，要求原料成分更要准确。

（2）原料清洁无锈。

（3）原料应干燥并经过预热，以保证钢中气体含量最少。

（4）要求炉料块度大小适宜，有利于迅速熔化、装填充实。

（5）造渣材料及脱氧剂应合理选择，并限制有害元素的含量。

2.4.4.2　装料及熔化

在前一炉出钢后，首先应清除残渣、残钢并检查炉衬，对局部侵蚀严重的部位进行修补，小的纵裂纹也可以修补。对横裂纹由于在熔炼中会受到炉料重力作用而继续扩大，应考虑其是否能继续使用。感应炉的装料，小电炉可用手工装料。炉料按温度区布料，如图2－20所示，以保证熔炼的效果。

由于感应熔炼的表面肌肤效应，电流大多通过炉料表面，使四周成为高温区。坩埚底部和中部2、3因散热条件差成为较高温区，而坩埚上部4热量易散失，并且料块切割磁力线最少，因而成为低温区。易挥发的炉料应装在下层，若量少可待炉料基本熔化后加入熔池。装料要力求紧密，但又要避免料与料之间相互卡住，而发生“架桥”现象。上部炉料不应超过感应圈的高度，否则会焊接成桥，从而延长熔化时间。为

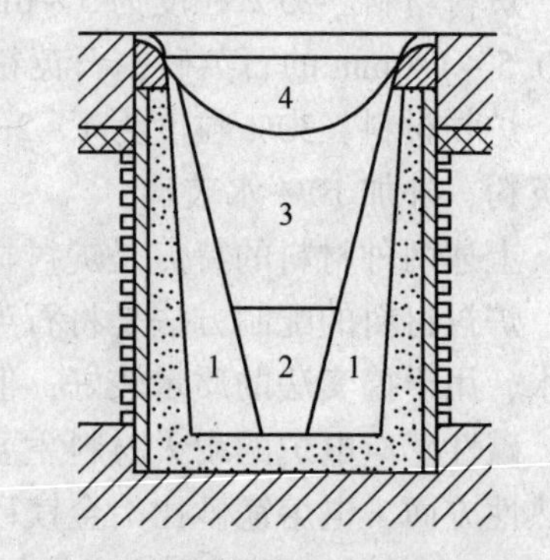

图2－20　感应炉炉料温区示意图
1—高温区；2，3—较高温区；4—低温区

了尽早造渣可在坩埚底装入造渣材料（碱性渣为CaO和CaF_2），其重量为料重的1%。

熔化期要求采用最大功率送电。开始送电的数分钟（6～8min）内可用较低的功率；电流波动较小后采用大功率送电，直至熔完。在熔化过程中要不断调整电容的大小以保证电炉较高的功率因数。在熔化过程中要防止坩埚上部因温度低使炉料熔接造成“架桥”。当出现“架桥”时，一般采用人工把炉料捣开，这种操作对坩埚寿命的影响极大。

2.4.4.3 精炼

精炼的任务包括脱碳、脱硫、脱氧、合金化及调整钢液温度等。在感应电炉中脱碳、脱磷、脱硫任务一般很少（碱性炉衬，造碱性渣可以脱磷、脱硫），必要时可加入一部分石灰和矿石粉进行脱磷。脱碳可借扒渣后钢液被空气氧化，也可以采用加矿石或吹氧的办法。

脱氧是感应炉熔炼中最重要的任务之一，而脱氧任务的完成将取决于还原渣的成分。由于炉渣温度低，故选则时应特别注意选择低熔点、流动性良好的炉渣。酸性坩埚熔炼时，可采用普通玻璃片造渣，而碱性坩埚中一般常用10%镁砂、60%石灰、30%萤石，亦有采用70%石灰、30%萤石的。此外还有在炉渣中配入Al_2O_3、SiO_2等材料，以降低炉渣的熔点。特殊情况下，如熔化极易氧化的合金（钙、铝合金）时，可采用流动性更好的覆盖剂，如食盐及氯化钾的混合物或冰晶石。加入这些材料，可在金属液面迅速形成薄渣，使金属与空气很好地隔绝，从而减少金属的氧化。

碱性感应电炉与碱性电弧炉冶炼法相同，采用扩散脱氧。常用的脱氧剂有炭粉、硅铁粉、铝粉、硅钙粉、铝石灰等，其中效果最好的是硅钙粉和铝石灰。炭粉只能在金属不怕增碳的情况下才能使用，脱氧剂应分批不断向渣面均匀加入，最终脱氧一般用铝。感应炉中沉淀脱氧效果很好，由于金属液不断搅动，可使脱氧产物迅速上浮。熔炼合金钢时，合金元素适宜的加入时间和合金元素回收率见表2－11和表2－12。感应炉炼钢的典型工艺见表2－13和表2－14。

表2－11 酸性感应炉不氧化法的合金元素回收率

元素名称	合金名称	适宜加入时间	回收率/%
镍	金属镍	装料时	100
钼	钼铁	装料时	98
钨	钨铁	装料时	98
铬	铬铁	装料时	95
锰	锰铁	出钢前10min	90
硅	硅铁	出钢前7～10min	100
钒	钒铁	出钢前7min	92～95

表2－12 碱性电炉不氧化法的合金元素回收率

元素名称	合金名称	适宜的加入时间	回收率/%
镍	金属镍	装料时	100
铜	金属铜	装料时	100
钼	钼铁	装料时	100

续表 2－12

元素名称	合金名称	适宜的加入时间	回收率/%
铌	铌铁	装料时	100
钨	钨铁	装料时	100
铬	铬铁	装料时	97～98
锰	锰铁、金属	装料时	90
	锰	还原期	94～97
氮	氮化锰	还原期（加稀土时）	40～50
	氮化铬	还原期（不加稀土时）	85～95
钒	钒铁	还原期	95～98
硅	硅铁	出铁前 10min	90
铝	金属铝	出钢前 3～5min 内	93～95
钛	钛铁	出钢前插铝终脱氧后加入	85～92
硼	硼铁	临出钢前加入，或出钢时加在感钢桶内冲熔	50

表 2－13　ZG1Cr25Ni20Si2 钢酸性感应炉不氧化法熔炼工艺

时期	序号	工序	操作摘要
熔化期	1	通电熔化	开始通电时供 60% 左右的功率，待电流冲击停止后逐渐将功率增至最大值
	2	捣料助熔	随着炉中下部炉料的熔化，经常注意捣料，防止“搭桥”，并陆续添加炉料
	3	造渣	大部分炉料熔化后，加入造渣材料（碎玻璃）造渣，其加入量为 1.5%
	4	取样扒渣	炉料熔化 95% 时，取试样进行全分析，并将其余炉料加入炉内。炉料全熔后，减小功率，倾炉扒渣，并另造新渣
还原期	5	脱氧及调整成分	加入低碳锰铁和硅铁脱氧，并调整硅锰。然后加入低碳铬铁调整铬
	6	测温作圆杯试样	测量钢液温度，并作圆杯试样，检查钢液脱氧情况
	7	终脱氧	钢液温度达 1650℃（热电偶）以上，圆杯试样收缩良好时，往钢液中插入 1kg/t 的铝进行终脱氧
出钢	8	出钢	停电倾炉出钢。在盛钢桶中取样进行成品钢液化学分析
	9	浇注	钢液在盛钢桶中镇静 3～5min 后浇注

表 2－14　ZG1Cr18Ni9Ti 不锈钢碱性感应炉不氧化法熔炼工艺

时期	序号	工序	操作摘要
熔化期	1	通电熔化	开始通电 6～8min 内供给 60% 的功率，待电流冲击停止后，逐渐将功率增至最大值
	2	捣料助熔	随着坩埚下部炉料熔化，随时注意捣料，防止“搭桥”，并陆续添加炉料
	3	造渣	大部分炉料熔化后，加入造渣材料（石灰石: 萤石 = 2: 1）造渣覆盖钢液，造渣材料加入量为 1%～1.5%
	4	取样扒渣	炉料熔化 95% 时，取试样作全分析，并将其余炉料加入炉内。炉料熔清后，将功率降至 40%～50% 倾炉扒渣，另造新渣

续表 2-14

时期	序号	工序	操作摘要
还原期	5	脱氧	渣料化清后，往渣面上加脱氧剂（石灰粉:铝粉=1:2）进行扩散脱氧。脱氧过程中可用石灰粉和萤石粉调整炉渣黏度，使炉渣具有良好的流动性
	6	调整成分测温	根据化学分析结果，调整化学成分，其中含硅量应在出钢前10min以内调整
	7	作圆杯试样	测量钢液温度，并作圆杯试样，检查钢液脱氧情况
	8	加钛铁	钢液温度达1630~1650℃（热电偶）以上，圆杯试样收缩良好时，扒除一半炉渣后，加入钛铁（将钛铁压入钢液中）
	9	终脱氧	钛铁熔完后准备出钢，出钢前插铝1kg/t进行终脱氧
出钢	10	出钢	插铝后2~3min内倾炉出钢，出钢后在盛钢桶取试样作成品钢液化学分析
	11	浇注	钢液在浇注包内镇静3~5min后浇注

2.5 电渣炉及熔炼技术

2.5.1 概况

电渣熔炼的突出特点是电渣的精炼作用，可获得优良的锭坯或铸件，因此，电渣重熔技术自20世纪50年代应用以来得到迅速发展。重熔合金的种类越来越多，包括不锈钢，高温合金，精密合金及铜、镍合金等。

电渣炉分为自耗式和非自耗式，其工作原理是：电流通过导电熔渣时使带电粒子相互碰撞，将电能转化为热能，即以熔渣电阻产生的热量将炉料熔化，其工作原理如图2-21所示，其结构及运转操作较简单，没有庞大的真空系统，可直接用交流电，金属熔池上方始终覆盖一层较厚的熔渣，没有电弧。

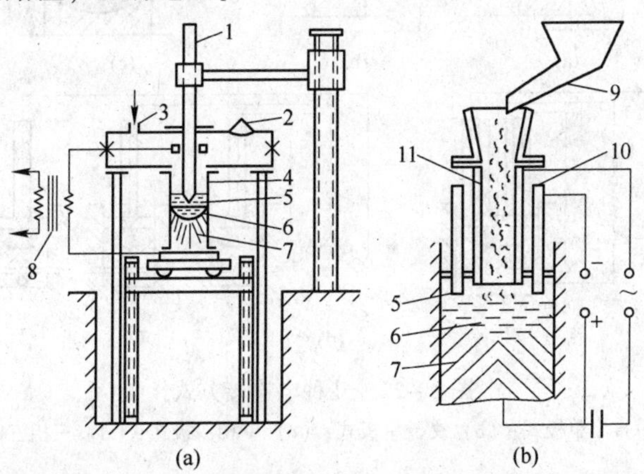

图2-21 电渣炉工作原理示意图

（a）自耗式；（b）非自耗式

1—自耗电极；2—观察孔；3—充气或抽气口；4—结晶器；5—电渣液；6—金属熔池；7—锭坯；8—变压器；9—加料斗；10—非自耗电极；11—加料器

自耗电极埋在渣池内，依靠炉渣的电阻热被加热和熔化，随着熔滴尺寸的增大，当所受重力、电磁力及熔渣冲刷力之和大于金属液的表面张力时，熔滴便脱离电极端部并穿过渣层降落到金属熔池中。可见，熔渣除具有覆盖保护、隔热、导电、加热熔化作用外，还起着熔体过滤、吸附造渣等精炼作用，使金属熔体得到提纯。因此，电渣的成分、性能及用量对熔铸质量起着决定性的作用。同时，熔渣在水冷结晶器的激冷作用下，首先沿结晶器壁表面形成一层薄的渣壳，起着径向隔热作用，从而可促进熔体的轴向结晶、提高铸锭的致密度、改善热加工性能，对难加工、且具有多相强化的高温合金更有实际意义。由于铸锭表面质量好、不需加工，因而成材率高。

2.5.2 电渣重熔技术特点

图2－22所示是电渣重熔设备的几种常见电连接方式。其中，单相单极电渣炉最为常用，结构简单，可采用较大的填充比。但一炉一个电极，电极较长，制作困难，且电器设备中阻抗、感抗及压降较大，电耗高，电网负荷不均。采用双臂短极交替使用的电渣炉可弥补上述问题。单相双极同时浸入渣池，电流从一电极经渣池再由另一电极返回，电缆平行且靠近，磁场相互抵消，故感抗小、可降低电耗、提高生产率，适用于生产扁锭；且电流不经过结晶器底部，故操作安全。三相三极电渣炉电网平衡、功率因素高、电耗较低、熔池温度均匀，可生产大规格铸坯，也可用3个结晶器同时熔铸3个锭坯，也可用于生产异型坯件。20世纪70年代我国首先开发了有衬电渣炉熔炼新技术，它是以耐火材料坩埚代替水冷结晶器，以便于调控整炉金属液的成分和温度，且浇注一些精密铸件，如复合冷轧辊及曲轴等。

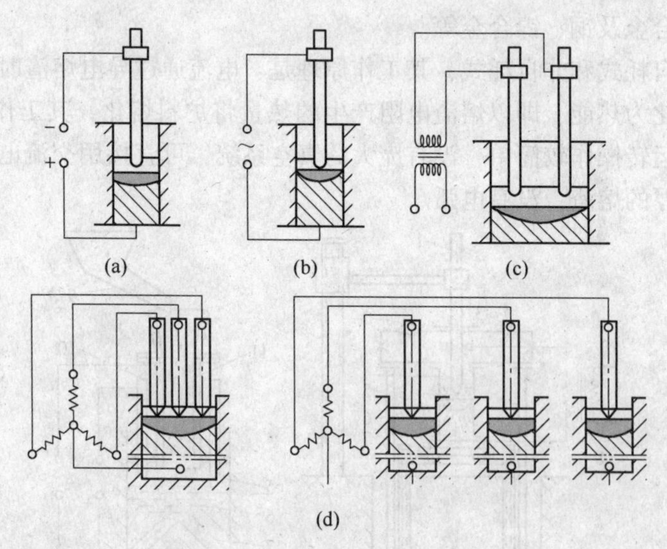

图2－22 几种电连接方式

(a) 直流单极式；(b) 交流单极式；(c) 单相双极式；(d) 三相三极式

电渣炉熔炼过程的特点是：在熔滴离开电极端面时往往会形成微电弧，在电磁力作用下熔滴被粉碎，因而与熔渣接触面积大，有利于精炼除去杂质；熔渣温度高，且始终与金属液接触，既可防止金属氧化和吸气，又有利于吸附、化合造渣，因而可得到较纯洁的金属熔体。

2.5.3 影响电渣熔铸质量的因素

如上所述，电渣既是热源，又是精炼剂，因此，电渣应有较低的熔点和密度、适当的电阻和黏度、高的抗氧化能力和吸附夹渣能力、来源广且价格低等。常用的电渣成分主要由 CaF_2、Al_2O_3、CaO 及少量其他氧化物组成。

CaF_2 可降低电渣的熔点及黏度，有利于夹渣的吸附，且能在铸锭周边形成一薄层渣皮，使铸坯表面光洁，促进轴向结晶，在高温有较高的电导率，故多数渣系中都含有较多的 CaF_2，是电渣的基本成分。

Al_2O_3 是多种电渣的主要成分，可增加电阻、提高渣温和熔化速度。含适量 Al_2O_3 的 $CaF_2-Al_2O_3$ 二元电渣应用广泛，在此渣系中加入适量 CaO 可降低电渣熔点、提高碱度和流动性。适量的 MgO 可提高电阻和抗氧化能力。在熔炼含钛较高的合金时加入少量 TiO_2 可减少钛的熔损，降低渣的黏度和电阻。

电渣的电阻要适中，在一定的工作电压下，电渣的电阻过小，则热量不足，熔化速度慢，熔损增大；电阻过大，渣池温度高，熔化率高，渣池加深，对促进轴向结晶不利。在正常熔炼条件下，应保持渣池有较低的黏度、好的流动性，有利于精炼反应，改善铸锭表面质量。为稳定熔炼过程电渣应有好的导电性、较低的熔点和高的沸点。此外，渣中含有低的 SiO_2、FeO、MnO，可减小合金元素的氧化烧损，为此，在配制渣料时，宜选用杂质少、纯度高的原料。

渣量和渣池深度对铸锭液穴和质量有很大影响。若渣量多、渣池深，则耗于炉渣的电能大，金属熔池的热量减少，使液穴变浅，铸锭轴向结晶发达，但金属熔池体积过小，会影响精炼效果；反之，渣池过浅、液穴过深，轴向结晶减弱，氧化损失增大。在其他条件一定时，金属熔池和渣池体积之和保持定值，如图 2－23 所示。较合适的渣池深度约为结晶器直径的 1/3～1/2，并随着铸锭直径增大而增大。但铸锭直径小于或等于 250mm 时，宜取较深的渣池。

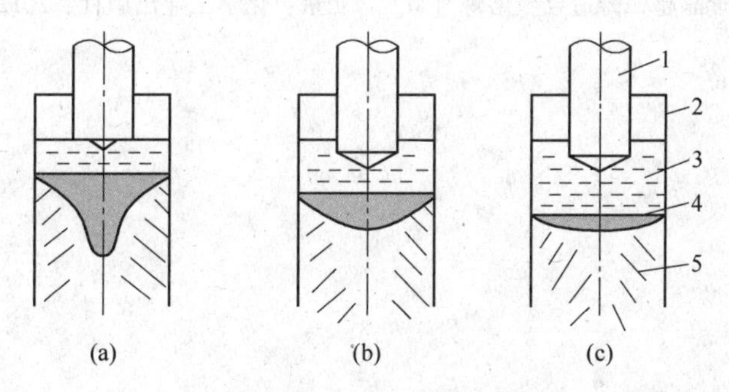

图 2－23　渣池深度和电极埋入深度对熔池形态的影响

（a）电极、渣池过浅；（b）适中；（c）渣池过深

1—自耗电极；2—结晶器；3—渣池；4—金属熔池；5—铸锭

在保证安全操作的前提下，采用较高工作电压和电流密度，配合以适当的渣池深度，能提高渣池温度、细化熔滴，有利于精炼和轴向结晶的进行。但渣温过高，单位电耗加大，合金元素的烧损增加。电渣炉的工作电压一般为 30～100V，增大电流密度，熔池温度和深度增加，氧化熔损增大，夹渣多且不利于铸锭轴向结晶；当然，电流过小，自耗电

极埋入渣池过浅，熔池温度低，不利于精炼过程和轴向结晶，将恶化铸锭表面质量。一般通过输入功率来控制电压和电流，铸锭直径小时输入功率可稍大，直径大时功率可适当减小。

此外，在安全操作的前提下，采用较大的填充比，对降低电耗、提高生产率和改善铸锭表面质量有利，自耗电极最好采用经去气、去渣精炼的铸锭。采用循环软水冷却系统有利于安全生产和延长结晶器寿命，底座水箱应有大的冷却强度，出口水温控制在40~60℃。

参考文献

[1] 铸钢手册编写组. 铸钢手册 [M]. 北京：机械工业出版社，1978.
[2] 李隆盛. 铸钢及其熔炼 [M]. 北京：机械工业出版社，1981.
[3] 机工手册电机手册编辑委员会. 机械工业手册 [M]. 北京：机械工业出版社，1982.
[4] 黄积荣. 铸造合金金相图谱 [M]. 北京：机械工业出版社，1980.
[5] 魏寿昆. 冶金过程热力学 [M]. 上海：上海科技出版社，1980.
[6] Mackowiak J. Physical Chemistry for Metallurgists [M]. GAU，1965.
[7] Moore J J. Chemical Metallurgy [M]. Butterworths，1981.
[8] 董若璟. 冶金原理 [M]. 北京：机械工业出版社，1980.
[9] 曲英. 炼钢学原理 [M]. 北京：冶金工业出版社，1980.
[10] Smithells C J. Metalls Reference Book [M]. Butterworths，1976.
[11] 唐彦斌，译. 金属凝固学 [M]. 北京：机械工业出版社，1977.
[12] 山东省机械工业学校. 铸造合金及熔炼 [M]. 北京：机械工业出版社，1979.
[13] 李正邦. 钢铁冶金前沿技术 [M]. 北京：冶金工业出版社，1997.
[14] 李隆盛. 铸造合金及熔炼 [M]. 北京：机械工业出版社，1989.
[15] 张武城. 铸造熔炼技术 [M]. 北京：机械工业出版社，2004.
[16] 李晨曦，王峰，伞晶超. 铸造合金熔炼 [M]. 北京：化学工业出版社，2012.

3 真空熔炼原理与技术

3.1 概　　述

真空熔炼包括真空铸造，是一种生产难熔、稀有和活性金属的基本方法，也是获得高纯度、高质量金属材料的现代熔炼技术。活性、难溶金属具有较强的化学活性，在大气下熔炼会发生氧化，形成大量夹杂，无法获得高质量材料，因此必须采用真空熔炼技术以制取高质量材料。

真空熔炼技术起始于20世纪50年代，目前已得到充分的发展和完善，并已有多种类型的熔铸设备，如真空感应炉、真空电弧炉及电子束炉等，特别是解决了大容量熔炼炉的真空系统、密封材料及真空测试技术等难题，可实现远距离操作，从而扩大了真空熔炼及铸造的应用范围。

真空冶炼的突出优点是能得到高纯洁度、高质量的熔铸合金，具有气体含量低、夹杂物少且尺寸小、加工性能优异等特点。因此，除用于提炼高纯金属外，还可用热还原法制取高活性的镁、钙等金属，其质量优于电解法生产的合金，并使生产成本降低。原子能工业用的高纯铍、铪、钒及钍，高温合金，热电合金，磁性合金，活性金属钛、锆，难熔金属钨、钼、钽、铌、镍及其合金等，都采用真空重熔法生产。利用炉外真空处理可降低熔体的气体和夹渣，提高铸锭质量。此外，真空离子镀膜及离子注入技术，已成为表面改性、表面复合、表面合金化及制取新型薄膜材料的重要手段之一，可见，真空冶金技术的应用正日益扩大。

3.2 真空熔炼热力学

真空熔炼有利于形成气相产物的化学反应进行，并促进部分氮化物及氢化物的热分解，因而具有提纯作用强、杂质易挥发、去气效果好、脱氧能力强等特点。由于真空熔铸的合金纯洁度和致密度高，材料性能得到明显改善。如在大气下熔铸的铬锭和钛锭几乎无法进行压延，而真空熔铸的锭坯可顺利地进行锻造和轧制。微量杂质对材料性能的不良影响及其控制问题已引起广泛的关注，例如，镍、钴基高温合金中的微量铅、铋、硒、碲及锡等，对合金的高低温性能有明显的不利影响，但在真空熔炼条件下，这些杂质可挥发去除。

根据热力学分析，在真空低压条件下气相分子密度低，遵守理想气体定律，产物为气体的化学反应驱动力可用自由焓度量，由于真空熔炼过程中反应在不断抽气的低压条件下进行，气体产物被及时排除，使化学反应始终按正向进行，不能维持平衡，这对去气、挥发及一切有气体产物的反应过程十分有利。

就真空条件下的熔体脱气及挥发而论，当熔体中的气体与环境的气体分压（或熔体与其挥发的蒸气）处于平衡时，熔体的自由焓 G_m 和真空脱气（或挥发蒸气）的自由焓 G_g 相等，并遵守理想气体定律。在恒温真空条件下，自由焓 G_g 仅与体积和压力的变化有关，即 $dG = VdP$，根据气体在恒温条件下的状态方程：$PV = nRT$，自由焓的表达式为：

$$dG_T = VdP_T = \frac{nRT}{P}dP_T \tag{3-1}$$

式中，P 为气体压力；V 为气体体积；R 为气体常数；T 为绝对温度；n 为参加反应物质的量。

对式（3－1）积分得：

$$G_g = G_g^o + nRT\ln\frac{p_e}{p_e^o} \tag{3-2}$$

式中，p_e、p_e^o 分别为挥发物质的平衡分压和饱和蒸汽压。

真空挥发过程的自由焓变化为：

$$\Delta G = G_g - G_g^o = nRT\ln\frac{p_e}{p_e^o} = nRT\ln K \tag{3-3}$$

式中，K 为平衡常数，对于某一物质，饱和蒸汽压为恒定值。

根据式（3－3）分析可知，真空度越高，环境中气体（挥发物质）的平衡分压值越小，反应的自由焓负值越大，反应越容易进行，以上即为真空度对真空熔炼的作用与影响。

3.3　真空熔炼动力学

3.3.1　金属的挥发

3.3.1.1　金属的挥发过程

真空熔炼的特点之一是熔体组成易于挥发，不仅蒸气压大的元素易挥发，而且蒸气压较小的杂质及某些氧化物也能挥发。因此，真空熔炼需要了解熔体的挥发速率及组元的烧损现象，这与熔体挥发的动力学因素密切相关。

一般情况下，元素的挥发速度与该元素的蒸气压及活度成正比，金属挥发及烧损量随着温度升高、时间的延长而增大，且随着熔池面积的增大而增加。一些蒸汽压较低的元素，由于形成的氧化物具有较高蒸气压，也可能具有较大的挥发及烧损量。钨、铪、钍等金属的氧化物，其蒸汽压（p_i^o）比真空下的平衡分压（p_i）高几个数量级，更易挥发和烧损。此外，当真空炉内的气压低于熔炼金属三相点的压力时，在升温加热过程中，固体金属可因升华而烧损。如钴、镍在三相点的 p_i^o 分别为 0.10Pa、0.57Pa，故当在 0.013～0.13Pa 的真空炉内缓慢加热时元素的挥发烧损量很大。研究表明，在真空感应炉内加热镍、钴时，如果升温速度大于升华速度，即使在 0.013Pa 下也能熔化、且可减小挥发及烧损量。金属的挥发过程包括：

（1）原子从钢液内部通过边界层迁移到钢液表面。

（2）在钢液表面发生从液相转变成气相的气化过程，以及逆反应凝聚过程。

（3）挥发物质通过气相边界层迁移到气相内部。

其中，原子由熔体内部向液面迁移，通过液相边界层扩散到液－气界面，由原子转变成气体分子，即 $[i] \rightarrow i_{(g)}$；气体分子由界面扩散进入气相，然后被真空泵抽走或冷凝于炉壁。

3.3.1.2 金属的传质系数

在真空条件下，钢液中各元素的扩散系数和传质系数大致相同，为0.02～0.03cm/s，钢液中各元素的挥发反应速度常数（k_A）与传质系数（k_d）的关系如图3－1所示。可以看出，在粗线 k_d 以下的元素，挥发反应速度常数小于传质系数，总的挥发过程由表面挥发反应所控制，元素在表面的浓度近似等于钢液内部的浓度。在粗线 k_d 以上的元素，挥发反应速度常数大于传质系数，总的挥发过程由边界层传质速度控制。钢液中锰的挥发介于二者之间，含0.3%锰的钢液进行真空冶炼时，温度低于1450℃时由表面挥发反应所控制，高于1450℃时由边界层扩散所控制。

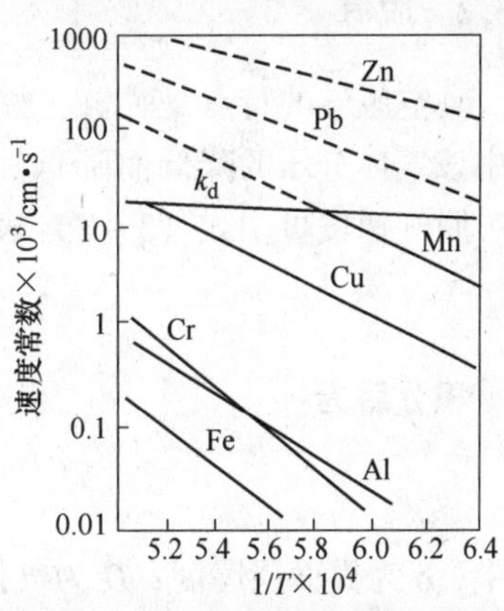

图3－1 铁液中各元素的挥发反应速度常数（k_A）和传质系数（k_d）

一般认为 p_i^o 大的元素在温度高时挥发速度由液相界面层的扩散控制，p_i^o 小的元素在温度较低时则受限于原子向气体分子的转变（$[i] \rightarrow i_{(g)}$）。在保护气氛下熔炼，充入气体的压强将对 $[i] \rightarrow i_{(g)}$ 转变产生阻碍作用。当 $[i] \rightarrow i_{(g)}$ 转变成为控制环节时，元素 i 的挥发速度 v_i（以质量分数计）由式（3－4）计算，可判断是否优先挥发，即：

$$v_i = 0.05833 f_i N_i p_i^o \sqrt{M_i/T} \tag{3-4}$$

式中，M_i、f_i、N_i、p_i^o 分别为 i 元素的相对分子质量、活度系数、浓度及蒸气压；T 为温度。

例如：对于由 w_A 克基体金属A和 w_i 克元素 i 组成的二元合金，经真空熔炼后，挥发损失 x 克A及 y 克 i，则挥发损失为 $x' = (x/w_A) \times 100$，$y' = (y/w_i) \times 100$，由式（3－4）可得出相对挥发损失的关系式：

$$y' = 100 - 100(1 - x'/100)^{\alpha} \tag{3-5}$$

其中，$\alpha = \dfrac{f_i}{f_A} \times \dfrac{p_i^o}{p_A^o} \times \sqrt{\dfrac{M_A}{M}}$，称为挥发系数。

由式（3－5）可知：$\alpha = 1$，$y' = x'$，表示元素的相对含量不发生变化；当 $\alpha > 1$ 时，$y' > x'$，则 i 元素含量将减少；当 $\alpha < 1$ 时，则 i 元素相对含量增加。在一定温度下，若挥发过程由液相边界层扩散控制，则 i 元素的挥发速度为：

$$v_i = K \frac{A}{V} (C_i^o - C_i) \tag{3-6}$$

式中，C_i^o、C_i 分别为熔体及界面处元素 i 的浓度；K 为传质系数，在 $10^1 \sim 10^2$ cm/s范围内称为速度常数，随着温度的升高及压力的降低而增大，在充填保护气氛熔炼时，随着时间的延长而减小；A、V 分别为熔池的面积和体积。

可见，熔池面积大，熔炼温度高、时间长，元素的挥发损失增大。在熔炼后期加入蒸汽压（p_i°）高的元素，充入惰性气体或关闭炉体真空阀门加入 i 元素，均可降低其挥发损失量。如用真空感应炉熔炼高温合金时，锰的挥发损失达95%；若在出炉前充氩气到（4.0~4.8）×10^4Pa，之后再加入锰，则收得率可达94%以上。

3.3.2 脱气

真空脱气的特点是脱氢、脱氮效果好。根据平方根定律，金属中气体的溶解度随着气相中该气体分压的降低而降低。真空脱气速度主要取决于气体在熔体内的迁移速度，因此，脱气速度可用式（3-7）表示：

$$-\frac{\mathrm{d}c}{\mathrm{d}t}=\frac{D}{\delta}\frac{A}{V}(C_1-C_2) \tag{3-7}$$

积分后为：

$$t=\frac{D}{\delta}\times\frac{A}{V}\times\ln\frac{C_0-C_2}{C_1-C_2} \tag{3-8}$$

式中，δ 为界面层厚度；D 为气体原子在熔体中的扩散系数；C_0、C_1 分别为 $t=0$ 及 $t=t$ 时刻熔体中的气体浓度；C_2 为界面处熔体中的气体浓度。

由式（3-8）可知，真空感应炉的坩埚因熔池面积小且深度大，不利于挥发去气，但由于有电磁搅拌作用，增大了界面的表面积，故去气效果仍然较好。将大气下熔炼的铝液在13.3~66.9kPa的真空室内静置数分钟也能得到一定的去气效果，提高铸锭的致密度，使力学性能提高10%~15%。在相同条件下，采用动态真空处理技术可得到更好的去气效果，铸锭的力学性能可提高30%~40%。

真空自耗炉熔炼钛合金的脱气效果表明，仅靠挥发脱气只能除去部分氢和氮。但海绵钛中带入镁或氯化镁时可提高脱气效果。在真空条件下依靠熔池产生的气泡脱气时，脱气速度大于挥发去气速度，脱气效果主要取决于气泡内外的分压差，此时动力学因素比热力学因素的作用更大。

脱氮主要靠界面处氮化物的分解。TiN、ZrN、AlN及 Mg_3N_2 的分解压约在0.013~0.13Pa范围内，真空电弧炉熔池附近的气压约为0.13~13.3Pa，故仅有部分氮化物分解，脱氮效果较差。提高真空度对脱氮有利，但对脱氢效果并不明显。实践表明：脱氢所需真空度并不高，如在1600℃和大气条件下，镍基高温合金中氢的溶解度为0.00382%，若将[H]降至0.00015%以下，可避免氢脆现象。将这些值代入平方根公式中，可求得 $p_{H_2}=150$Pa。可见，仅为去氢，用一般的真空设备即可满足要求，这也是近年来大力发展大型炉外真空处理技术的原因之一。

3.3.3 脱氧

氧化物的分解压低于氮化物，一般在 $1.33\times10^{-7}\sim1.33\times10^{-5}$Pa，甚至更低，而工业真空炉要达到这样高的真空度几乎没有可能，因此，只能靠加入脱氧剂进行脱氧处理。真空脱氧的特点是：所有形成气体产物的化学反应均能达到脱氧的效果，故脱氧反应可在较低温度下实现，且脱氧效果良好。如在1.33Pa下用铝、硅还原CaO，形成的产物为 Al_2O_3 及 SiO_2，有较高的蒸气压，反应温度可分别由大气条件下的2250℃、2500℃降至930℃、1380℃；用碳作脱氧剂时，几乎能还原所有氧化物。碳在真空下的脱氧能力是在大气下脱氧能力的100倍，脱氧能力远高于铝、硅，其原因是碳的脱氧产物是CO气体。在真空炉内压力达到133Pa左右即可得到较好的脱氧效果。

从动力学因素考虑，碳脱氧在熔体中形成CO气泡时，会受到炉气压力、液柱静压力及熔体表面张力的影响。在真空条件下炉内气体压力很小，对形成气泡有利。对一定合金而言，液柱静压力取决于气泡的尺寸及在熔体中所处的位置，当CO气泡的半径很小时，液柱静压力增大，气体析出克服熔体表面张力成为控制因素。特别是在真空条件下，炉内气体的压力（p）远小于液柱静压力和表面张力，此时单纯依靠提高真空度来促进形成气泡反应的能力有限，因此，采用碳及其他脱氧剂进行脱氧时，须注意以下几点：

（1）当熔体中含有钛、锆、铌等元素时，采用碳脱氧可形成稳定碳化物，铸锭中易形成闭合孔洞，使CO气泡不易逸出而使熔体脱氧不完全，并形成碳化物夹杂，因此不宜采用碳作脱氧剂。

（2）用真空感应炉熔炼时，碳与坩埚中的Al_2O_3等相互作用，会使熔体中铝、硅增多，缩短坩埚寿命，熔体中的残留碳也会污染金属。

（3）用$p^{\circ}_{MeO}/p^{\circ}_{MO}>1$的元素脱氧时（其中$p^{\circ}_{MeO}$、$p^{\circ}_{MO}$分别为基体金属氧化物和脱氧元素氧化物的蒸气压），应注意元素的烧损和补偿。如含1% Zr的铌合金在电子束炉熔炼时，由于形成ZrO并挥发，使熔体中$w[O]$由0.15%～0.2%降至0.02%～0.03%，但锆损失约90%，因此，应补充元素Zr。

3.4　真空感应炉熔炼技术

3.4.1　概况

真空感应炉是在真空条件下用感应电炉进行熔炼和浇注的一种熔炼方法。真空感应电炉炉体部分构造如图3－2所示。

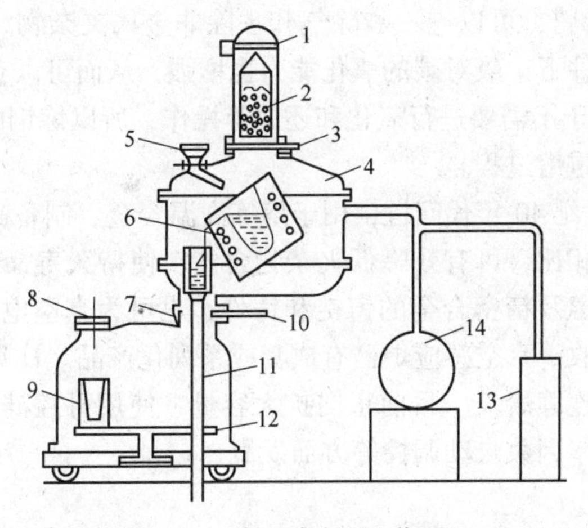

图3－2　真空感应炉工作原理

1—绞盘；2—炉料；3，10—阀门；4—熔炼室；5—加料斗；6—感应器；7—弹簧；8—卸锭门；9—锭模；11—升降机构；12—旋转台；13—机械泵；14—扩散泵

感应器和坩埚以及铸型都安装在用不锈钢制成的炉壳内。操作时，先打开炉盖，将炉

料装入坩埚内，盖好炉盖并加以紧固；然后开动真空泵，抽去炉壳内的空气，使炉腔内形成真空，通电熔化炉料，待炉料熔清，温度提高后，即可倾炉出钢，将金属液浇入炉壳内的铸型中；待铸件凝固后，即可打开炉盖，将铸型取出。炉内熔炼过程可以从炉盖的观察孔看到。

真空感应炉熔炼具有以下优点：

(1) 有利于去气。对于双原子气体（H_2、N_2），它们在金属液中的溶解量与炉气中该种气体分压的平方根成正比，两者关系可用式（3-9）、式（3-10）表示：

$$w[H] = K_1\sqrt{p_{H_2}} \tag{3-9}$$

$$w[N] = K_1\sqrt{p_{N_2}} \tag{3-10}$$

式中，$w[H]$、$w[N]$ 为氢和氮在金属液中的溶解量；p_{H_2}、p_{N_2} 为炉气中氢和氮的分压；K_1、K_2 为平衡常数。

在真空下，随着炉气压力的降低，p_{H_2}、p_{N_2} 均降得很低，因此，不但可以避免金属液吸气，而且可以使金属液具有除气的条件。

(2) 强化脱氧过程。在真空下，碳的脱气能力大为提高。

因为：

$$[C]+[O] \Longrightarrow CO\uparrow, K=\frac{p_{CO}}{w[C]\cdot w[O]}$$

故

$$w[C]\cdot w[O]=\frac{p_{CO}}{K} \tag{3-11}$$

式中，p_{CO}为炉气中 CO 的分压。

从反应式可以看出，随炉气中 p_{CO} 降低，有利于碳的氧化反应进行。真空条件下的 p_{CO} 很小，所以 $w[C]\cdot w[O]$ 值也随之减小，因此，碳在真空下是价廉而有效的脱氧剂，具有更好的脱氧效果，使金属液中［O］含量降低，并使钢液沸腾，加速除气作用。在大气压下熔炼的钢液，如果静置放在真空室内，随着真空度的增大，会重新产生 $[C]+[O]=CO$ 反应，使钢液重新沸腾，可以进一步除气和去除非金属夹杂物。碳的脱氧本身就是碳被氧化，所以在真空条件下，氧对碳的氧化能力也增强，从而可以获得低碳的钢液。

(3) 工艺简单。由于不需要进行氧化和还原等操作，所以炼钢的工艺过程很简单，实际上是一个简单的炉料重熔过程。

真空感应炉在20世纪40年代问世，用于熔炼高温合金、制备高性能发动机的涡轮叶片部件。与大气下熔铸相比，可有效降低夹杂物含量，使持久寿命提高了2~3倍。真空感应炉主要用于熔炼高温及精密合金的铸锭和铸件，也可为真空电弧炉等提供重熔锭坯，以及用于废钛的重熔回收。真空感应炉已有成套或系列化产品。1t 以上的真空感应炉可在不破坏真空条件下进行连续熔铸。目前正向扩大容量、使用可控硅变频的低倍工频电源、双频率搅拌、功率及功率因数自动调控等方面发展。

3.4.2 真空感应炉熔炼

为保证熔体质量和生产安全，首先，要保证感应炉的真空度和冷却水压达到要求；所用原材料的纯度、块度、干燥度符合要求；坩埚需经烧结和洗炉后方可用来熔炼合金。其次，为防止炉料黏结搭桥，装料应下紧上松，较快地形成熔池；炉料中的碳不应与坩埚接触，以免发生相互作用，造成脱碳不脱氧而影响脱氧及去气效果。最后，熔炼期不宜过快地熔化炉料，否则，因炉料中的气体来不及排除，在熔化后会造成金属液溅射，影响合金成分，增大熔损。精炼期主要是脱氧、去气、除去杂质、调整成分及温度。

熔炼镍基高温合金时，一般用碳脱氧和高温沸腾精炼。碳脱氧反应强烈，形成的CO气泡使熔池沸腾，可达到脱氧去气的效果。但温度升高时熔体与坩埚也有强烈的反应，因此，必须严格控制温度和真空度，采用短时高温、高真空精炼法。为进一步脱氧、去硫而加入少量活性元素时，以在较低温度加入为宜。熔炼完毕，静置一段时间并调控温度后，即可带电浇注。

真空铸造可适当降低浇注温度，浇注应先快后慢，细流补缩。总之，真空感应炉熔炼的技术特点是：适当延长熔化期，用高真空度和高温短时沸腾精炼，低温加入活性且易挥发元素，中温出炉，带电浇注，细流补缩。

3.5　其他真空熔炼技术

3.5.1　真空自耗炉熔炼

3.5.1.1　概况

真空自耗电弧炉示意图如图3－3所示。真空自耗电弧炉由炉体、电源、水冷结晶器、送料和取锭机构、供水和真空系统、观察和控制系统组成。真空电弧炉分为自耗炉和非自耗炉两类。在熔炼过程中，用炉料作电极，边熔炼边消耗，称为自耗电极电弧炉；电极不熔耗者为非自耗电极电弧炉。

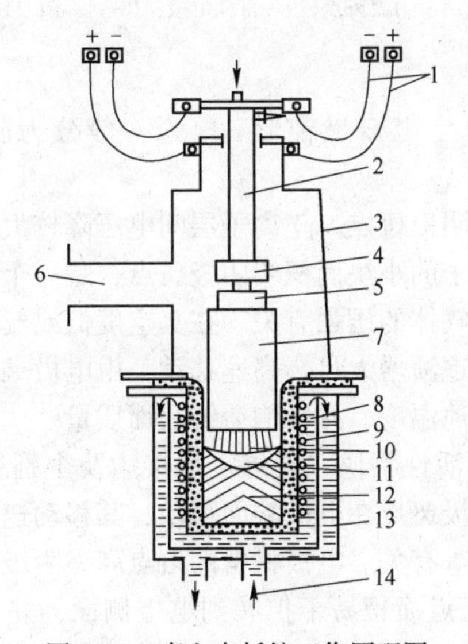

图3－3　真空自耗炉工作原理图

1—电缆；2—水冷杆；3—炉壳；4—夹头；5—过渡极；6—真空管道；7—自耗电极；8—结晶器；9—稳弧线圈；10—电弧；11—熔池；12—锭坯；13—冷却水；14—进水口

真空电弧炉的基本特点是：温度高、精炼能力强，主要用于熔炼高温合金和各种活性难熔金属及合金，还可用于熔炼磁性合金、航空滚珠钢及不锈钢等。20世纪60年代以来，发展了真空重熔精炼法，应用更为广泛，目前正向着更大容量及远距离操作方向发展。在结构上提出了同轴性、再现性及灵活性的设计原则。前者是使阴、阳极电缆保持近距离平行，使在导线和电极内的感生磁场相互抵消，并提高电效率；再现性是指通过先进的电视和传感器来控制电参数的稳定性，使熔化速率及弧长恒定；灵活性可使熔炼炉熔铸多种类型铸坯。

3.5.1.2　真空自耗炉熔炼技术

自耗电极在电弧高温、低压及无渣条件下熔化，下滴于水冷结晶器中，并冷凝成锭坯。当熔滴通过5000K电弧区时，由于挥发、分解、化合等作用，使金属获得纯净化。但铸锭质量还与电弧及磁场等因素有关。自耗电极熔炼时电弧、电压及温度的分布特征如图3-4所示。

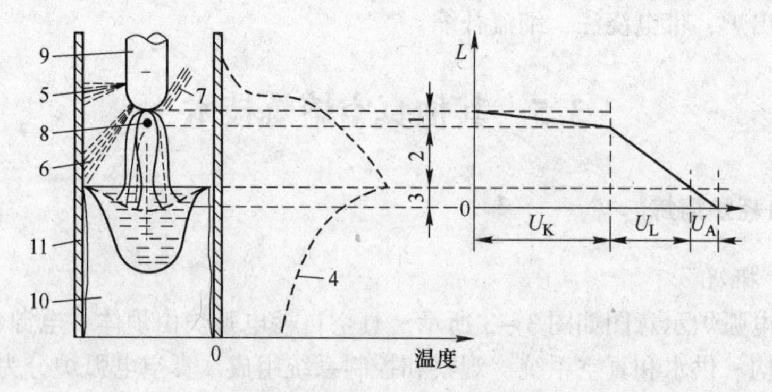

图3-4　自耗电极熔炼时电弧、电压及温度的分布特征

1—阴极区；2—弧柱区；3—阳极区；4—温度曲线；5—聚弧；6—边弧；7—爬弧；8—阴极斑点；9—自耗电极；10—锭坯；11—结晶器

A　电弧

在正常操作情况下，真空电弧呈钟形。电弧一般分为阴极区、弧柱区及阳极区3部分。

阴极区包括正离子层和阴极斑点。正离子层间电压降较大，有利于电子发射和电弧的正常燃烧。电极端面发射电子的小块面积叫阴极斑点，是一个温度高的亮点，面积小，电流密度大，但其大小与周围气体的压强有关。在真空度低或气体压强高时，阴极斑点面积小；随着真空度提高，面积逐渐增大且会高速移动，由电极端面移向侧面，使电极端面呈圆锥形，降低金属熔滴及熔池温度，并影响铸锭表面质量。

当电极表面有氧化物、活性物质、裂缝、焊接瘤及个别突出点时，可降低电子逸出功，最易发射电子，致使阴极斑点在电极端面移动，其移动速度与稳弧的磁场强度、电极密度、弯曲度及原材料纯度等有关。电极材料的熔点高，阴极斑点温度也高。当炉中气体压力低于1.33Pa时，阴极斑点面积易于扩展到电极侧面，并易于产生爬弧、边弧和聚弧（图3-4），使温度降低，甚至引起辉光放电。此时，充入少量惰性气体，降低电极，便可恢复正常。

阳极区位于熔池表面附近，当集中接受电子和负离子时，可形成阳极斑点。阳极斑点面积较大，也常移动。随气体压力降低，阳极斑点面积增大，影响电弧的稳定性。在正常情况下，高速电子和负离子束的轰击释放出极高的能量以加热熔池，当熔池温度较高时，既有利于精炼反应，也使铸锭轴向顺序结晶稳定。

弧柱区是由电子和离子组成的等离子体区，亮度和温度最高，一般随着电流密度增大，弧柱区高度增加。当弧柱周围气压过低时，弧柱断面会急剧膨胀，使电流密度降低，导致电弧不稳定，甚至造成主电弧熄灭，由弧光放电转变为辉光放电，这不仅迫使熔炼停顿，也不利于安全操作。在用海绵钛电极进行首次熔炼时，常在封顶期出现这种现象。此外，弧柱横断面的尺寸还受外加磁场强度的影响，随磁场强度增加，对电弧的压缩作用增大，弧柱横断面减小，使熔池周边温度降低，并恶化铸锭表面质量；同时，弧柱过长易于引起聚弧和侧弧，损坏结晶器，也易熄弧，甚至使熔炼中断。因此，保持稳定的弧柱横断面非常重要。

B　磁场

为使电弧聚敛、能量集中，避免产生侧弧，常在结晶器外设置稳弧线圈，线圈产生与电弧平行的纵向磁场，以约束弧柱横断面尺寸。在此纵向磁场内两电极间，凡运动轨迹不平行于磁场方向的运动电子与离子将因切割磁力线而受到约束，发生旋转，使向外逸散的带电质点向内压缩，电弧因旋转而聚敛集中，稳定弧柱横断面积，并使阴极斑点沿电极端面旋转，阳极斑点保持在熔池中部，因而不发生侧弧，可提高电弧的稳定性，且电弧旋转也带动熔池旋转，起到搅拌、均匀化学成分、改善铸锭表面质量的作用。

但磁场强度过大，熔池旋转过速，熔体易被甩至结晶器壁，形成硬壳和夹杂，引起侧弧；磁场强度过小，则稳弧作用不明显，磁场强度应控制在 $1000 \sim 4500 A/m^2$。改变线圈的电流可调节磁场强度，调节磁场强度的原则是既要使电弧稳定地燃烧，又要使熔池微微地旋转。采用交流电磁场时熔池不旋转，熔池表面温度高，有利于改善铸锭表面质量，但在电弧较长时，不能保证电弧稳定和成分均匀。直流电产生的纵向磁场能压缩电弧并旋转熔池，使成分和温度分布均匀，还有细化晶粒和均匀结晶组织等作用，故生产上多用直流稳弧线圈。

C　供电制度

电流和电压是真空自耗炉熔炼的主要工艺参数。电流大小决定金属熔池温度和熔化率，对熔池深度及形状有直接影响。

(1) 电流大，电弧温度高，熔化率高，铸锭表面质量好，但是增大熔池深度，有利于柱状晶的径向发展和粗化，促进缩松和偏析，使某些夹杂物聚集在铸锭中部。

(2) 电流小，熔化率低，熔池浅平，促进轴向柱状晶发展，减少缩松和偏析，夹渣物分布较匀，致密度较高。因此，电流密度要根据合金熔炼特性和电极直径来确定。合金熔点高、流动性差、直径较小的电极，要用较大的电流密度；反之，可用较小电流密度。

电压对电弧的稳定性也有影响。真空电弧有辉光、弧光和微光放电 3 种。正常操作是采用低电压、大电流的弧光放电。气压不变，加大两极之间距离及电压，易于产生辉光放电；电压太低，则不足以形成弧光放电，容易引起微光放电。因此，要使电弧稳定，必须将电压控制在一定范围内。熔炼钛、锆等合金时，工作电压一般在 25 ~ 45V；钽、钨的熔炼电压可增大到 60V；充氩熔炼时电压也应略高。此外，工作电极还与电源有关，一般自耗炉常用直流电，电压较低，电弧较稳定；用交流电时电弧稳定性较差，用较高电压虽可提高电弧的稳定性，但易产生边弧。

为保证电弧稳定，电源应具有压降特性；即弧长变化时电流和电压仍保持相对稳定，甚至电流和电压不随弧长而变化。因为电弧电压由阴极压降 U_K、弧柱压降 U_L 和阳极压降 U_A 所组成，其中 $U_K+U_A=U_L$，称为表面压降，与两极间距即弧长无关，仅与电极材料、气体成分、气压及电流密度有关。因而，当电极材料和真空度一定时，电弧电压仅取决于 U_L，通常电压在20～65V内变动，弧长在20～50mm。维持电弧稳定燃烧和正常熔炼且不发生熔滴短路的最小弧长约15mm，称为短弧操作。但弧长小于15mm易产生周期性短路，使熔池温度波动，影响铸锭组织的均匀性，并由于金属喷溅而恶化锭坯的表面质量。

电弧过长，热能不集中，易产生边弧。目前，多用大直径电极和短弧操作，优点在于热能均布于熔池表面，熔池扁平，有利于轴向结晶，致密度高，偏析小，夹杂物较细匀，铸锭加工性能优良。

D 其他因素

自耗电极与结晶器直径之比（即填充比）、真空度、漏气率、冷却强度等因素，对铸锭质量有重要影响。由于金属熔池处于液态的时间短，熔池暴露在真空中的面积较小，且熔池液面的实际真空度不高，特别是当填充比较小时，熔池的精炼作用有限，因此，选用质量较好的自耗电极很重要。自耗电极经铸造或压制而成，要求纯度高，表面质量好，弯曲度小，中间合金在钨、钼等压制电极中沿轴向均布。选择填充比（$d_{极}/D_{器}$）在0.65～0.85范围内较好，选用大的填充比时，锭坯表面质量好、致密度较高，但易产生边弧。

随真空度提高，可使脱氧、杂质挥发和夹杂分解等过程进行的更完全。但要使电弧稳定地燃烧，弧区要有较高的气压。真空度在67～6700Pa易出现辉光放电，阴极端电弧沿电极上下移动且呈扩散状，此即为爬弧，故应避免在上述真空度范围内操作。为防止由于起弧产生大量气体使真空度骤然降低，应在0.013～1.33Pa气压下熔炼。真空系统的漏气率对铸坯质量的影响表现为：漏气率大，会形成较多的氧化物及氮化物夹杂物，使铸坯质量降低。对于熔炼高温合金，漏气率应控制在小于或等于6700Pa·L/s；难熔金属须控制在400～670Pa·L/s。

真空自耗炉广泛采用直流电，以熔池为阳极，电极为阴极，称为正极性操作。此时2/3电弧热量分布于熔池，温度高，锭坯表面质量好。熔炼钨、钼等难熔金属时，宜用反极性操作。这时电极温度较高，电极较易熔化，但熔池温度较低，铸锭表面质量较差。

熔滴尺寸及冷却强度对铸坯质量的影响可概括为：（1）电流密度小，熔化速度慢，致使熔滴数量少而粗；短弧操作熔滴尺寸过大，易产生短路和熄弧，可降低熔池温度和铸锭表面质量；（2）反之，电流密度大，熔滴细小，有利于去气及杂质挥发；（3）反极性操作时，电弧长、磁场强度大、电极温度高，均促进熔滴变细，但在电弧及气流作用下，熔滴易溅于结晶器壁，造成锭冠等缺陷。铸坯的冷却强度受其尺寸及水压的限制，对结晶器冷却水的要求是薄水层、大流量、大温差，一般要求结晶器进出口水温差大于或等于20℃，且出口水温小于或等于50℃。

3.5.2 凝壳炉及非自耗炉熔炼

真空非自耗电极凝壳炉在钛合金发展初期曾得到应用，但由于污染合金，现只用于废钛回收及铸件。凝壳炉可用非自耗电极或自耗电极，其工作原理如图3－5所示。

非自耗电极凝壳炉的特点是能用碎屑料，可省去压制电极及压力机，电极与坩埚之间的空隙较大，熔体在真空下停留时间长，利于去气和杂质挥发等精炼操作。为使电弧稳定、成分及温度均匀，水冷坩埚也装有稳弧线圈。但其热效率较低，熔化速率只有自耗炉的1/3～1/5。采用钨或石墨电极时，有时会产生夹杂物，并使合金中碳或钨含量增加。为此，现已采用旋转式水冷铜电极代替钨及石墨电极，基本上解决了污染问题。在水冷铜电极中装入线圈，形成与电极表面平行的磁场，使电弧围绕电极端面回转，可防止铜电极局部过热和损坏。

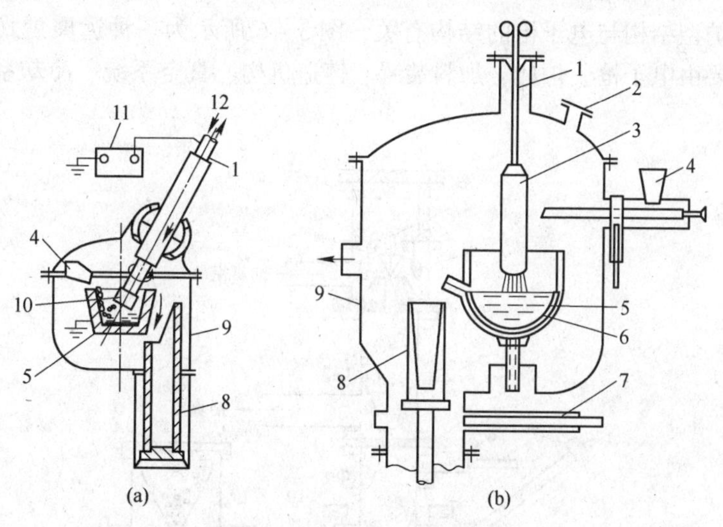

图3－5　凝壳炉工作原理图

(a) 非自耗电极；(b) 自耗电极

1—电极杆；2—观察孔；3—自耗电极；4—加料斗；5—水冷坩埚；6—凝壳；7—闸；8—锭模；9—炉体；10—水冷铜电极；11—电源；12—冷却水

在自耗电极凝壳炉中，除自耗电极外，还可添加部分炉料，凝壳是金属液受水冷铜坩埚激冷而形成的，控制冷却水水冷强度可得到一定厚度的固体金属壳，而内部金属液始终保持为熔体，直到熔满一坩埚，再倾注于锭模。为保持凝壳厚度基本不变，必须控制好水压、水温和熔化率等参数。一般凝壳的厚为25～30mm，坩埚壁部壳厚10～15mm。

凝壳炉的特点是可控制熔化速率和精炼时间，得到成分均匀的过热熔体，既可铸锭也可铸件，并能保证合金的质量和提纯效果。

3.5.3　电子束炉熔炼技术

3.5.3.1　概况

电子束炉应用于20世纪50年代中期。由于它能为难熔金属熔铸提供高真空度和高效热源，故发展很快。目前自动调控的大功率电子束炉已成为熔炼难熔金属及高温合金最常用的设备之一。

电子束熔炼的原理是将高速运动电子束的动能转变为热能，以加热和熔化炉料。由阴极发射的热电子在高压电场和加速电压作用下高速向阳极运动，通过聚焦、偏转使电子成束，准确地轰击炉料和熔池表面。理论和实践表明：电子束从电场得到的能量几乎全部转变成热能，其能量除极小部分被反射外，绝大部分为炉料所吸收。因此，电子束炉熔炼的特点是：真空度高，熔体过热度大，维持液态时间长，有利于去气和杂质挥发；铸锭以轴向顺序结晶为主，致密度高、塑性好、脆塑性转变温度较低、纵横向的力学性能基本一致。

用电子束熔铸的钽锭，冷加工率达90%时仍无明显的硬化现象。氢化物及大部分氮化物可分解去除，锆、钽中的［N］可降至0.0022%以下。钨、钽、钼、铌的合金用碳脱氧效果较好，铌以NbO挥发脱氧的速率比碳脱氧速度快。

3.5.3.2　电子束炉熔炼技术

电子束炉炉型结构与电子枪的结构有关，图3－6所示为一种远聚焦式电子束炉的示意图。该炉主要由电子枪、炉体、加料装置、铸造机构、真空系统、冷却系统及控制系统组成。

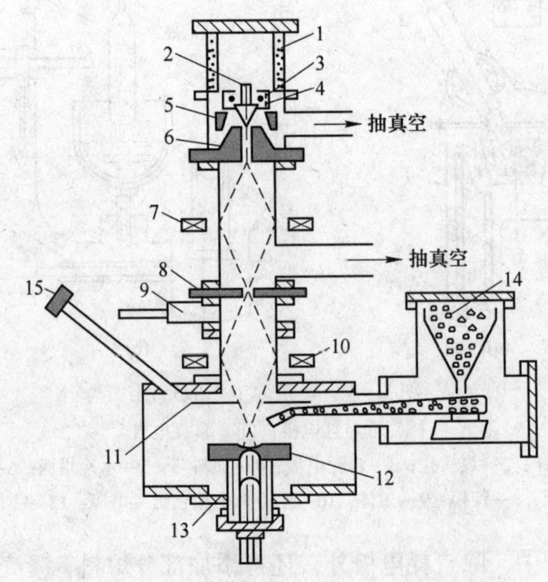

图3－6　远聚焦式电子束炉工作原理示意图

1—电子枪罩；2—钽阴极；3—钨丝；4—屏蔽极；5—聚焦极；6—加速阳极；7，10—聚焦线圈；8—栏孔板；9—阀门；11—隔板；12—结晶器；13—锭坯；14—料仓；15—观察孔

电子束炉的关键部件是电子枪。电子枪产生的电子流通过聚焦聚敛成为电子束，经阳极加速后可加速到光速的1/3，再经过两次聚焦后，电子束集中，其辉点部分集中了电子束能量的96%～98%，高速电子束最后经栏孔射向炉料及熔池。

电子束炉的特点：(1) 可熔炼熔点高且不导电的非金属炉料；(2) 电子束炉的真空度高于真空电弧炉的真空度，故真空提纯效果好。但当电子枪室的真空度低至0.027Pa时，容易放电，造成高压设备事故，故枪内真空度应始终保持在0.0067Pa以下。由于熔炼过程中难免会突然放气而影响真空度，故多将电子枪与熔炼室分开，且将电子枪分成几个压力级室，分别用单独的真空泵抽气。这样，即使炉料放气，也不会导致电子束枪室真空度的降低。

此外，电子束经磁透镜聚焦后还可发散。熔炼过程，若锰、氮等正离子与空间电荷复合，产生离子聚焦作用，可降低电子的发散程度。当真空度为0.04Pa时，离子聚焦作用大于空间电荷的排斥作用，可使电子束形态稍有变化。

近聚焦式电子束炉的工作示意图如图3－7所示，炉中使用环形电子枪或平面电子枪，其缺点是：电子发射系统装在熔炼室内，阳极离熔池太近，易为金属溅滴或挥发物所污染，故阴极灯丝寿命短；当熔炼室的气压高于0.01Pa时，易产生放电而中断熔炼。为此，必须配备强大的真空泵，以使真空度保持较高的水平。远聚焦式电子枪的结构虽较复杂，但使用寿命较长，通过调节偏转线圈，可使电子束能量在熔化炉料及过热熔池上得到合理分配。

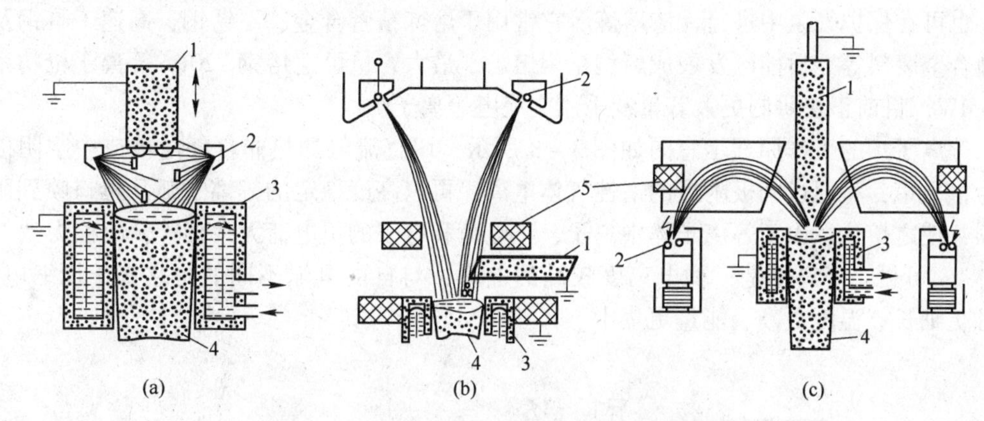

图3-7 近聚焦式电子束炉工作原理示意图
(a) 近球形电子枪；(b) 远球形电子枪；(c) 平面发射电子枪
1—棒料；2—阴极灯丝；3—结晶器；4—铸锭；5—聚焦线圈

3.5.3.3 影响电子束炉熔铸质量的因素

比电能、熔化速率、电极及结晶器尺寸、熔池形状、真空度及漏气率等因素对熔铸质量均有影响。熔化炉料所耗电能较小，如熔化铁、镍、钴基合金仅为0.25～0.50kW·h/kg；钨、钼等为2～3kW·h/kg。但耗于熔池加热的比电能较大，并与熔池温度和冷却强度有关，进料速度快，比电能耗费较大，因此，应适当调配电子束的扫描与偏转，使耗于熔池加热的比电能适当，又能稳定炉料的熔化速度。

熔铸质量主要取决于熔化速度、熔池温度和真空度。随熔化功率、比电能和送料速度不同，熔化速度、熔池温度及其熔池形态不同，提纯效果、夹杂物分布及结晶组织也随之变化。当真空度和熔炼合金品种一定时，熔炼功率、比电能和熔化速度称为电子束熔炼技术的三要素，决定了铸造合金的质量、提纯效果及经济指标。

熔炼室的真空度主要取决于熔化速度和炉料的放气量，一般应保持在0.0013～0.13Pa内，可根据炉料及合金质量要求适当控制。真空度及熔池温度高，精炼提纯效果好，难熔金属中的碳、钒、铁、硅、铝、镍、铬、铜等均可挥发去除，其含量可低于化学分析法测量范围，有的可达到光谱分析的极限水平。高温合金经电子束炉熔炼后，可得到更好的去除杂质效果，w[O] 从0.002%降至0.0004%～0.0009%，w[N] 降至0.004%～0.008%，w[H] 降至0.0001%～0.0002%。但真空度和温度过高，熔池中合金元素烧损增大。此外，要求炉料清洁，无氧化皮，最好先经真空感应炉熔炼，之后进行电子束重熔精炼。熔炼初期功率不宜过大，形成熔池后逐渐增大功率。在熔炼中要控制电子束的聚集和偏转，防止电子束照射结晶器壁，熔炼结束前，可用电子束扫除结晶器壁的黏结物，保持结晶器的清洁。

3.5.4 等离子炉熔炼技术

3.5.4.1 概况

等离子熔炼炉于20世纪60年代初开始使用。利用等离子弧作为热源，加热温度高(弧心可达24000～26000K)，可熔炼任何金属及非金属炉料，既可进行大气下的有渣熔炼，也可在保护气氛中进行无渣熔炼。它常用于熔炼精密合金、不锈钢、高速工具钢及回收钛合金废料等。目前已发展成新型系列熔炉，最大容量可达熔钢220t，等离子枪功率可达3MW，目前正在研制更大容量及采用交流电等离子炉。

等离子炉的工作原理示意图如图3－8所示，用直流电加热非自耗电极或中空阴极以产生电子束，将通过阴极附近的惰性气体电离，再以高度稳定的等离子弧从枪口喷到阳极炉料，使之熔化。由于等离子体中离子、正电荷和电子的负电荷大致相等，故称为“等离子体”。可见，等离子是一种电离度较高的电弧，与自由电弧不同的是它属于压缩电弧，弧柱更细长、温度更高、能量更集中。

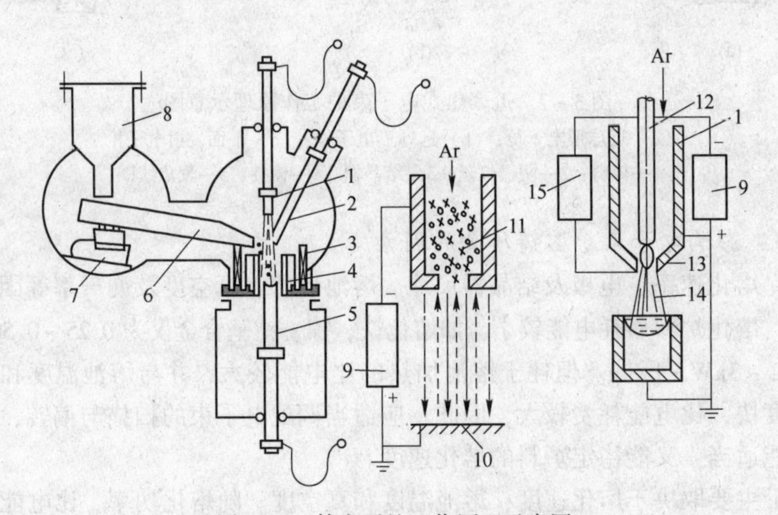

图3－8 等离子炉工作原理示意图

1—等离子枪；2—棒料；3—搅拌线圈；4—结晶器；5—铸锭；6—料槽；7—振动器；8—料仓；9—电源；10—熔池；11—等离子体；12—钍钨电极；13—非转移弧；14—转移弧；15—高频电源

等离子炉的关键部件是等离子枪，等离子枪由水冷喷嘴及铈钨或钍钨电极构成。喷嘴对电弧起压缩作用，是产生非转移弧的辅助极。当在铈钨或钍钨电极上施加直流电压通入氩气后，用并联的高频引弧器引弧，使氩气电离，产生非转移弧（即小弧），然后，在阴极与炉料或熔体之间施加直流高电压，逐渐降低喷枪，让小弧接触炉料，使之在炉料间起弧，称为转移弧或大弧。大弧形成后，即可断开高频电源，使非转移弧熄灭，以转移弧进行熔炼。不导电的炉料可用非转移弧熔炼。按等离子枪和炉体的结构，等离子炉分为等离子电弧炉、等离子感应炉及等离子电子束炉3种。

3.5.4.2 等离子电弧炉熔炼

等离子电弧炉在大气下熔炼时，类似于电弧炉，并在充气条件下进行重熔，其工作原理如图3－9所示。因弧温和熔化率高，熔化损失小，收得率高于所有真空熔炼炉，故适用于熔炼含易挥发元素的合金。由于脱碳能力强，可熔炼超低碳钢，且成本低于其他真空熔炼炉，同时还可进行造渣精炼，有较好的脱硫效果，因此，可应用品位较低的炉料。通入氮气可熔炼含氮合金，通入氢气可熔炼超低碳低氮（小于0.0065%）超纯铁素体不锈钢；还可用来熔炼精密合金、耐热合金、含氮合金、活性金属及其合金等。其优点是可用交流电，设备投资低于真空电弧炉，易挥发元素损失小，且成分易于控制。

3.5.4.3 等离子感应炉熔炼

等离子感应炉是由感应加热、搅拌和等离子弧熔化、惰性气体保护组合而成的一种新型熔炼炉，其工作原理如图3-10所示。由于在感应炉顶加一等离子枪，使其具有等离子电弧炉和感应炉两种熔炼炉的特点，熔化率和热效率高，用高纯氩气保护时，气相中的氧、氮、氢分压低，相当于0.013~0.13Pa真空度，故精炼效果好。

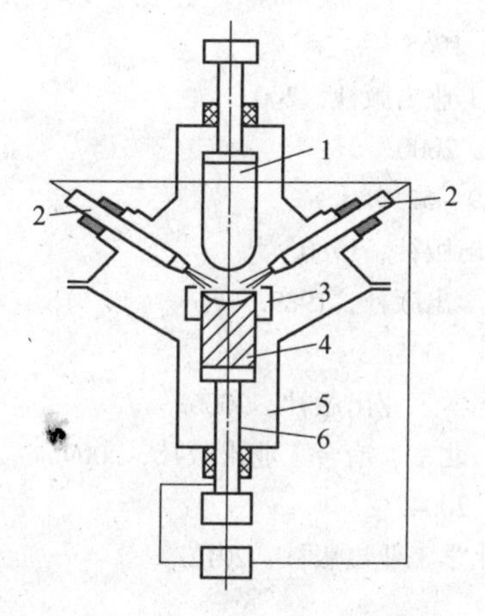

图3-9 等离子炉示意图
1—电极；2—等离子枪；3—结晶器；
4—铸锭；5—熔炼室；6—拉锭机构

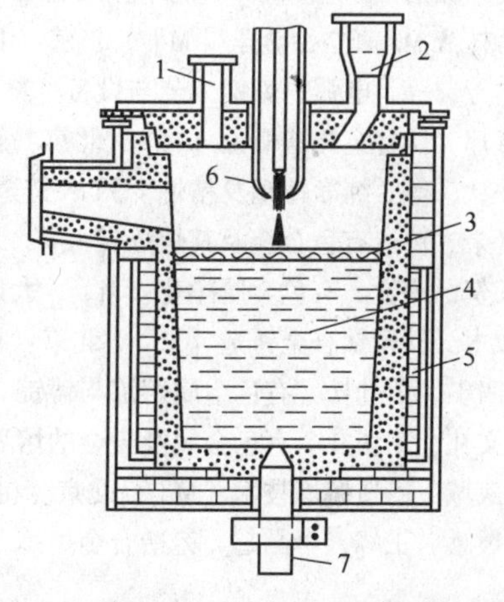

图3-10 等离子感应炉工作原理图
1—观察孔；2—加料器；3—熔渣；4—金属液；
5—感应器；6—等离子枪；7—石墨阳极

与真空感应炉相比，等离子感应炉在炉料纯度、提纯作用及易挥发元素控制、金属收得率等方面具有明显的优势。

3.5.4.4 等离子电子束炉熔炼

该炉利用氩等离子弧加热中空钽阴极，使其发射热电子，在电场作用下热电子轰击炉料阳极；同时，热电子在飞向阳极途中不断地将碰撞的气体分子和原子电离，并释放出高能量热电子，形成热电子束，轰击炉料及熔池，其工作原理如图3-11所示。

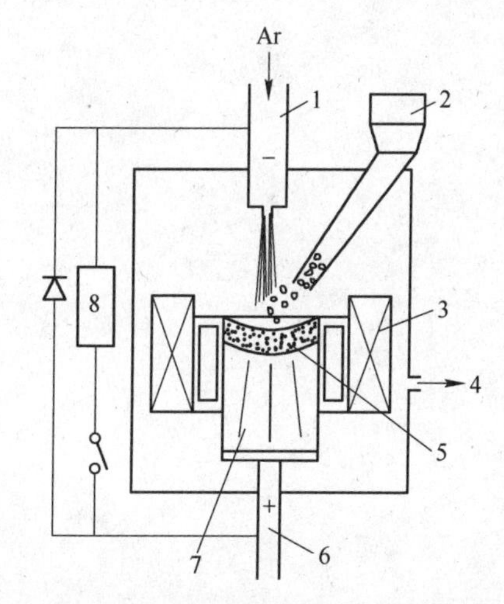

图3-11 等离子电子束炉工作原理图
1—中空钽阴极；2—加料器；3—搅拌器；4—真空泵；
5—熔池；6—拉锭机构；7—铸锭；8—高频引弧器

该炉主要用于重熔精炼一些重要合金和回收废料，如各种难熔金属及贵金属合金，当氩气纯度较高时，可得到极纯净的优质铸锭。可使用各种炉料，熔损较小，热效率高，设备投资低于电子束炉，生产成本较低。因此，该炉发展较快，现已有配备6支400kW等离子枪的熔炼炉，直接用于海绵钛熔铸钛合金锭。

总之，上述3种等离子炉各有特点。尚待解决的问题是：设计大功率等离子枪和提高使用寿命；增大直流等离子炉容量，受到直流电的限制；交流等离子炉尚待完善；大容量等离子感应炉安装等离子枪的合理布局及安全性需要解决。同时，还要注意臭氧及 NO_2 的公害问题，为此，除加强通风外，还要配备抽气和净化处理设施。

参考文献

[1] 韩其勇．冶金过程动力学［M］．北京：冶金工业出版社，1993.
[2] 曲英．炼钢学原理［M］．北京：冶金工业出版社，1980.
[3] 萨马林 A M. 真空冶金学［M］．北京：中国工业出版社，1965.
[4] 沈才芳，等．电弧炉炼钢工艺与设备［M］．北京：冶金工业出版社，2002.
[5] 周彦邦．钛合金铸造概论［M］．北京：航空工业出版社，2000.
[6] 张仲秋，等．纯净铸钢及精炼［J］．铸造，1998（1）：49－52.
[7] 黄良余．铸造有色合金及其熔炼［M］．北京：国防工业出版社，1980.
[8] 杨长贺，高钦．有色金属净化［M］．大连：大连理工大学出版社，1989.
[9] 谢成木．钛及钛合金铸造［M］．北京：机械工业出版社，2005.
[10] 张四琪，黄劲松．有色金属熔炼与铸锭［M］．北京：化学工业出版社，2006.
[11] 王文礼，王快社．有色金属及合金的熔炼与铸锭［M］．北京：冶金工业出版社，2009.
[12] 张武城．铸造熔炼技术［M］．北京：机械工业出版社，2004.
[13] 李晨曦，王峰，伞晶超．铸造合金熔炼［M］．北京：化学工业出版社，2012.

4 有色金属合金及其熔炼

4.1 铜合金及其熔炼

4.1.1 铜合金概述

铜合金按照化学成分分为黄铜、青铜和白铜，其各自的特点分别叙述如下。

4.1.1.1 黄铜

黄铜含大量易挥发和易氧化的锌，在熔炼温度下的蒸气压相当高；含锌量越高，越易氧化烧损和挥发熔损。熔炼高锌黄铜时，利用锌的氧化在保护铜的同时可以脱氧。锌蒸气氧化后成白色烟尘，污染环境，故应注意通风除尘。黄铜不宜在反射炉内熔炼，否则，氧化、挥发熔损更大，用熔沟式低频感应炉熔炼黄铜较为合适。在还原性气氛下锌的挥发强烈，且黄铜废料表面的油脂类脏物会促进挥发，在氧化性气氛中因有 ZnO 覆盖，可减少挥发。在熔体表面覆盖一层煅烧木炭，既可减少氧化，又能减少挥发。在熔体中加入少量铝或铍，均有降低氧化、挥发、熔损的作用。为了安全操作和控制锌含量，宜采用低温加锌和高温捞渣工艺。

复杂黄铜，如 HMn58－2 等渣量多，宜用含冰晶石的熔剂覆盖，并应及时捞渣。铸造时黄铜易于二次氧化生渣、产生气孔，在结晶器内液面加入少量硼砂等液体熔剂可减少氧化倾向；在铁模铸造时，要用油脂涂料予以保护，否则，很难得到表面光洁的锭坯。复杂黄铜连铸速度过高或冷却强度过大时常易产生裂纹和气孔。

黄铜的熔炼技术特点如下：

（1）锌易挥发熔损，尤其是高锌黄铜，其锌的挥发有脱氧和去气的作用，故易于熔炼且不需用特殊精炼措施。

（2）在铸造过程易氧化生渣，造成表面夹渣，复杂黄铜则易于产生裂纹，要特别注意熔体的保护。

4.1.1.2 青铜

铝青铜含铝较高，具有类似铝的某些特征。由于熔炼温度高、铝比铜密度小，加铝时铝锭易浮于表面，且铝溶于铜液时放热效应较大，易使铝氧化烧损、局部过热和生渣。Al_2O_3 膜对熔体有保护作用，也有阻碍气体从熔体中排出的作用，且铝有降低氢在铜中溶解度的作用。铝青铜的导热性较低，由于结晶温度范围较窄，其固液相区的狭窄易使锭坯产生缩孔和裂纹。复杂铝青铜的大规格圆锭在连铸条件下易产生表面裂纹、中心裂纹及气孔等缺陷，铸造工艺不当，还易于出现层状断口。

锡青铜的结晶温度范围较宽，易产生缩松和反偏析，由于线收缩系数小，其半连续铸造时易产生悬挂及表面裂纹。随着磷含量增加，锡磷青铜的热脆性增大，一般不能进行热轧。采用带沟槽的结晶器，并用薄钢板作结晶器座板，使半连续铸造期间产生自然振动，可减少反偏析、改善表面质量；复杂锡青铜易产生缩松、气孔及夹渣，有时还会出现表面晶间裂纹等缺陷。

铍青铜在表面可形成致密 BeO 保护膜，并有阻碍气体逸出的不利作用，铸锭易产生气孔。BeO 有毒，需用真空感应炉熔炼；采用立式铁模铸造时，易产生夹渣和皮下气孔。

硅、锰青铜和锡锌铅青铜一样，较难得到质量好且无缺陷的锭坯。在立模铸造条件下易产生缩松、气孔和夹渣等缺陷；当半连续铸造工艺不当时，易出现气孔甚至裂纹，这与含有易氧化元素及其形成氧化膜的性质有关。熔炼时宜先加硅、锰，后加铜，以煅烧木炭或冰晶石作覆盖剂，加强搅拌，控温精炼，采用低浇注速度、低静压铸造可减少气孔、夹渣及中心裂纹。

总之，青铜品种多，性质各异，其熔铸技术特点主要是：锡青铜铸锭易产生反偏析和缩松；硅青铜、铍青铜、铝青铜及镉青铜等易于产生气孔、缩孔和夹渣；合金元素较多的复杂青铜常出现气孔、缩松、夹渣及裂纹；因此，青铜的熔铸工艺参数应严格控制。

4.1.1.3　白铜

白铜含镍较高，故熔炼温度较高，对炉料的要求也严格。熔炼时既要防止氧化、吸气，又要做好脱氧和防止硫、碳的污染。白铜的收缩率较大，导热性较低，当铸造速度过大时易产生热裂。该合金对微量有害杂质特别敏感，需加锆细化晶粒，否则，铸锭及热轧时易开裂，甚至经冷轧后在快速加热过程中还会脆断，即火裂。因此，熔炼 BMn43 - 0.5 时需全部用新金属炉料。熔炼一般白铜时，不宜全部采用回炉旧料。由于熔炼温度较高，除需采用覆盖剂保护熔体外，还需注意熔体与炉衬及覆盖剂之间的相互作用，否则会导致铝白铜增硅、其他白铜增碳等现象。当浇注温度过高时铸锭易产生气孔、缩孔等缺陷。

白铜的熔铸技术特点是：熔炼温度较高，收缩率较大且导热性低，对微量杂质敏感性大，常使铸锭产生热裂和轧裂，并易于形成晶间裂纹、气孔等缺陷。

4.1.1.4　紫铜及无氧铜

紫铜及无氧铜的熔炼温度较高，熔体表面的氧化铜易于破碎而失去保护作用。Cu_2O 溶于铜液中，可与溶于铜中的氢形成水蒸气，而水蒸气不溶于铜，故可用以脱氢；Cu_2O 还可将铜液中的有害杂质（如磷和硫等）氧化造渣除去。

用电解铜板和低频熔沟炉熔炼紫铜和无氧铜时，不必采用氧化熔炼法，应用还原熔炼法。由于电解铜中杂质少而含氢量高，当铜液中含氧过高时，会因［H］和［O］反应形成不溶于铜的水蒸气而使铜锭产生晶间裂纹，即“氢气病”。因此，T1 及 TU1 中的含氧量分别低于 0.02% 及 0.03%。紫铜在低频熔沟感应炉熔炼时要精选表面光洁、无铜豆和电解质的电解铜板做原料，以经煅烧过的木炭作覆盖剂和脱氧剂，即在还原性炉气中进行熔炼，可较好地控制铜液中含氧量。对于无氧铜，必须选用含铜大于 99.97% 的优质阴极铜板，铜液表面覆以厚层木炭，主要依靠木炭进行扩散脱氧。TUP 除木炭脱氧外，在出炉前要用磷铜中间合金进行最终脱氧。采用一般废杂铜板及废电线等作炉料时必须用反射炉氧化熔炼法。

采用半连续及铁模铸造时，由于二次氧化生成的 Cu_2O 与氢形成水蒸气，常使铸锭产生气孔。脱氧后残留在铜中的磷和氧均可与铜形成共晶，分布于晶间，当铸造工艺不当时，易使铸锭表面产生晶间裂纹。紫铜和无氧铜的熔铸技术特点如下：

（1）保持纯度。用于电子、电器、仪表的铜材，要严格控制氧、氢及磷、硫等杂质含量。

（2）防止氧化。除注意脱氧外，浇注时应注意保护液流，否则，铸锭易出现晶间裂纹和气孔。

铜在常温大气中很稳定，但在高温熔炼时极易氧化，生成氧化亚铜（Cu_2O）。Cu_2O 能溶于铜液中，要除掉 Cu_2O，需用氧化物分解压比 Cu_2O 低的元素进行还原处理，即为脱氧过程。通常铜合金中含有锡、硅、铝等易氧化元素，该类元素氧化后生成不溶性氧化物夹杂，去除氧化物的过程是一个精炼过程。铜合金熔炼时容易吸气，主要是吸收氢气，是铜合金产生气孔的主要原因。去除氢气要有一个“去气”过程，其“除氢”过程包括熔化前准备、熔化、去气、脱氧、精炼、调整成分与温度控制、二次脱氧和出炉浇注等环节。

4.1.2　脱氧

4.1.2.1　铜合金的氧化

铜在高温液态下，容易与空气中的氧发生反应，生成氧化亚铜（Cu_2O），其危害主要表现在以下几个方面：

氧化亚铜能溶解于铜液中（图4-1），但氧化亚铜的溶解度有限。当含 Cu_2O 的铜液温度降低至1066℃时，则发生共晶转变，在 α 枝晶间生成 $\alpha + Cu_2O$ 共晶体，使合金产生热脆性，从而降低合金的机械性能。

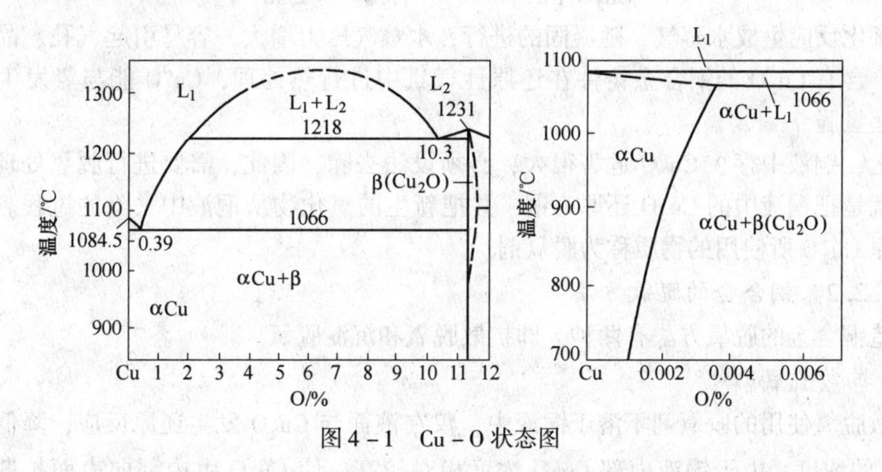

图4-1　Cu-O 状态图

氧化亚铜的分解压比 Al、Mg、Si、Mn 等元素的氧化物分解压高得多，如图4-2所示。即在含有 Cu_2O 铜合金的熔炼过程中加入上述元素，就会被铜液中的 Cu_2O 所氧化，其反应式如下：

$$3Cu_2O + 2Al = Al_2O_3 + 6Cu$$

$$Cu_2O + Zn = ZnO + 2Cu$$

$$2Cu_2O + Si = SiO_2 + 4Cu$$

因此，不仅增加了合金元素的烧损，还由于这些氧化物熔点高，不溶于铜液，呈细小粒状物悬浮在铜液中，不易去除，而危害合金的性能。

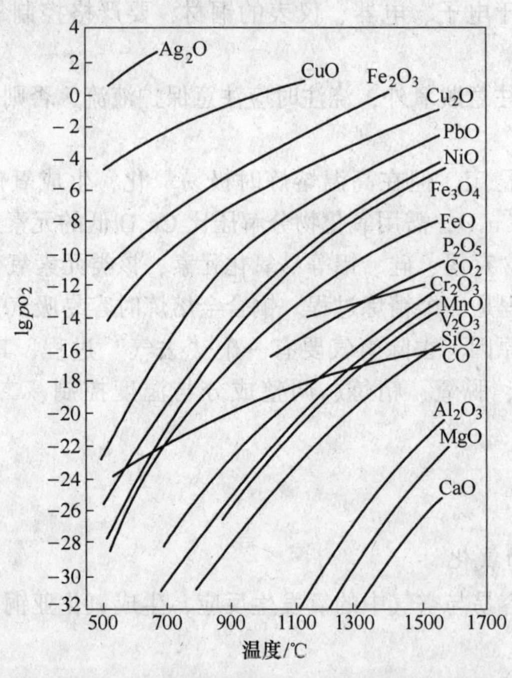

图 4-2 金属氧化物的分解压力与温度的关系

如果铜合金中含有氢时，其氢可被氧化。

$$Cu_2O + 2[H] \Longrightarrow H_2O\uparrow + 2Cu$$

其氧化反应生成水蒸气，随凝固的进行，水蒸气压力增大，容易引起气孔、晶间裂纹等缺陷。含有 Cu_2O 的铜合金铸件在还原性气氛中进行热处理，Cu_2O 能与氢发生上述反应，引起氢脆。

总之，铜液中存在 Cu_2O 危害很大，必须设法去除，因此，需要进行脱氧处理。所谓脱氧，就是把铜液中的 Cu_2O 还原为铜，并把新生的氧化物从铜液中去除的过程。脱氧过程中还原 Cu_2O 所使用的物质称为脱氧剂。

4.1.2.2 铜合金的脱氧方法

铸造铜合金的脱氧方法有两种，即扩散脱氧和沉淀脱氧。

A 扩散脱氧

扩散脱氧使用的脱氧剂不溶于铜液中，仅在液面与 Cu_2O 发生还原反应，降低铜液表面 Cu_2O 的浓度。由于铜液内部 Cu_2O 浓度相对较高，使 Cu_2O 由内部向表面扩散，液面 Cu_2O 的还原反应不断进行，直到逐渐完成脱氧过程。很明显，这种方法脱氧速度较慢、时间较长。优点是脱氧产物浮在液面，不污染铜液。常用的脱氧剂有碳化钙（CaC_2）、硼化镁（Mg_3B_2）等，其脱氧反应式如下：

$$5Cu_2O + CaC_2 \Longrightarrow CaO + 2CO_2 + 10Cu$$

$$6Cu_2O + Mg_3B_2 \Longrightarrow 3MgO + B_2O_3 + 12Cu$$

生产中扩散脱氧方法使用较少，仅用于熔炼纯铜和不含磷的铜合金。

铜合金熔炼时，若采用木炭覆盖同样也有扩散脱氧的作用，其反应式如下：

$$Cu_2O + C \xlongequal{\quad} 2Cu + CO\uparrow$$
$$Cu_2O + CO \xlongequal{\quad} 2Cu + CO_2\uparrow$$

B　沉淀脱氧

沉淀脱氧使用的脱氧剂能溶于铜合金液中，因此可在整个熔池里发生脱氧反应，脱氧速度快，且比较彻底，但脱氧产物多滞留在合金液中，需设法去除。

生产上最常用的脱氧方法是沉淀脱氧，沉淀脱氧使用的脱氧剂应注意下列问题：

（1）脱氧元素形成氧化物的分解压应小于 Cu_2O 的分解压，而且相差越大脱氧效果越好。

（2）脱氧剂残留在合金中不影响合金的性能，如 Al_2O_3 的分解压远小于 Cu_2O，但 Al 能使锡青铜性能恶化，所以 Al 不能用做锡青铜的脱氧剂。

（3）脱氧产物应该是熔点低、比重小，以利于脱氧产物的凝聚上浮。由于铝、硅等元素的脱氧产物熔点高，形成细小颗粒悬浮在合金液中，不易上浮，故不宜做脱氧剂。

（4）价格便宜，来源丰富。

生产中最常用的脱氧剂是磷。由于磷的沸点低、比重小，易引起沸腾和飞溅，常制成铜－磷中间合金，即磷铜。磷铜脱氧效果好、成本低，是熔炼铜合金最好的脱氧剂。其他脱氧剂还可用锌、铍、钾、镁等。

C　磷铜脱氧

（1）脱氧反应。磷铜加入铜液后能迅速溶解扩散，脱氧反应可在整个熔池内进行，其反应式如下：

$$5Cu_2O + 2P \xlongequal{\quad} 10Cu + P_2O_5\uparrow\ (P_2O_5\ 沸点\ 347℃)$$
$$6Cu_2O + 2P \xlongequal{\quad} 2CuPO_3 + 10Cu$$
$$Cu_2O + P_2O_5 \xlongequal{\quad} 2CuPO_3$$

脱氧产物 P_2O_5 部分形成气泡溢出，部分生成 $CuPO_3$，$CuPO_3$ 熔点低、比重小，在熔炼温度下呈液态，易于聚集上浮进入渣中。

（2）脱氧工艺。一般磷的加入量是铜液重量的 0.03% ~0.06%，如用含磷为 10% 的磷铜，则用量为 0.3% ~0.6%。含磷 8% ~14% 的磷铜性质很脆，容易破碎成小块。

用磷铜脱氧，一般分两次加入。第一次在原料纯铜熔化后温度为 1100 ~1150℃时加入 2/3 的磷铜脱氧；第二次是在浇注前加入余下的 1/3。由于此时合金液中已有锡、锌、硅、铝、锰等易氧化元素，加入磷的脱氧作用较小，只能提高流动性和一定的精炼作用。因为 P_2O_5 能与高熔点氧化物形成低熔点化合物，易于聚集上浮，加入磷铜后，流动性能得到显著的改善。

4.1.2.3　去气

A　铜合金中溶解的气体

氢、氧、水蒸气、二氧化硫、一氧化碳和二氧化碳均可不同程度地溶解于铜合金。由于炉气中 SO_2 含量较低，所以合金液中含 SO_2 数量不多，形成 SO_2 气孔的概率较小。CO、CO_2 在铜液中溶解度也很小，凝固时溶解度变化较小，故对铜液影响不大。

氧主要以 Cu_2O 的形式存在于铜液中，其影响已在前节阐述。

氢是铜合金中最有害的气体，对铸件质量影响最大，这里主要讨论氢气的影响。

氢在铜液中的溶解情况与在铝液中相似，其溶解度与压力、温度等因素有关。铜合金中的氢可直接来自炉气中的氢气，若炉气中的氢分子在铜液表面分解为原子氢时，一部分原子氢能转入铜液中。但由于普通炉气中含氢较少，氢的分压很低，故铜液从炉气中吸收的氢气数量较少。

铜合金中的氢主要来自炉料、熔剂和炉气中的水分，与铜液内化学性质活泼的元素反应形成原子氢，这些原子氢易于溶入铜液中。熔化温度越高，合金中氢的溶解度越大，铜液吸氢越多。铜合金中有些元素影响氢的溶解度，如镍能使铜合金中氢的溶解度急剧增加，而铝则使氢的溶解度降低。

铜液中的含氢量还与含氧量有关。氧均以氧化物形式存在于铜液中，可与氢发生如下反应：

$$Cu_2O + 2[H] = 2Cu + H_2O$$

$$SnO + 2[H] = Sn + H_2O$$

上述反应的一般式可写为： $2[H] + [O] = H_2O$

上述反应是可逆的，在一定的温度和压力下处于平衡状态，其平衡常数一般用 K 表示。

$$K = \frac{p_{H_2O}}{w[H]^2 w[O]} \tag{4-1}$$

平衡常数 K 是温度的函数，温度升高，则 K 值减少。当炉气中水蒸气的分压 p_{H_2O} 不变时，温度升高，则在铜熔液中溶解较多的氢和氧。相反，温度低，则氢和氧的含量也降低。

如果温度一定，炉气中水蒸气含量多，水蒸气分压 p_{H_2O} 较大，则铜液中可溶解的氢和氧也多，即 $w[H]^2 w[O]$ 值增大，这就是阴雨天熔铸铜铸件容易出现气孔的原因。

B 去气方法

所谓去气主要是去除氢气。氧可由脱氧处理来去除。

a 氧化去气法

从式（4-1）可知，当铜液处于温度、压力和炉气中水蒸气含量不变的条件下，式（4-1）中的 K、p_{H_2O} 都可看作是常数。这样，氢、氧浓度乘积 $w[H]^2 w[O]$ 也是一个常数。随氧浓度增加，氢浓度下降，随氧浓度减少，氢浓度就增加。这种氢、氧关系如图4-3所示。根据这个原理，增加铜液中含氧量可减少氢含量。氧化法去气即是人为地增加铜液中含氧量，以便达到去氢目的，去氢后再进行脱氧处理。

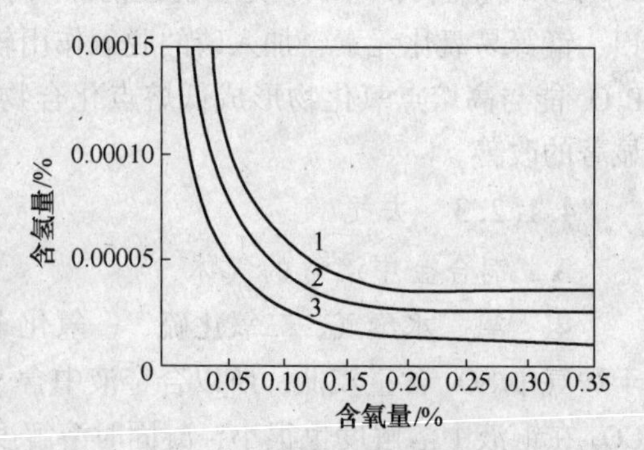

图4-3 铜液中氢与氧的关系

1—1350℃；2—1250℃；3—1150℃

增加铜液中含氧量，可采用提高炉气的氧化性气氛来实现，如增加鼓风量和过剩氧，都可使炉气的氧化性提高。提高氧化性炉气中的氧分压可使铜液中氧浓度增加。为了提高铜液中含氧量，还可向铜液中直接加入高温易分解的氧化剂，如加入锰矿石（Mn_2O）、高锰酸钾

（$KMnO_4$）、氧化亚铜（Cu_2O）等。在高温下，这些氧化剂分解出原子氧进入铜液，可使铜发生氧化。

氧化法去气用于熔炼不含铝、硅、锰、锌等易氧化元素的铜合金，如纯铜、铜锡合金、铜铅合金等。对于含有易氧化元素的铜合金，仅在加入这些元素以前才可以用氧化法去气，去气后要进行脱氧处理，然后，再加入易氧化合金元素。

b 氮气去气及真空去气

氮气去气的原理与铝合金吹氮精炼原理相同，工艺也相似。此法多用于大型熔炉和含有易氧化元素铝、硅的铜合金。当吹氮去气时，要注意覆盖好铜液的表面，避免氧化。去气温度要高于熔化温度 50～60℃，氮气压力也应略大于铜液的静压力，处理时间为 3～5min。

真空去气效果很好，对于不含易挥发元素的铜合金，用真空去气能大幅度降低含氢量。

c 沸腾去气

黄铜含有较多的锌，在熔融状态下，锌的蒸汽压力很高，温度越高锌的蒸汽压也越高，当提高温度到一定程度使黄铜达到沸点时，称为锌沸腾。黄铜中含锌量不同，沸点也不相同，表 4－1 给出黄铜含锌量与沸点之间的关系。

表 4－1 黄铜中含锌量与沸点之间的关系

含锌量/%	10	20	30	35	40	100（纯锌）
沸点/℃	1600	1300	1145	1100	1070	908

黄铜的正常熔炼温度为 1150～1200℃，从表 4－1 可以看出，黄铜含锌大于 30% 时，沸点可低于熔炼温度，熔炼时黄铜可产生锌沸腾，这时锌以气泡形式外逸，可带走氢，并去除夹杂物。

对于含锌低于 30% 的黄铜，如 ZHSi 80－3 低锌黄铜，沸点高，在熔炼温度下不沸腾。为了达到沸腾去气的目的，在熔炼后期要快速升温到沸点以上（1200～1300℃），使铜液产生短时间沸腾、去气，随后立即降温。

4.1.3 精炼

精炼操作主要是加入精炼剂，主要用于易于氧化并产生不溶性氧化物夹杂的铜合金。在熔炼过程中为了防止铜合金的氧化、吸气和元素蒸发，通常在铜液表面采用覆盖剂保护层。

4.1.3.1 精炼剂

一般铜合金经去除氢气和脱氧，即可获得合格的合金液。对于铝青铜、硅青铜等易于氧化的铜合金和杂质较多的杂铜，其中形成以 Al_2O_3、SiO_2、SnO_2 等为代表的夹杂物，熔点高、颗粒小，虽然密度低，但仍不易上浮。因此，需要加入一些精炼剂与其作用生成低熔点的复盐，使之聚成大颗粒，并很快上浮，从而去除铜液中的夹杂物，去除不同的氧化物应选用不同的精炼剂。

（1）去除 Al_2O_3 夹杂物可采用碳酸钠、萤石、冰晶石、碳酸钙、硼砂等作精炼剂。

铝青铜常用的精炼剂是：50%碳酸钠+50%冰晶石（或萤石）。

（2）去除 SnO_2 夹杂物采用碳酸钠、硼砂、氧化钙和氧化硼作精炼剂。

（3）去除 SiO_2 夹杂物采用碳酸钠作精炼剂。

精炼剂在使用前要彻底烘干。硼砂、碳酸钠等精炼剂本身含有结晶水，使用前要进行脱水处理。

4.1.3.2　覆盖剂

常用的覆盖剂是木炭、玻璃、食盐、硼砂等。

A　木炭

木炭在铜液表面燃烧生成还原性气体 CO。它在铜液中的溶解度很小，且不与铜发生化学反应，可形成一个保护膜，使空气不能接触铜液，起到防止氧化、生成氧化物的作用。

木炭氧化的生成物 CO 的分解压比 Cu_2O 分压小，可以使铜液表面的 Cu_2O 还原。因此，具有扩散脱氧的作用。

$$Cu_2O + C = 2Cu + CO\uparrow$$

$$Cu_2O + CO = 2Cu + CO_2\uparrow$$

木炭的燃烧反应在铜液面进行，所以脱氧时间长，但可使脱氧产物溢出液面，减少铜液污染。

木炭是疏松多孔的物质，当具有一定厚度时还可起到保温作用。但它的表面活性大，对氢和水蒸气的吸附能力很强，在使用前要经过高温（800~1000℃）焙烧、去气（也可事先加入坩埚内，和坩埚一起升温预热）。

木炭作为覆盖剂常用于熔炼纯铜、铝青铜、铅青铜，但不能用于黄铜或含 Ni 的铜合金。因为木炭能破坏 ZnO 保护膜，使 Zn 的蒸发量增大，同时也不能阻止镍对氢、一氧化碳的强烈吸附作用。木炭也不能用作还原性炉气的覆盖剂。

B　玻璃

玻璃是硅酸盐，性能稳定，与有色金属不发生化学反应，吸附性较低，它的熔点高（900~1200℃）、黏度高，影响覆盖作用，为此常加入一些碱性物质，以便形成复合硅酸盐，使熔点降低，提高覆盖剂的流动性和覆盖性。玻璃一般要破碎才能使用。

常用的二元玻璃覆盖剂有：

（1）50%玻璃+50%碳酸钠，适用于铝青铜和含镍的锡青铜等高熔点铜合金。

（2）37%玻璃+63%硼砂，适用于硅黄铜，兼有精炼作用。

C　食盐（NaCl）

食盐的熔点为801℃，在铜的熔炼温度时黏度较低。它有良好的覆盖作用，还有去除氧化物夹杂的精炼能力，且价格便宜。食盐可单独使用，也可与硼砂等配合使用。常作为熔化黄铜和锡青铜的覆盖剂。

4.1.4　炉料准备及熔炼工艺

4.1.4.1　铜合金熔炼工艺

铜合金的熔炼，包括熔化前准备、熔化、去气、脱氧、精炼、调整成分与温度控制、二次脱氧和出炉浇注等环节。每个环节必须按照工艺严格执行，其铜合金熔炼的工艺要点总结如下：

（1）炉料在使用前必须清除砂土和油污，并进行预热。熔剂需经过焙烧，坩埚应预热到暗红色。

（2）加料顺序一般是，先熔化数量最多的铜和难熔组元，然后加入易熔组元。锡、硅、铝容易形成高度弥散的高熔点氧化物，并难以从铜液中分离出来加以除掉，为避免锡、硅、铝的氧化，在加入前，铜液要先进行脱氧，或先加入脱氧能力强的元素（如锰、锌等）。

（3）对于含量很少的难熔、易氧化或易挥发元素，要以中间合金形式加入。

（4）对吸气倾向较大的合金（如纯铜、锡青铜、磷青铜和铝青铜），常用氧化法去气，即在微氧化性气氛下熔炼，可不加覆盖剂。黄铜加入锌之前可用氧化法熔炼，然后在覆盖剂下加锌以避免锌的大量烧损。

（5）快速熔炼，尽量缩短熔化时间，减少氧化吸气。

（6）铜液中加铝会发生剧烈的放热反应，能使铜液过热，因此，在铜液温度较低的时候应分批加入，而且要注意边加入边搅拌。

（7）除高锌普通黄铜外，一般都用磷铜分两次脱氧。纯铜熔化后加入2/3的磷铜脱氧，浇注前再加入剩余的1/3。

（8）在浇注前，每加入一种元素之后必须对铜液进行充分搅拌。但对含有易氧化和易挥发元素的合金则不宜过分翻动。

（9）熔炼不同种类的铜合金不要使用同一个坩埚和炉体。如不得不用同一个坩埚，必须彻底清除坩埚内的余渣、余料。

（10）控制浇注温度，锡青铜为1120～1200℃，铝青铜为1100～1180℃，特殊黄铜为1000～1060℃。浇注前应扒渣并重盖一层草灰或干燥碎木炭。

（11）铜合金浇注前应进行炉前检验，检验项目有：

1）化学成分分析，主要用于重要铸件。

2）测温，用铂铑热电偶、高温计测量。

3）含气性检验，检验方法与铝合金相似。纯铜、铝青铜、硅黄铜、含镍锡青铜及废杂铜重熔时，应做含气检验。锡青铜一般不做此检验。检验用的铸型及含气性试样检验，见图4－4(a)、图4－4(b)。

4）弯曲试验。在经预热的金属型内浇注弯曲试样，见图4－4(c)、图4－4(d)，水冷后夹在台钳上，用锤打弯直到试样折断为止，见图4－4(e)；然后量出试样折角。锡青铜一般将折断角控制在30°～60°范围内，铝青铜为70°～100°，硅黄铜为70°～90°，如不合规定则要采取措施。

5）断口检查。观察试样断口，若组织均匀，晶粒细，无气孔、夹渣和偏析，即为合格。

4.1.4.2 炉料准备及配料计算

A 炉料准备

熔炼铜合金用的金属炉料包括金属料、中间合金和回炉料。有时也用由回炉料和废料制成的再生合金锭。

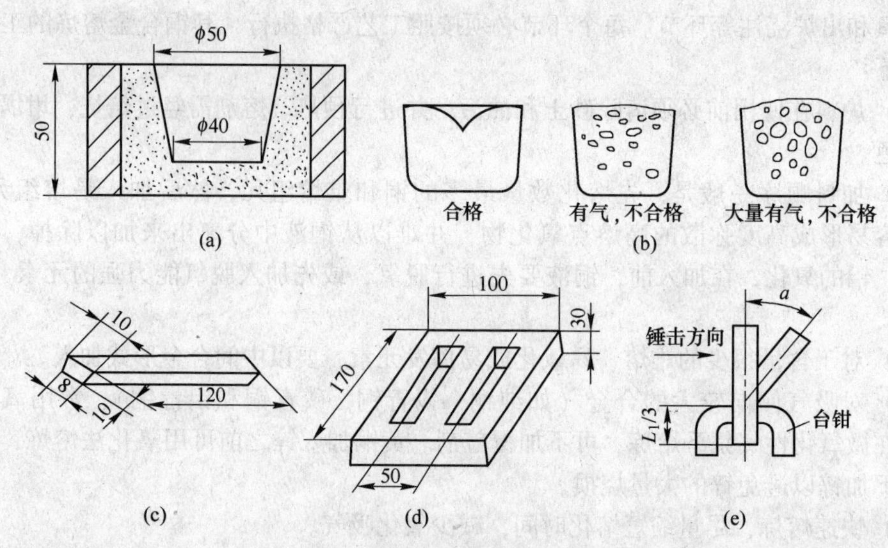

图4-4　铜合金含气试验和弯曲试验

（a）含气性试验砂型；（b）含气性试样；（c）弯曲试验；（d）弯曲试验金属型；（e）弯曲装置

选择炉料的原则及使用中间合金的要求与铝合金相同。由于铜的熔点比铝高，二者的化学性质也不相同，所以在严格控制熔炼工艺时可以不用中间合金，一次熔炼获得优质的合金液。

有些元素，如磷、铍等一定要配成中间合金。表4-2为一些中间合金的成分和特性。

表4-2　中间合金的成分与熔点

中间合金	成分/%		熔点/℃	物性
铜-铝	Al45~55	Cu 其余	580	脆性
铜-锰	Mn28~32	Cu 其余	870	韧性
铜-硅	Si15~17	Cu 其余	810	脆性
铜-硅	Si24~26	Cu 其余	1000	脆性
铜-铁	Fe8~12	Cu 其余	1300	韧性
磷-铜	P12~16	Cu 其余	900~1022	脆性
铜-镍	Ni18	Cu 其余	1179	
铜-镍	Ni25	Cu 其余	1250	
铜-镍	Ni33	Cu 其余	1300	
铜-铬	Cr4~6	Cu 其余	1120~1140	
铜-铍	Be7~15	Cu 其余	900~970	
铜-硼	B3~3.8	Cu 其余	1060	
铜-锆	Zr8~12	Cu 其余	1000~964	
铜-钛	Ti15~26	Cu 其余	870	
铜-镉	Cd30	Cu 其余	850	
铝-铁	Fe28~32	Al172~68	~1120	稍脆
铝-锰	Mn9~11	Al191~89	~780	

B 配料计算

按照熔炼100kg铜合金计算，所需炉料的计算步骤如下：

（1）确定合金的平均成分；（2）确定各元素的烧损量（元素烧损率见表4-3）；（3）求出考虑烧损后的各成分需要量；（4）确定组成金属料的种类；（5）求出回炉料中各成分的数量；（6）求出减掉回炉料带入的成分后，尚需补充的各成分数量；（7）求出各中间合金的用量；（8）求出尚需补充新金属的用量；（9）核算杂质含量；（10）填写配料单。

表4-3 铜合金熔炼时各元素的烧损率

合金元素	Cu	Zn	Sn	Al	Si	Mn	Ni	Pb	Be	Ti	Zr
烧损率/%	1~1.5	2~5	1.5	2~3	4~8	2~3	1~2	1~2	10~15	30	10~30

配料计算举例见表4-4。

表4-4 熔炼100kgZHMn55-3-1的炉料计算

合金成分	一次熔炼						采用回炉料和中间合金熔炼				
	所需含量		烧损量		炉料中应有含量		30kg同牌号回炉料中各成分含量/kg	Cu-Mn(70:30)中间合金各成分含量/kg	Cu-Fe(90:70)中间合金各成分含量/kg	回炉料中间合金各成分的含量/kg	尚需补充的纯金属量/kg
	%	kg	%	kg	kg	%					
铜	55	55	1	0.55	55.55	54.7	30×55/100=16.5	2.2×70/30=5.1	0.7×90/10=6.3	16.5+5.1+6.3=27.9	55.55-27.9=27.65
锌	41	41	2.5	1.02	42.05	41.3	30×41/100=12.3			12.8	42.02-12.3=29.7
锰	3	3	2.5	0.075	3.1	3	30×3/100=0.9	3.1-0.9=2.2		0.9+2.2=3.1	3.1-3.1=0
铁	1	1	0	0	1	1	30×55/100=0.3		1-0.3=0.7	0.3+0.7=1	1-1=0
合计	100	100		1.65	101.7	100	30	7.3	7	44.3	57.4

配料：

（1）一次熔炼的计算结果：Cu—54.7%=55.6kg，Zn—41.3%=42kg，Mn—3%=3.1kg。Fe—1%=1kg，总计：100%=101.7kg

（2）采用中间合金和回炉料；Cu—27.2%=27.7kg，Zn—29.2%=29.7kg，回炉料—29.5%=30kg，Cu-Mn—7.2%=7.3kg，Cu-Fe—6.9%=7kg，总计：100%=101.7kg

4.1.4.3 熔炼工艺举例

A 纯铜熔炼工艺

铸造车间熔炼纯铜多采用坩埚炉和感应电炉，在冶金厂则常使用反射炉熔炼纯铜。纯铜的熔点比铜合金高，在熔炼过程中吸气严重，容易氧化，而且对杂质限制极严，因此，纯铜用坩埚熔炼或感应电炉熔炼时必须防止氧化和吸气。

目前采用坩埚熔化纯铜普遍采用覆盖法。所谓覆盖法，是使纯铜在覆盖剂（干燥的木炭、米糠或小麦麸皮）的严密保护下进行熔化。木炭等的主要作用是使铜液隔绝空气，防止吸气和氧化，并起扩散脱氧的作用。为了保证熔炼质量，必须使覆盖剂严密覆盖铜液表面。覆盖剂必须随铜料一起加入坩埚内，若用麸皮米糠等作覆盖剂，则在加铜料前先将麸皮加入坩埚底，用木棒捣实后再加铜料，铜料上再覆麸皮，熔化后覆盖层的厚度应大于50mm。木炭做覆盖剂必须绝对干燥，麸皮、米糠也应烘干。

为了减少吸气，用覆盖法熔化时必须在氧化性气氛和高温下快速熔炼。一般要求强烈鼓风，燃料燃烧完全，尽可能减少炉气中的含氢量。熔化温度一般控制在1180～1220℃。

纯铜原料在装料前应充分预热，这是减少铜液含气量的重要措施。纯铜料中，特别是电解铜板吸附有大量氢气，若未经预热进行熔化则可使很多氢被带入铜液。铜原料的预热要充分，应逐块认真进行。纯铜件要求有高的导电性和导热性，因此对杂质含量限制很严。

铜合金常用磷作为脱氧剂，对纯铜来说磷是有害杂质，不能用它进行彻底脱氧，纯铜的脱氧剂含有Li、Ca等元素，多以Li－Ca、Li－Cu等中间合金的形式加入（也可采用Ca－Si合金）。Li、Ca等元素在纯铜中不但能脱氧，还有一定的去氢作用。其反应式如下：

$$2Cu_2O + 2[H] + 2Li = 2LiOH + 4Cu$$

$$Ca + 2[H] = CaH_2$$

生成物LiOH（液态，熔点445℃）、CaH_2易与铜液分离而去除。

B 锡青铜熔炼工艺

以ZQSn6－6－3锡青铜为例，说明熔炼的工艺过程：

（1）把坩埚预热到暗红色，然后加入全部电解铜，在微氧化性气氛下迅速熔化。

（2）铜熔化后，在约1150℃加入合金重量0.3%～0.4%的磷铜脱氧，注意搅拌。

（3）脱氧后加入预热的回炉料，继续加热，待熔化后搅拌均匀。

（4）在1200℃以下加入经预热的锌。锌熔化后加锡和铅，加锌能进一步脱氧，加锌后加入锡可以减少锡的氧化。

（5）用合金量0.1%～0.2%的磷铜脱氧，并仔细搅拌，静置5～10min后进行浇注。较大件或重要件须做弯曲试验和断口检查。

当回炉料占炉料的比例很大时，可将加料顺序改为：

回炉料＋铜→(2/3)磷铜→锌、铅、锡→(1/3)磷铜。熔化时成分应严格控制，注意掌握炉温，避免元素大量烧损。这样的加料顺序能加速熔化，缩短熔化时间，并减少吸气。

C 铝青铜熔炼工艺

以ZQAl9－4铝青铜为例。

（1）使用中间合金熔炼铝青铜：

1）预热坩埚并将电解铜预热后加入，然后加速熔化。

2）铜熔化后，温度达到1150℃时用磷铜脱氧，磷铜用量为合金量的0.4%～0.5%，加入磷铜后要仔细搅拌。

3）铜液脱氧后压入已预热的铝铁中间合金，边加入边搅拌。

4）中间合金熔化后加入回炉料，并仔细搅拌。

5）加热到1160～1250℃后做炉前检验，如含气较多，可用氮气或0.1%脱水氯化锌去气；如仍不合格可再重复一次。

6）炉前检验（含气、弯曲及断口检查）合格后立刻出炉，除去浮渣，撒一层冰晶石粉（0.2%～0.3%）净化合金，然后进行浇注。

（2）不使用中间合金熔炼铝青铜：

1）将高熔点的金属铁和铜装入预热的坩埚中，然后加速熔化。

2）铜熔化后，铁因比重小而浮于铜液表面，待铁熔化2/3时将已预热的铝加入铜液中。因加铝有放热反应可促使铁很快熔化，并使合金温度升到1200℃以上。

3）加入预留的5%～10%的铜用来调整温度，然后加入2%～2.5%精炼剂，搅拌除渣。

4）进行炉前检验，如含气检验不合格，则用钟罩压入0.2%～0.4%脱水氯化锌（或六氯乙烷）去气精炼。

D 特殊黄铜熔炼工艺

黄铜含有锌。当含锌量较高时在熔炼过程中会沸腾，起到沸腾去气的作用。锌本身是良好的脱氧剂，合金中有一定量的锌就能完成脱氧任务。一般熔炼普通黄铜不需单独进行去气处理。锌氧化后在铜液表面可以生成比较致密的氧化锌薄膜，可以保护铜液，一般不用另加覆盖剂，这些特点使黄铜的熔炼工艺简单化。

熔炼特殊黄铜时，一般先熔化高熔点的电解铜、铁、锰、硅等合金元素，最后加入锌。加锌时要控制温度低于1200℃。如果温度过高，要加入一些回炉料来降温，以免锌烧损过多。

熔炼含铝特殊黄铜，要在加锌之前加入铝。出炉前使合金液升温，使锌沸腾，以便起到精炼去气的作用。浇注前要加0.1%的冰晶石进行精炼。

熔炼锰黄铜时，熔炼后期加入少量的铝，用来防止锰氧化和提高铸件表面光洁度。

以ZHMn 55－3－1锰铁黄铜为例，简单说明其熔炼工艺：

（1）将铜、铁和锰同时装入预热的坩埚，在微氧化性气氛下加速熔化。

（2）合金熔化后仔细搅拌，使合金成分均匀，然后加入预留的铜以降低合金温度。

（3）合金加热到1050～1100℃时，逐块压入经预先预热的锌，边加入边搅拌。然后，升温到1080～1120℃时，停止加热。加入0.3%～0.5%的铝，用以提高流动性和改善表面质量。

E 磷铜中间合金熔炼工艺

图4－5为Cu－P平衡状态图，从图中可以看出：磷在铜液中的溶解度有限，含磷14.1%的固态组织是Cu_3P，性质脆，熔点为1022℃，易于溶于铜液中，故一般磷铜的含磷量控制在13%～14%。

熔炼磷铜中间合金的方法较多，这里简单介绍两种方法。

（1）合熔法。把赤磷和纯铜屑、铜粒或细铜条按比例均匀混合好，装入坩埚中用木槌捣实，再用草灰覆盖（50～100mm），上面再撒一层砂（30～40mm）；捣实后快速加热可以获得磷铜；经搅拌除渣后即可浇注。

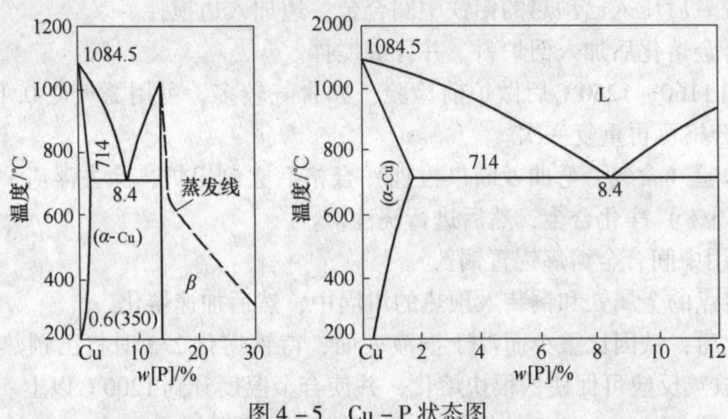

图 4－5　Cu－P 状态图

（2）分熔法。用两个坩埚熔炼磷铜的过程如图 4－6 所示。在一只坩埚中装赤磷，用木棒捣实，然后撒上草灰和碎木炭；在另一只坩埚上熔化纯铜，当铜液达到 1200℃时将铜液倒入装赤磷的坩埚中，加盖反应 10～15min 后再搅拌。如铜液温度不够，要将坩埚加热，促进铜和磷相互作用，反应完成后，搅拌除渣，然后即可浇注成锭块。

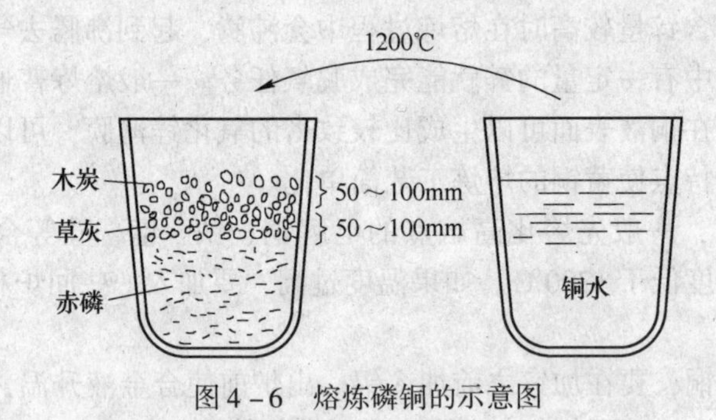

图 4－6　熔炼磷铜的示意图

4.2　铝及铝合金的熔炼

4.2.1　铝及铝合金概述

4.2.1.1　纯铝

铝的化学性质活泼，在熔铸过程中熔体能与炉气、炉衬、操作工具和熔剂等相互作用。熔体表面的 Al_2O_3 膜较坚韧，有阻止氧化和吸气的作用，一旦被破碎成片状，便悬浮于熔体中。在熔炼温度下，铝与铁制操作工具及炉衬中的 SiO_2、Fe_2O_3 等发生反应，从中吸收铁、硅等杂质，与炉气中的 SO_2、CO_2、H_2O 相互作用，产生铝的氧化物，形成渣和吸氢、增硫。铝的熔点不高，但其熔化潜热和比热容较大，故用电阻炉熔化时间长，氧化熔损较大。实践表明，铝的氧化和吸气主要归因于与炉气中水蒸气的相互作用，因此，在湿度大的季节，气孔和夹渣明显增多。铝液中的 Al_2O_3 及 AlN 等夹杂，可降低铝的铸造和加工性能，使铸件容易产生气孔、缩松。吸收铁、硅等杂质后不仅易出现热裂倾向，降低纯铝的纯度（特别是高纯铝），而且会恶化铸件的加工性能和产品的使用性能。

工业纯铝的热裂倾向较高纯铝大，因为前者的硅和铁含量高，并含有 AlFeSi 化合物夹杂。因此，在熔炼纯铝时为保证其纯度，须根据纯度和使用性能的要求，对原铝锭品位、熔炉与炉衬、工具及熔剂仔细选择，以防止污染金属。对高纯铝来说，应选用控温好的熔炉、化学稳定性高的炉料、石墨工具并采用高温快速熔化。为防止工业纯铝铸件热裂，必须控制好铁、硅含量及铁硅比。当硅含量小于0.3%时，应控制铁比硅多0.02%~0.05%；当硅含量大于0.3%时，铁硅比对热裂的影响不明显。为细化晶粒，获得无针状AlFeSi化合物的带材或高强度的管材，也可加入少量铁。我国生产的原铝锭往往硅多于铁，因此半连续铸造条件下，在熔炼工业纯铝时，常以Al-Fe中间合金方式加入少量铁；在铁硅含量基本相当时可不加铁；铸造大型材的锭坯时，也可加入微量钛、硼以细化晶粒；在一般铸造情况下，也可不加铁、钛，而用低温、低浇注速度和低水平铸造工艺，以防止热裂。

纯铝的熔铸技术特点如下：

(1) 铝的化学活性强，易于氧化生渣、吸气、吸收杂质。熔体中夹渣多时含气量高，氢在固液区内溶解度变化较大，易生气孔、缩松和夹杂物，使板、带材起皮、起泡。

(2) 杂质及硅含量高易热裂。为提高纯度和降低热裂倾向应尽量减少自炉料、炉衬、熔剂、工具、炉气中吸收杂质和铁、硅的量，并控制铁硅比，可降低纯铝及合金铸锭的热裂倾向。

4.2.1.2 Al-Mn系合金

Al-Mn系合金中锰的熔点比铝高得多，且不易溶解，所以多以铝-锰中间合金或$MnCl_2$形式加入；需适当提高熔体温度并充分搅拌，以防止锰偏析；以熔剂覆盖熔体，可防止氧化和吸气。在半连续铸造条件下，LF21合金易热裂，尤其是硅的含量大于铁时，常出现大量发状裂纹，其热裂温度范围较宽；当成分不均匀形成低熔点共晶偏聚于晶间时，锭坯温度冷至固相点以下时，仍可产生裂纹。若铁的含量大于0.2%，可降低热裂倾向，但铁含量过高易产生$(MnFe)Al_6$硬脆夹杂，降低合金的塑性。铜、锌等杂质可降低合金的耐蚀性，应加以控制。

Al-Mn系合金的熔铸特点如下：

(1) 锰熔化及溶解较慢，故熔炼温度较高，既要防止偏析，又要减小熔体氧化和吸气。

(2) 为降低半连续铸造合金的热裂倾向，应控制铁硅比及其含量，并防止出现粗晶及金属间化合物夹杂。

4.2.1.3 Al-Mg系合金

随着镁含量增加，铝-镁系合金熔体表面氧化膜的致密性降低，抗氧化性变差，氧化烧损增加。镁更易于氧化生渣，且MgO疏松多孔，不易进行成分控制，并使吸气量增加，促进缩松、气孔、热裂和夹渣等倾向，为此加入0.002%铍可改善氧化膜性质，提高抗氧化和烧损能力，防止表面裂纹。

高镁铝合金中的钠脆性随着镁含量的增加而增大。钠熔点低，不溶于合金中，铸造凝固时以液相偏聚于晶界，降低晶间结合力而致脆。钠的主要来源是原铝锭及含钠的熔剂。故熔炼高镁铝合金时不能用含钠熔剂作覆盖和精炼剂；否则，即使含钠0.002%都足以造成钠脆。高镁铝合金中的铁、铜量过多，也会促使铸锭表面出现裂纹。

高镁铝合金的熔铸特点如下：

（1）表面氧化膜保护性差，氧化烧损较大，要注意控制成分，可加铍保护熔体。

（2）易氧化生渣、吸气，增大熔体的黏度，降低流动性，使铸锭易出现气孔、夹渣、缩松、冷隔及表面裂纹等。

（3）使用含钠熔剂易产生钠脆性。除不能用含钠熔剂外，还可加少量铋或锑以防止钠脆。

4.2.1.4 Al－Cu－Mg 系合金

硬铝合金中镁和锰的行为与前述合金类似，只是其含量较少，影响程度较小。如LY12 合金镁含量较高，熔体表面氧化膜不致密，易氧化生渣、烧损。硬铝含铜较高，其熔点虽较高，但易溶解于铝液中，可直接以电解铜板加入熔炉，应多加搅拌以加速其溶解，防止铜沉炉底。在冷却强度较小时，硬铝凝固过渡区较宽，产生缩松和气孔倾向较大。采用半连续铸造硬铝铸锭易产生热裂。LY11 中含硅量为0.4%～0.6%，且大于铁含量时热裂倾向小。LY12 圆锭应使铁含量大于硅含量，且两者含量之和大于或等于0.5%，否则，铸锭头部易产生热裂，甚至由热裂导致冷裂。

硬铝系合金的熔铸特点如下：

（1）镁易氧化烧损，影响氧化膜的致密性，在熔炼过程中须用熔剂覆盖好熔体。铜、锰在熔体中分布不匀，要多加搅拌。

（2）硬铝的结晶温度范围较宽，并且铁、硅及 MgO 夹渣较多，采用半连续铸造，大规格锭坯易出现气孔、缩松和裂纹等缺陷，需控制冷却强度及铁硅量。

4.2.1.5 Al－Zn－Mg－Cu 系合金

超硬铝合金成分较复杂，合金元素总含量高，且元素之间密度相差较大，尤其是铜和锌易出现成分不均匀现象，故应多加搅拌；由于镁和锌含量较高，熔体表面氧化膜松散，故易于氧化生渣和烧损。超硬铝塑性差，采用半连续铸造极易产生裂纹，尤其是 LC4 合金，该合金对杂质硅很敏感，故越低越好，铁应控制在0.4%左右，配料时镁应取上限，铜、锰取下限，并应控制铸造工艺，以减小冷、热裂纹倾向。此外，这类合金不仅易产生应力腐蚀，且常显现缺口敏感特性。因此，在熔铸过程中应选用干净炉料，熔体需用熔剂覆盖，防止氧化和吸气。

超硬铝合金的熔铸特性如下：

（1）锌、铜易偏析，杂质硅应严格控制。

（2）结晶温度范围较宽，不平衡共晶致脆的裂纹倾向较大，且易产生缩松、夹渣等缺陷。

4.2.2 铝合金的热处理

4.2.2.1 铝合金的热处理

随着工农业生产和科学技术的发展，对材料的性能要求越来越高，提高材料性能的主要途径有：（1）采用合金化措施来提高材料的性能；（2）对材料进行热处理。

材料的热处理是指将材料或合金在固态下施以不同温度的加热、保温和冷却，以改变其组织，从而获得所需性能的一种工艺。通过热处理可以充分发挥材料的潜力，提高使用性能，减轻工件的重量，节约材料，降低成本，延长工件的使用寿命。因此，热处理是一种强化材料的重要工艺。

铝合金进行热处理的目的如下：

(1) 铝合金经铸造后存在残留铸造应力，铸造应力不但可降低零件的承载能力，还可引起零件变形。为消除这部分应力，铸件必须进行热处理。

(2) 铝合金在凝固期间常常偏离平衡状态，并保留有不稳定相。在使用过程中可能促使不稳定相向稳定状态转变，并引起零件发生尺寸变化，为避免零件产生尺寸变化，要预先对铸件进行热处理，使不稳定组织转化为稳定组织。

(3) 有些铝合金在铸造期间获得的铸态组织不理想，力学性能不高。通过热处理方法可改变组织结构，从而提高合金的使用性能。

(4) 为了改善合金的成分偏析，也要求进行热处理。

铝合金热处理强化的机理与钢不同。对于含碳较高的钢在淬火后可以立即获得高的强度和硬度，而铝合金在淬火后强度和硬度并不立即提高，但塑性增高。经放置一段时间以后，强度和硬度才显著提高，而塑性则明显降低。淬火后铝合金的强度随时间而发生显著提高的现象叫做时效强化现象。在常温下发生的时效叫做自然时效，在高于室温的某一温度范围内发生的时效叫做人工时效。铸造铝合金多采用人工时效处理。

4.2.2.2　铝－铜合金的热处理

ZL202、ZL203 是典型的铝铜类二元铸造合金，ZL202 含有铜 9.0%～11.0%，ZL203 含有铜 4.0%～5.0%。

铝－铜二元合金状态图如图 4－7 所示，可知，在含铜为 54.1% 处合金中形成电子化合物 $CuAl_2$，Al 可微溶入 $CuAl_2$ 之中，成为一个单相区。在纯铝与 $CuAl_2$ 之间构成了一个共晶型状态图。共晶温度为 548℃，此时，铜在固溶体中的最大溶解度为 5.65%，而室温的溶解度低于 0.1%，因此，合金可进行热处理强化。

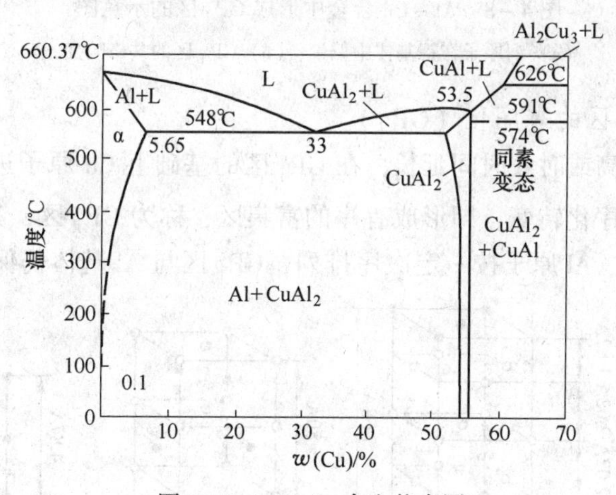

图 4－7　Al－Cu 合金状态图

ZL203 合金含有铜 4.0%～5.0%，根据相图分析，组织中不应存在共晶组织，其组织是由 α 固溶体及沿晶界分布的 $CuAl_2$ 组成。但合金在凝固期间发生成分偏析，故导致结晶偏离平衡组织，因而在合金中出现少量 α＋$CuAl_2$ 共晶物。

由铝－铜相图可以看出，铝合金的淬火和时效与钢的淬火和回火不同，钢是通过铁的同素异构转变而强化，铝合金靠近铝的一端没有共析转变，而是依靠组元在固溶体中的溶解度变化使某组元过饱和析出而完成组织变化的。

铝合金在固溶处理期间可以把高温的 α 固溶体保留到室温，得到过饱和固溶体。虽然晶体结构未发生变化，但该过饱和组织不稳定，有使析出强化相转变成稳定状态的倾向。

时效是由不稳定状态向稳定状态转变的过程，是过饱和固溶体的分解脱溶过程。其转变过程的顺序为：形成偏聚区→偏聚区有序化→形成过渡相→最后形成稳定相。

以含 4% Cu 的 Al - Cu 合金为例，分析如下。

A 形成 Cu 原子富集区

在时效初期，即时效温度低或时效时间尚短时，经固溶处理获得的过饱和 Al 基固溶体在分解之前存在一孕育期。随后，Cu 原子在 Al 基固溶体（面心立方晶格）的（100）晶面上偏聚，形成 Cu 原子富集区，称为 GP_{I} 区。由于 Cu 原子是在基体晶格中聚集，故该区与基体保持完全的共格关系，如图 4 - 8 所示。但铜原子半径比铝原子约小 11%，Cu 原子的富集则使晶格产生一定的弹性收缩，引起附近晶格发生畸变，从而使合金的强度、硬度有所提高。

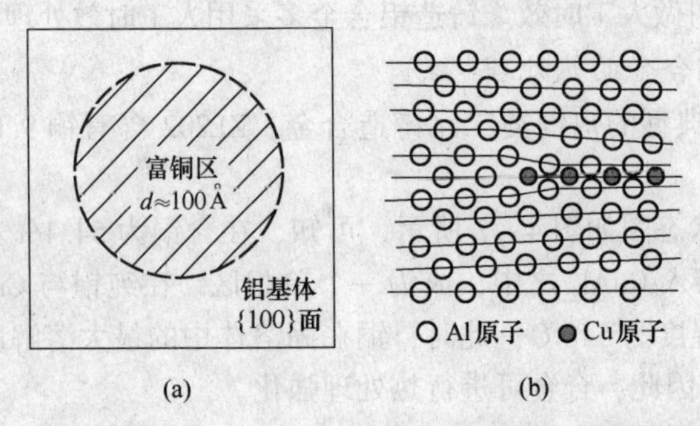

图 4 - 8 Al - Cu 合金中形成 GP_{I} 区的示意图

（a）铜原子在铝基体中偏聚；（b）GP_{I} 区的共格畸变

B Cu 原子富集区的有序化（GP_{II}）

随时效温度的提高或时效时间延长，在 GP_{I} 区的基础上 Cu 原子进一步偏聚，富聚区进一步扩大并发生有序化转变，即形成有序的富集区，称为 GP_{II} 区，其晶格结构如图 4 - 9 所示。GP_{II} 区中 Cu、Al 原子按一定次序排列，GP_{II} 区与 Al 基体仍保持完全共格，它在

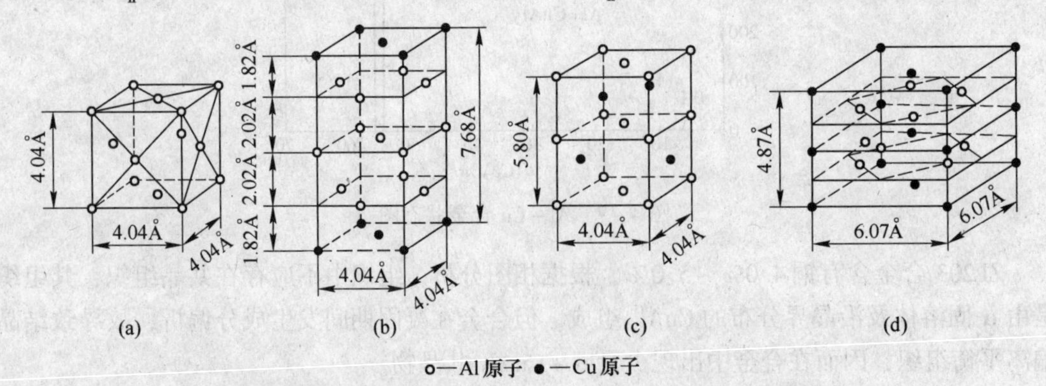

图 4 - 9 Al - Cu 合金中形成的 GP_{I} 区、θ′和 θ 相结构的示意图

(a) Al；(b) GP_{II} 区；(c) θ′相；(d) θ 相

a、b 两个方向的晶格常数与 Al 基体相等，均为 0.404nm，但在 c 方向上存在一定差别，在 GP_{II} 区的晶格常数 c 为 0.768nm，而 Al 基体 $2c$ 为：$2\times0.404=0.808$nm，错配度约 5%，故使附近晶格畸变更为严重。因此，GP_{II} 区的形成对合金具有更大的强化作用。因此，富集区有序化的末期是合金达到最大强度的阶段。

C　形成过渡 θ′相

随着时效进行，Cu 原子在 GP_{II} 区继续偏聚，当 Cu 与 Al 原子比为 1∶2 时，形成过渡相 θ′，具有正方晶格（$a=b=0.404$nm，$c=0.580$nm），由于 θ 相的晶格常数 $c=0.580$nm，与基体 Al($2c=0.808$nm) 相差较大，其错配度约 30%，因此，θ′相与基体的共格关系被破坏，由完全共格转变为局部共格，虽然 θ′相与基体尚无明显界面，由于 θ′相周围基体的共格畸变减弱，故合金强度、硬度开始降低。

D　形成稳定的 θ 相

时效后期，过渡相 θ′从 Al 基固溶体中完全脱溶，形成与基体有明显界面的 $CuAl_2$ 稳定相，称为 θ 相，其晶格为正方晶格，晶格常数 $a=b=0.607$nm，$c=0.487$nm。与 Al 基体相比，晶格常数 a、b、c 差异很大，故 θ 相与基体的共格关系完全破坏，共格畸变也随之消失。故随着 θ 相质点的析出和聚集长大，合金的强度和硬度进一步降低。

4% Cu 的铝－铜合金时效过程可以概括为：过饱和 Al 基固溶体→形成铜原子富集区（GP_I 区）→Cu 原子富集区有序化（GP_{II} 区）→形成过渡相 θ′→析出稳定相 θ($CuAl_2$)＋平衡 α－Al 基固溶体。

Al－Cu 二元合金的时效原理对于其他铸造铝合金也适用。但是合金的种类不同，时效过程和最后析出的稳定相各不相同，时效的强化效果也不一样。有些元素加入铝合金中能形成成分和结构都很复杂的化合物，如 β(Mg_2Si)、S(Al_2CuMg)、M(Mg_2Zn) 等，它们在时效过程中有的虽不出现 GP_{II} 区，但其形成的 GP 区结构却比较复杂，与基体共格关系引起的畸变也较严重。因此，这些合金的时效强化效果更为显著。

几种常见铝合金的时效过程及其析出的稳定相见表 4－5。

表 4－5　常见铝合金时效期间的稳定相

合金系	时效过渡阶段	稳定相
Al－Mg－Si	GP(Mg、Si 原子富集区)→β′	β(Mg_2Si)
Al－Cu－Mg	GP(Mg、Cu 原子富集区)→S′	S(Al_2CuMg)
Al－Mg－Zn	GP(Mg、Zn 原子富集区)→M′	M($MgZn_2$)

4.2.2.3　热处理工艺分类

铸造铝合金常用的热处理工艺分为退火、淬火和时效等，其一般规范如下：

（1）人工时效（T_1）。T_1 是指铸件无预先淬火的时效方法，即把铸件直接放在 150～180℃ 温度下保温数小时，常用来改善切削加工性和提高加工光洁度。由于铸件冷却较快，结晶为非平衡过程，使 α 固溶体不同程度处于过饱和状态。故经时效处理可引起合金的强化，提高其强度和硬度。

（2）退火（T_2）。目的是消除铸造应力。在较高温度（低于 400℃）保温一段时间，降低 α 固溶体的晶格畸变程度，使过饱和固溶体分解、新相析出和聚集，故可消除内应力，提高铸件的塑性。

（3）淬火（T_4）。将铸件缓慢均匀地加热到淬火温度，保温一段时间，然后淬入50～80℃的水（或其他冷却介质）中，目的是提高铸件的强度和塑性。

确定的淬火温度要保证合金最大限度地溶解析出相，使淬火后能获得高浓度过饱和固溶体。由于合适的淬火温度接近固相线或共晶温度，故必须严格控制淬火温度，淬火温度过高会引起过烧，过低则强化相不能充分溶解。

（4）淬火和不完全时效（T_5）。不完全时效的目的是获得足够高的强度，特别是高屈服强度和较高的塑性。

（5）淬火和完全时效（T_6）。完全时效可以使铸件的强度达到最大值，但塑性有所下降。

（6）淬火和稳定回火（T_7）。使铸件获得高强度，而且保证组织和体积稳定。

（7）淬火和软化回火（T_8）。使铸件强度有所降低，并获得较高塑性。具体的热处理规范见表4－6。

表4－6　铝合金的热处理制度

合金代号	热处理规范	淬火			回火		
		加热温度/℃	保温时间/h	冷却介质及温度/℃	加热温度/℃	保温时间/h	冷却介质
ZL101	T2				300±10	2～4	空冷或炉冷
	T4	535±5	2～6	水20～100			
	T5	535±5	2～6	水20～100	150±5	1～3	空气冷却
	T6	535±5	2～6	水80～100	200±5	2～5	空气冷却
	T7	535±5	2～6	水80～100	250±5	3～5	空气冷却
	T8	535±5	2～6	水20～100	350±5	3～5	空气冷却
ZL102	T2				300±10	2～4	空冷或炉冷
ZL103	T1				180±5	3～5	空气冷却
	T2				290±5	2～4	空气冷却
	T5	515±5	2～4	水20～100	175±5	3～5	空气冷却
	T7	515±5	5～6	水20～100	230±10	3～5	空气冷却
	T8	515±5	5～6	水20～100	330±5	3～5	空气冷却
ZL104	T1			水20～100	175±5	5～17	空气冷却
	T8	535±5	2～6	水20～100	175±5	10～15	空气冷却
ZL105	T1				180±5	5～10	空气冷却
	T5	525±5	3～5	水20～100	175±5	5～10	空气冷却
	T6	525±5	3～5	水20～100	200±10	3～5	空气冷却
	T7	525±5	3～5	水20～100	230±10	3～5	空气冷却
ZL106	T6						

4.2.3　铝合金的成分调整与配料

根据原铝的特点及对生产铝合金的要求，原铝及其合金的熔炼工艺与铝锭重熔的工艺既有相同之处，也有独特之处。其生产以液态原料为主，无大批量原料熔化过程。

从电解车间运入熔铸车间的铝液，在敞口抬包内捞净液面的浮渣后进行称量。根据化学分析结果按需要调整化学成分，进行合理配料。合理配料的重要性在于保证熔炼合金的化学成分，提高合金的质量，降低生产成本。例如，将牌号、成分及价格各异的原料铝搭配使用，可使合金大幅度降低成本。

由于电解槽中的液态铝温度很高，进入熔铸车间后，仍高达840~900℃，大大超过浇注温度，因而为了降低温度，可向铝液加入相同成分的固态铝，加入量可按式（4-2）计算：

$$m_{固} = \frac{m_{液}\ C_{液}(t_1 - t_2)}{C_{固}(t_{熔} - t_{固}) + Q_{潜} + C_{液}(t_2 - t_{熔})} \tag{4-2}$$

式中，$m_{固}$ 为降温用固态铝质量，kg；$m_{液}$ 为需降温的液态铝质量，kg；$C_{液}$ 为铝液的平均热容，约为1.0768J/(g·℃)；t_1 为铝液降温前温度，℃；t_2 为铝液降温后要求达到的温度,℃；$C_{固}$ 为固态铝0℃至熔点（657℃）的平均热容，约为1.0337J/(g·℃)；$t_{熔}$ 为铝的熔点,℃；$t_{固}$ 为固态铝加入铝液前的温度,℃；$Q_{潜}$ 为铝的凝固潜热，392.92J/g。

为了调整工业纯铝或原铝锭的品位，需要计算原铝的平均纯度。在电解铝液中的主要杂质是硅和铁，其余元素很少，可忽略不计。其含有杂质硅、铁铝合金的平均纯度计算方法如下：

$$C = \frac{\sum W_i F_i}{W} \tag{4-3}$$

式中，C 为平均纯度,%；W_i 为电解槽出铝量，kg；F_i 为铝液中的硅、铁含量的化学分析值,%；W 为装炉的总铝量，kg。

配料后从炉中取样进行化学分析，当化学成分分析值不能满足要求时，需按规定成分的中间值进行追加配料，计算方法同上。设原铝装炉量为 a，标准值为 b，成分分析值为 c，需补加中间合金量为 d，中间合金中的元素含量为 e，则需补加中间合金的质量 d 为：

$$d = \frac{a(b-c)}{e-b} \tag{4-4}$$

4.2.4 液态铝的精炼

由于液态原铝中的气体和非金属夹杂物较多，且气体和夹杂物对铝合金的性能有很大影响，因此，在原铝及合金的熔炼过程中必须进行严格的精炼处理，去除夹杂，提高合金的纯洁度。对铝液进行精炼的方法分为溶剂精炼、气体精炼及过滤精炼。过滤法主要是清除非金属夹杂物，气体精炼对除气最为有效。溶剂精炼和气体精炼产生的废气会污染环境，因此，可采用真空除气法。

4.2.4.1 氯化法

氯化的原理是把氯气通入铝液中，Cl_2 与一部分金属铝生成 $AlCl_3$。$AlCl_3$ 在183℃即可升华形成气泡，在气泡表面吸附悬浮于铝液中的氧化铝、氟化盐、碳酸铝及碳粒，同时溶于铝液中的氢等气体可扩散到气泡内。气泡到达铝液表面时破裂，并分离出非金属夹杂物和氢气。铝液中的金属杂质，如铀、钙、镁的氯化物生成自由能均大于铝（指每分子 Cl_2 而言），因此，可生成为氯化物，随同非金属杂质一起上浮。由于其余金属杂质和铁、硅、铜的氯化物生成自由能小于铝，因此仍留在铝内。

铝液在氯化处理期间除了生成 $AlCl_3$ 气体以外，还与液态铝中的原子态氢进行如下反应：

$$Cl_2 + 2[H] = 2HCl$$

因此，铝液中的原子态氢以 HCl 气体的形式排除至铝液表面。氯化之后，铝中的夹杂物以及生成的 NaCl、$CaCl_2$、$MgCl_2$ 等都浮于铝液表面，形成铝渣。其铝渣可用漏勺捞出。

铝的氯化反应始于100℃，并释放出大量热，形成氯化铝放出的热量是674.65kJ/mol。且铝的氯化强度随温度的提高而增加，因而应选择较低的氯化温度，以减少铝的损失量。

在熔铸车间设有专门的氯化室，氯化装置如图4－10所示。来自电解槽的铝液置入抬包内，经过降温和静置处理后捞净液面铝渣，然后送入氯化室进行氯化处理。关闭氯化室门后，启动排风机，以便排除氯化后的气体和残余氯气。氯化室顶部装有可上下移动的氯化管，氯化管由炭管或石英管，或内外涂有保护层的铸铁制作，管的内径为18～32mm。氯化管偏离旋转中心进行旋转运动，可提高氯化效果，所用氯气由装在钢瓶内的液体氯供给。钢瓶内的压力为2～3MPa，应用时减压至0.2～0.3MPa。氯化管下降到铝液表面时，打开氯气管开关，当管内充满氯气后，将氯化管慢慢插入距抬包底面100mm处，调节进气阀门，用气量以使铝液表面上泛起轻微的沸腾为度。气量过小会造成氯化管被铝堵塞，气量过大会使铝液溅出，甚至引起爆炸。氯化时，启动旋转装置使氯化管在抬包内往复运动。处理完毕，停止旋转，再提升氯化管出铝液表面，然后关闭供气阀门。

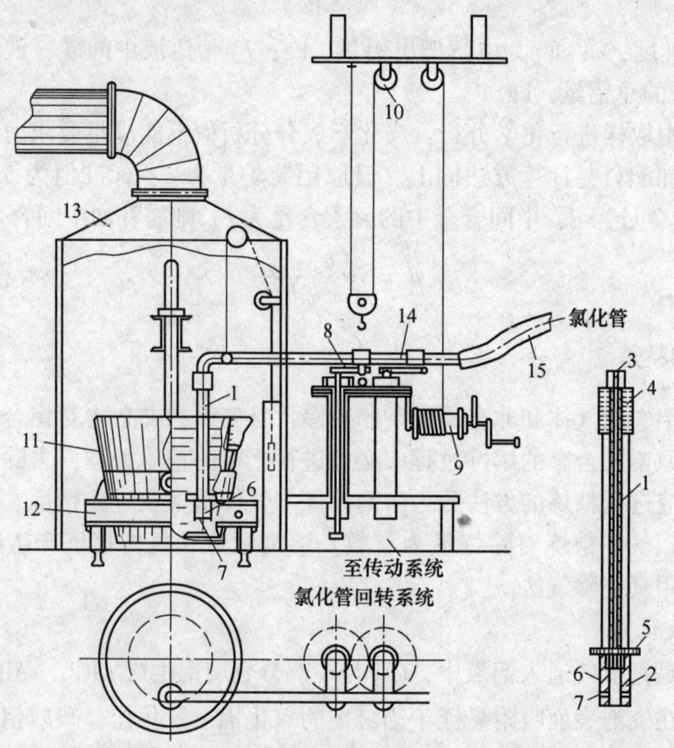

图4－10 铝的氯化装置

1—氯化用管；2—耐火黏土涂料；3—接头；4—石棉组成的填料；5—黏土圈；6—喷口；7—氯气出孔；8—回转机构；9—卷扬机；10—滑轮；11—铝液抬包；12—手推车；13—氯出口；14—钢管；15—软胶管

氯化温度、氯化时间和氯气用量是氯化工艺的3个重要参数，直接影响氯化效果。根据氯化效果、铝的损失量及铸造工艺的要求来确定氯化工艺。温度过高，氯的损失增大，除氢效果差；铝液温度低于700℃时，铝液黏度增大，杂质上浮困难，氯化效果不好。采用740～780℃较为合适。氯化时间以除去铝液中所含杂质达到要求为准则，并尽量减少铝的损失，一般为15min，氯气的用量为450～700g/t(Al)。这种条件下，铝的氯化损失为0.10%～0.20%。

氯化法的精炼效果很好，但对环境污染严重，现已停止使用。

4.2.4.2 溶剂与氮氯气体联合法

溶剂与氮氯气体联合法中的溶剂一般由碱金属或碱土金属卤素盐类的混合物构成。溶剂能将氧化物溶解于其中，溶剂溶解氧化物的能力取决于氧化物与溶剂的物理化学性质，其性质、成分及结构相近的物质，易于相互溶解。当某元素盐类的阳离子与所熔的金属相近，则该盐能溶解该类金属的氧化物，如冰晶石（Na_3AlF_6）是熔铝的最好溶剂，在（Na_3AlF_6）与 Al_2O_3 的共晶点（935℃）时可溶解 Al_2O_3 达18.5%。当NaCl与KCl共晶混合物中加入少量氟盐，可显著提高溶剂吸附氧化物的能力。由于溶剂提高了铝液界面的表面张力，可减少溶剂与铝液相互混杂的可能性，有利于在浇注前除去熔渣。

为了取得良好的精炼效果，对溶剂有如下要求：

(1) 与铝液不发生化学反应，也不相互溶解。

(2) 熔剂的熔点应低于熔炼温度，并有良好的流动性，以便在铝液表面形成连续的覆盖层。

(3) 应有良好的精炼能力，能很好地溶解氧化物，并能形成易于挥发的气体，溢出铝液。

(4) 熔剂密度与铝液应有明显的差别，使其易于上浮或下沉。

(5) 熔剂应有小的黏度，与铝液之间有大的表面张力，使其易于分离，以免互相混杂。

(6) 供应充足，经济便宜。

用于精炼的熔剂，其成分应混合均匀，并破碎成70～80mm的块状，以便在精炼过程中熔剂缓慢而均匀地溶解于铝液，提高精炼效果。用于覆盖的熔剂应粉碎成小于1.5mm的粒状。

工业纯铝和大多数铝合金熔炼时采用普通熔剂，亦称一号熔剂，其化学成分列于表4－7。

表4－7 普通溶剂的化学成分

组成物	KCl	NaCl	Na_3AlF_6	含水量
含量/%	40～50	25～35	18～26	<5

N_2-Cl_2 混合气体精炼法派生于氯气法，使用氮气的目的是减少氯化物和氯气对环境的污染。氯是活性元素，对铝液有良好的除气效果，因此将其与氮气混合使用可以提高精炼效果。氮氯含量的比例可根据需要进行调节，通常氮气占82%～90%，氯气占10%～18%。

在铝液中通入气体产生气泡，由于气泡中氢的分压力 $p_{H_2}=0$，因此，溶于铝液中的氢可不断进入气泡，直到气泡中的氢分压增加到与铝液的浓度达到平衡，即：符合 $w[H]=K\cdot\sqrt{p_{H_2}}$关系，气泡浮出铝液表面后，气泡中的氢进入大气，随气泡的连续溢出能不断除去溶解于铝液中的氢。气泡表面还会吸附氧化物夹杂，并随气泡排出。

为了得到较好的精炼效果，应将精炼器尽量插入熔池的深处，使气泡上浮的行程加长。通气时应使精炼器在铝液中缓慢地移动，以便熔池各处均有气泡通过。精炼器的结构简单，用钢管焊成丁字形，短小的横管上钻有许多小孔，以便形成许多较小的气泡，增加气泡的表面积，且其上浮速度较慢，因而可去除较多的杂质和气体。精炼器充气后再插入铝液中，通气及气量控制以铝液表面稍微沸腾为度。但通气量及速度过大会形成较大的气泡，很快上浮，并易引起铝液飞溅。

4.2.4.3　SNIF 法

SNIF 装置分为 T 型和 S 型，T 型 SNIF 装置如图 4－11 所示。T 型为双喷嘴，有两个处理室，S 型为单喷嘴，一个处理室（示意图略去），其技术指标列于表 4－8。

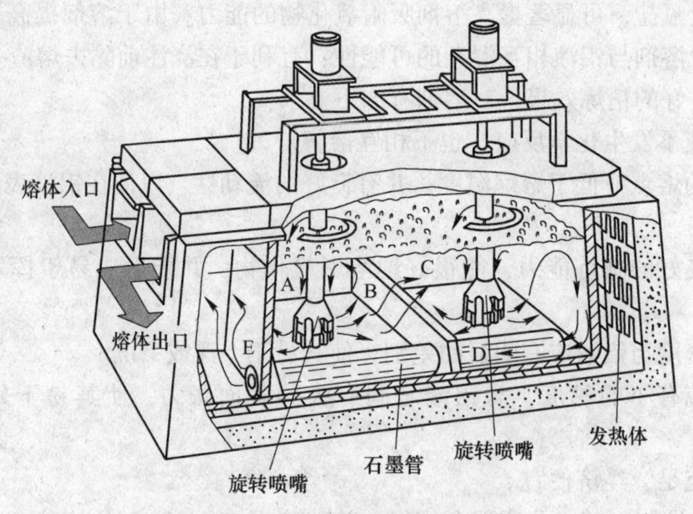

图 4－11　T 型 SNIF 装置简图

表 4－8　SNIF 装置的技术参数

技术特性		T 型	S 型	技术特性	T 型	S 型
炉子占地面积/mm × mm		1270 × 2540	2222 × 2500	冷却喷嘴用空气量/$m^3\cdot h^{-1}$	34	17
喷嘴数/个		2	1			
静态金属容量/kg		1453	772	惰性气体中氯含量/%	<5	<5
金属熔体流量/$t\cdot h^{-1}$		<36.3	<11.4	净化溶剂消耗量/$g\cdot t^{-1}$	<12.5	<12.5
加热炉子功率/kW		100	30			
氩或氮	$m^3\cdot h^{-1}$（铸造时）	17	8.5			
	$m^3\cdot h^{-1}$（平时）	3.1	2			

SNIF 装置的核心是旋转喷嘴，其结构如图 4－12 所示。旋转喷嘴的作用是把惰性气体喷成极微细的气泡，并使其均匀地分布于整个熔体中，强烈地搅拌熔体，并形成定向的液

流。喷嘴用石墨制作，浸在铝熔体中，用高压气流冷却。喷嘴的端头为叶轮状，精炼气体从喷嘴喷出，由于旋转叶轮的碰撞和剪切作用可形成极细的气泡，垂直向下的金属流使气泡均匀分散。喷嘴旋转的速度高（为400～500r/min），因此，可使气体形成极细的气泡。

净化炉密闭，内衬是石墨，在微正压下工作，以使熔体不与空气接触，既可避免炉子内衬及喷嘴氧化，又可使熔体不再度污染和吸氧，保持良好的净化条件。

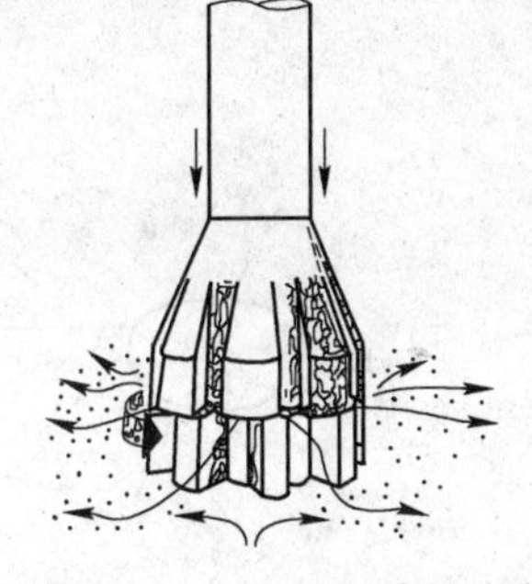

图4－12　SNIF法的旋转喷嘴

净化过程如图4－11所示，图中示出铝液的流向，铝液通过输送流槽，由保温炉流入SNIF装置的第一净化区A，第一个喷嘴对铝液进行强力净化。喷出的气体以极细的气泡弥散于铝液中，搅拌产生的涡流使气泡与铝之间产生极大的接触面积，为有效去除氢、使杂质颗粒浮于铝液表面创造有利条件。铝液流过隔板B，进入第二净化区C，接受第二个喷嘴的净化处理。最后，净化的铝液进入一个安装在炉底、开口在第二净化区后部的石墨管D，流入炉子前部的出料池E。出料池和炉子内部用碳化硅板隔开，并通过管D相连。隔板可缓冲铝液的涡流，并保持铝液面稳定。净化的铝液从出料池平稳流出，进入铸造用铝液分配盘，多余的惰性气体与排出的氢气汇集于炉子上部。净化过程形成的熔渣浮于铝液表面，旋转喷嘴在液面产生的循环流向把浮渣不停地推向铝液入口处，使之从入口处的上部排出，排出的方向与铝液的流向相反。

在SNIF法中，采用三种措施清除铝液中的氢、非金属杂质物和碱金属。用惰性气体强烈搅拌铝液来除氢与非金属杂质物，少量溶剂可用于从铝液中分离氧化物，氯气用来控制钠和锂。

SNIF法除氢及非金属杂质物的机理如下。

A　除氢机理

氢依靠物理脱溶进入惰性气泡而被除去。脱氢反应式为：

$$2[\mathrm{H}](溶解) \Longrightarrow \mathrm{H_2},溶解平衡向右进行$$

当向铝液喷射惰性气体时，形成的气泡热力学势能较高，新生气泡中的氢分压可视为零。为了达到平衡，铝液中的氢向气泡中扩散。惰性气泡在铝液上升过程中，沿途可不断吸附氢，如图4－13所示。脱溶的氢向惰性气泡的扩散速度主要取决于铝液温度和气泡上浮的动力学，即取决于气体与金属的接触面积。由于SNIF法能产生大量的微小气泡，强烈搅拌使气泡在铝液中的分布既弥散又均匀，大大增加了气泡与金属的接触面积，因此，可保证较好的动力学条件；由于炉子是密闭的，可防止再次吸氢，所以除氢效果好，仅次于真空除气法。

喷射的惰性气体流量取决于铝液中的最终氢溶解量，可用式（4－5）表示：

$$V = 0.0384(X_1 - X_2)\left(\frac{pK^2}{X_1X_2} - 1\right) \tag{4-5}$$

式中，V为氩气量，$\mathrm{m^3/t}$；p为气泡中的压力，MPa；K为溶解常数；X为溶解的氢，$\times10^{-4}\%$。

三种铝合金在700℃除氢处理时理论氩气流量与溶解氢量的关系如图4－14所示。

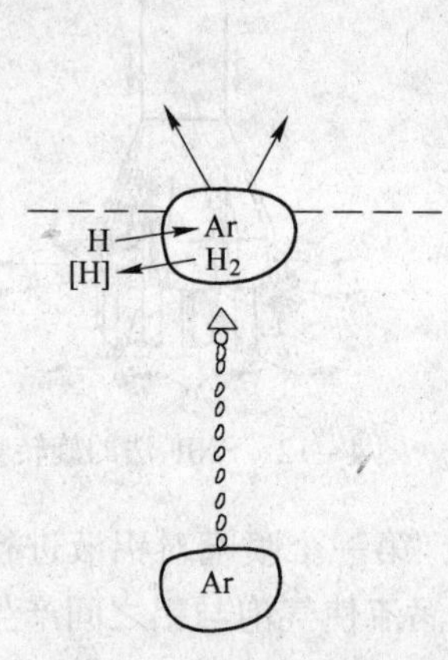

图 4-13　除氢示意图

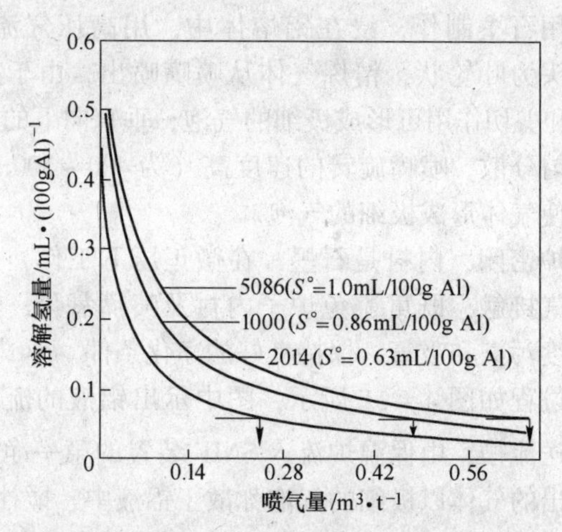

图 4-14　700℃时氩气用量与溶解氢量的关系

B　非金属杂质物去除机理

铝液中存在各种固态非金属杂质物，主要是金属氧化物。如果浇注时有足够的静置时间，部分夹杂物可通过上浮或下沉得以去除。

根据动力学原理，俘获体可俘获或“捕捉”液体中的固态细小质点，若俘获体远大于质点，则质点可漏过；为有效俘获细小质点，需要有弥散而均匀分布的小俘获体。在SNIF 法中，所产生的微小气泡是有效的金属氧化物俘获体，具有很高的“捕获”效果。SNIF 法在正常流量时的气泡尺寸一般为 10mm，对 1～10μm 质点的“捕获”效率为 20%～100%。

欲除掉微米级的质点，必须设法使粒子聚集长大。由于布朗运动，铝液中的小质点可自发地发生聚集长大，然而，铝液在净化炉中的停留时间较短，聚集速度不足以使其显著长大。SNIF 法通过强烈搅拌，产生涡流，并利用外加能量，可突破上述的流体力学极限，加快小质点的聚集速度，足以使小于 10μm 的质点聚集成大质点，便于气泡俘获体的“捕获”。

气泡“捕获”铝液中的固态质点，可用如下模型加以解释。

（1）惯性碰撞作用。惯性碰撞作用使气泡清除固态质点的模型如图 4-15 所示。假定熔体中的分散质点呈球形，其直径远小于气泡的直径，可被流线带走，当流线与气泡相遇时流线发生偏转（图中细线）；流线运动的细小质点不与气泡发生正面碰撞，而尺寸较大的颗粒则与气泡发生碰撞（如图中虚线所示），但并非所有大质点都能被气泡“捕获”。例如，若质点 α_1 与 α_2 的质量与速度相同，只有 α_2 与气泡相碰，被气泡“捕获”，α_1 则“流走”。在图中，凡在粗实线范围内的质点都有机会与气泡相撞，并被“捕获”而被清除。

（2）气泡周围“捕获”模型。小质点在气泡周围被“捕获”的模型如图 4-16 所示，由于小质点质量小，同上升气泡的碰撞机会小，它们完全顺流线而行，只有那些被流线带到气泡“赤道”处的质点，才能与气泡接触，被气泡捕获。周围俘获系数与气泡大小的关系，可用式（4-6）表示：

$$E = \left(1 + \frac{2\alpha}{r}\right)^2 - 1 \qquad (4-6)$$

式中，r 为气泡半径；α 为小质点半径。

计算表明，气泡尺寸为 1～10mm 时，凡直径大于 20μm 的质点可通过该机理被 10mm 的气泡清除。

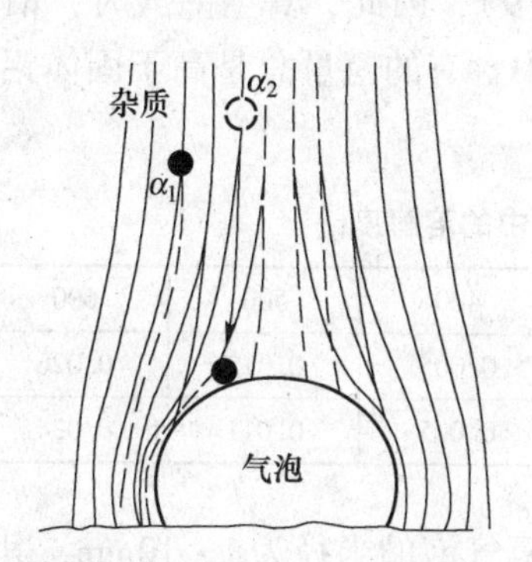

图 4－15　固体质点与气泡惯性碰撞，被气泡捕捉示意图

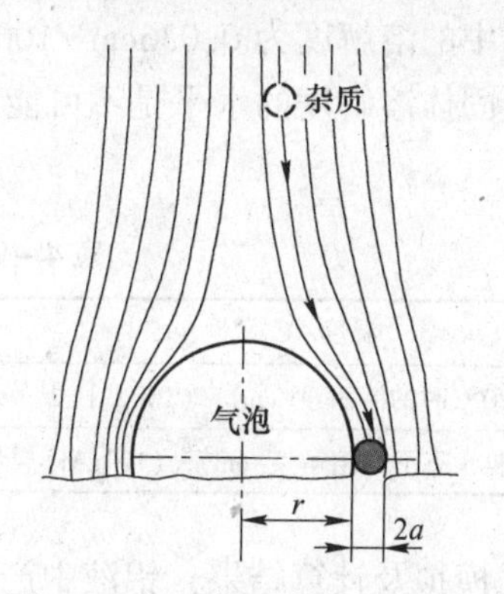

图 4－16　固体质点与气泡周围相接触而被捕捉示意图

SNIF 法强力搅拌产生的涡流可使小的质点迅速聚集，形成大的质点，从而能被气泡捕获，得以清除。除此之外，该法也具有较好的除氢效果。

SNIF 法清除铝液中固态夹杂物的范围，以及对清除质点尺寸的要求，如图 4－17 所示。

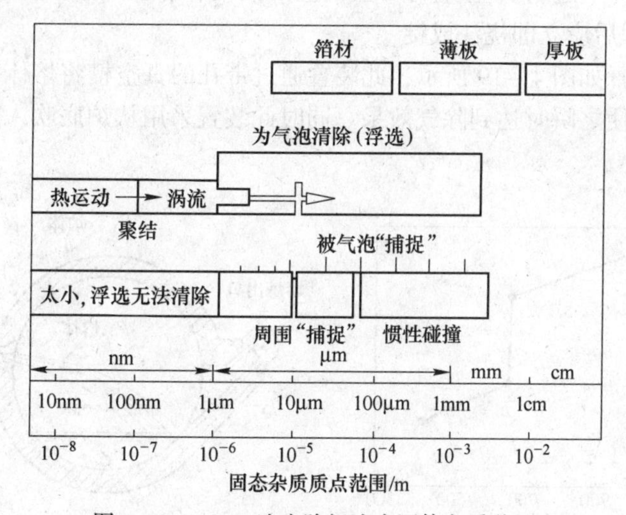

图 4－17　SNIF 法去除铝液中固体杂质范围

4.2.4.4　真空处理法

上述除气过程均为利用铝液中形成的气泡来实现，而真空除气则是“无气泡”的精炼方法。

真空处理是通过降低铝液表面的气体压力而除气的方法，压力降低可引起下列反应：

(1) $2[H] = H_2$；

(2) 固体夹杂物的漂浮。

降低铝液表面气体分压，可减小铝液内氢的溶解度，使氢气排出铝液而进行除气，吸附于氢气泡表面的非金属夹杂物随氢气泡上浮而得以清除。

当铝液表面的平衡压力等于101.3kPa(1013mbar)时，铝液中氢的溶解度与温度的关系如图4－18所示。可以看出，铝液凝固时氢在铝中的溶解度减小8/9。已知660℃时氢在固体铝中的溶解度为0.036cm^3/100g（见表4－9），因此，真空除气时，铝液中氢含量低于氢在固体溶解度的水平是不可能的，即铝液中含有的氢量总是高于固体铝中可能溶解的量。

表4－9　氢在固态铝中的溶解度

温度/℃	300	400	500	600	660
折合在20℃时的溶解度/$cm^3\cdot(100gAl)^{-1}$	0.001	0.005	0.012	0.026	0.036
折合在标准状态下的溶解度/$cm^3\cdot(100gAl)^{-1}$	0.001	0.005	0.011	0.024	0.034

根据模拟及计算结果，铝液中产生能够上浮氢气泡的半径为1～10mm，其在铝液中上浮移动的速度是0.22～0.65m/s。当熔池深度为0.5m时，在该速度下气泡上浮移动的时间应小于0.5s，但在实际生产中，真空除气的时间远大于铝液中气泡上浮所需要的时间。

真空度对铝液的除氢效率有重要的影响，且在真空度相同条件下，不同合金具有不同的除氢效果。为将铝液中的含氢量降到0.1cm^3/100g，纯铝所需的真空度是1.3×10^{-3}MPa，真空除气法在德国应用较多，在容量为20～25t的真空炉中，铝液在真空度低于0.66kPa条件下进行真空除气处理，包括抽气、静置及破真空在内的精炼时间为1～1.5h。真空处理后应立即浇注成锭。

真空除气的装置如图4－19所示，此装置通过带孔的真空槽将熔体以液滴状喷射到炉内的真空气氛中，使之瞬时达到除气效果。同时此装置采用从炉底吹入氩气或氮气的方法还可进行脱钠。

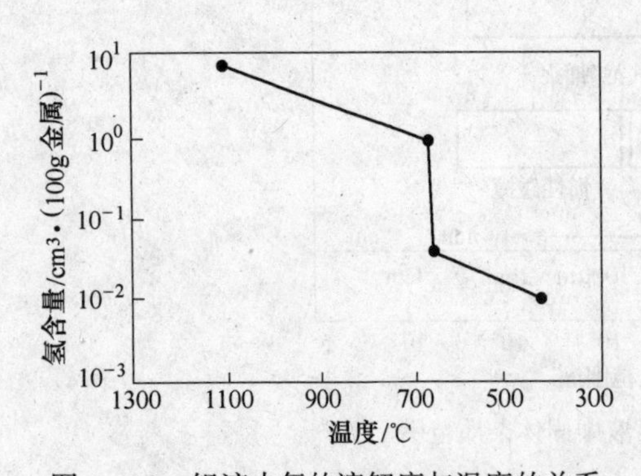

图4－18　铝液中氢的溶解度与温度的关系

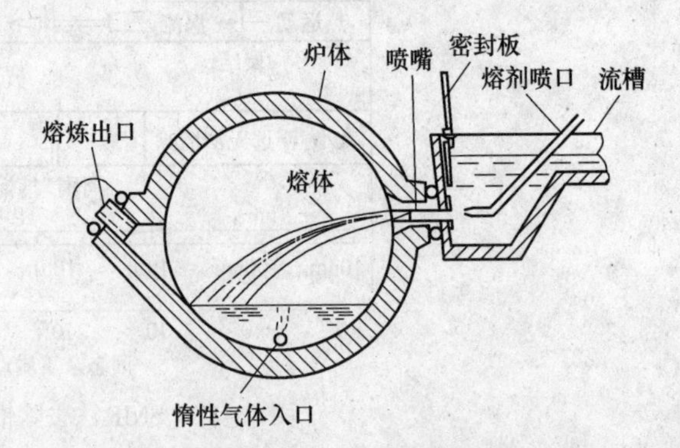

图4－19　真空除气炉

真空除气的最大优点是没有污染，但经炉内处理到浇注终了，铝液停留的时间较长。

4.2.5　晶粒细化

细化晶粒和细化枝晶网尺寸是提高铝合金强度的主要方法之一。晶粒细化程度主要取决于结晶核心数量的多少，枝晶网尺寸的细化程度主要取决于金属凝固时冷却强度的大小。

如果用液态铝直接生产铸锭，其铸锭的晶粒尺寸较大，而枝晶网间距尺寸较小。表明当用液态铝直接生产压力加工用锭坯时，需要对原铝进行细化晶粒处理。细化晶粒的方法很多，如将 Al－Ti 中间合金加入到液态原铝中，可提高结晶核心的数量，达到细化晶粒的效果。

4.2.5.1 中间合金细化剂

Al－Ti 和 Al－Ti－B 中间合金是铝合金最有效的晶粒细化剂，常用的中间合金细化剂为 Al－(3%～5%)Ti 和 Al－5%Ti－1%B，当使用前者作为晶粒细化剂时，一般加入的钛量为 0.005%～0.01%。

当采用 Al－Ti－B 中间合金作为晶粒细化剂时，其形核相主要是 $TiAl_3$ 和 TiB_2。中间合金的细化行为主要取决于这两种化合物的形态、尺寸和分布状态。$TiAl_3$ 化合物有片状、块状和花瓣状形态。含有块状 $TiAl_3$ 的中间合金细化作用快；含有片状 $TiAl_3$ 的中间合金细化作用慢，其持续时间较长；杆状 Al－Ti－B 合金中存在分布均匀的细小 TiB_2 颗粒和较大尺寸的 $TiAl_3$ 相。合金经晶粒细化处理及变形后，其针状 $TiAl_3$ 相沿变形的长轴方向分布，TiB_2 粒子的尺寸为 0.5～2μm，而针状（或杆状）与片状 $TiAl_3$ 相的尺寸较大，约 100μm。

在 730℃，采用 Al－5Ti－1B 细化剂对 99.7% 的工业纯铝进行细化晶粒处理可使晶粒明显细化，其晶粒尺寸由原来的 2000μm 减小到 500μm。但随保温时间不同，所得晶粒尺寸不同，试验证明，保温时间为 2～30min 时，细化晶粒效果最好，超过 30min 后，细化效果衰减。

保持时间也称为接触时间，是指细化剂加入熔体后至最佳细化效果的时间。杆状细化剂的接触时间一般为 10～15min，超过这一时间效果将衰减。块状 Al－Ti－B 合金的保温时间稍长。

中间合金中存在的硼化物，或硼化物与氧化物的结合物，是影响 Al－Ti－B 晶粒细化效果的重要因素。在 Ti/B 比值较高时，即含 B 较低的合金中，硼化物颗粒更为细小和分散，细化效果好，是国内外发展低 B－Al－Ti－B 晶粒细化剂的原因。

4.2.5.2 盐类细化剂

在铝合金生产中，晶粒细化剂又称为变质剂。由钠、钾组成的卤盐类是亚共晶和共晶型铝硅合金应用最广泛的变质剂，变质剂中 NaF 是主要成分，起变质作用的变质反应为：

$$3NaF + Al \longrightarrow AlF_3 + 3Na$$

反应生成的钠起到变质作用。由于 NaF 熔点高（992℃），为了降低变质处理的温度，以减少高温下铝液的氧化和吸气，在变质剂中加入 NaCl、KCl。NaCl、KCl 本身不参与变质反应，但与 NaF 组成混合盐可以降低熔点。此外，熔融态的变质剂在铝液表面可形成连续的覆盖层，故把 NaCl、KCl 称为助熔剂。

若在变质剂中加入一定量的冰晶石，对铝液有精炼作用。这种变质剂具有变质、覆盖、精炼的作用，称为“通用变质剂”。生产中，变质工序应在精炼之后、浇注之前进行，变质温度应高于浇注温度，而变质剂的熔点应介于变质温度和浇注温度之间，使变质剂在变质处理时处于液态，变质后即可进行浇注，以免停放时间过长，造成变质失效。此外，变质后的熔渣已很黏稠，可完全扒除，以避免把残留的熔剂浇入铸型中，形成熔剂夹渣。采用高温变质处理对变质反应有利，钠的回收率高、变质速度快、效果好，但容易发生铝液的氧化和吸气，降低坩埚的使用寿命。

变质时间的长短应视具体情况而定，变质温度高，铝液与变质剂接触好，所需变质时间可适当缩短。变质时间由两部分组成：（1）变质覆盖时间一般为10~15min；（2）压入时间一般采用2~3min。为了提高生产率可采用液态变质剂，省去覆盖时间，并改善变质剂与铝液的接触条件。

对于过共晶Al-Si合金中的初晶硅，通常采用含8%~12%P的磷铜（熔点为720~800℃）作为变质剂，其中8%P的效果较好，加入量为合金重量的1%。一般认为合金中最佳含磷量为0.001%~0.05%，变质温度在800~850℃为宜。

4.2.5.3　电磁搅拌细化晶粒处理

采用中间合金和盐类晶粒细化剂，都是引入外来晶核，因而都会不同程度地污染合金，在连铸连轧工艺中对铸轧液固相区的流体进行电磁搅拌处理也可达到细化晶粒的目的。

由于铝液中存在因不同频率电磁力产生的扰动波，又有因扰动速度存在相位差而形成的雷诺应力产生的振动波，还有因电子束在运动中引发的扰动波，因此，实际流体中存在由多种频率成分集成的扰动波。这种集成扰动波对流体中的流动场和运动速度产生影响，使流体中产生小振幅、多频率成分的脉动波。这种脉动波能够在铝液内产生搅拌作用，使流体由层流转换为湍流。这种搅拌、掺混的作用可增大铝液的内能，加之流体的冲击力可破碎界面两侧边部刚刚凝固的金属薄壳，因此，当合理控制电磁场中的频率、能量和工艺参数时，会使流体中形成小振幅、多频率的脉动扰动波，可有效抑制柱状晶的生长和提高合金细化晶粒的效果。

4.2.6　温度调整与控制

4.2.6.1　铝液的温度控制

铝电解槽中电解质的温度一般约为960℃，原铝液的温度约低于5~7℃，而铸造温度应在约700℃左右。因此，在熔炼过程中，必须调整铝液的温度。由于自然降温延时太长，一般采用加入废料或冷却料降低铝液温度。从950℃降低至700℃时，每千克铝约有271.7kJ的余热需要释放，因此，可以加入20%~25%的固态铝用于降温。

在整个熔炼和浇注过程中，采用电阻炉熔炼温度控制较为平稳，易于实现自动化控制。在装料之前，炉膛温度不低于700℃；装料后，首先测量铝液温度，不低于750℃进行一次精炼；当炉温降至730℃时扒渣，之后进行第二次精炼，精炼温度不低于浇注温度上限5℃。浇注温度依产品不同而异，纯铝的浇注温度为690~710℃。

4.2.6.2　铝液的静置与清炉

当铝合金的精炼处理在炉内进行时，精炼后铝液应在炉内静置一定时间。静置的目的在于：

（1）便于精炼载体上浮，将铝液中的气体和细小非金属夹杂物带出铝液去除。

（2）便于大块非金属夹杂物下沉至炉底。

静置的时间依熔池内铝液深度和产品质量要求经试验确定。通常铝熔炼炉和保温炉的铝液深度为800mm，若采用氯气精炼生产铝锭，且当第二次精炼采用炉外连续处理时，只在第一次精炼后静置，静置时间约1h。实验表明，当铝液表面氧化膜致密时，铝液在静置过程中吸氢非常慢。当铝液表面致密氧化膜被破坏时，随着大气中水分含量的增加吸氢急剧增加。

精炼后、静置前应扒除铝液表面浮渣，静置10min后取样分析氢含量。当生产电工用铝，采用 Al - B 中间合金进行硼化处理时，静置的一个目的是让硼与钛充分反应形成 TiB_2 颗粒沉于炉底。为了保证铸件的质量，通常每隔 7 ~ 10 天必须清炉一次。清炉时，将炉内剩余铝液从放渣口全部放净，将炉温慢慢升至 850℃并保温一定时间，使黏附于炉底和四壁的熔渣全部软化，然后用铁铲将炉墙和炉底的沉渣彻底清除，从炉门扒出炉外，直到炉墙和炉底露出耐火砖为止。

在生产过程中，每次熔铸后也要清炉，将炉墙、炉角的炉渣及余料液面的浮渣扒出炉外。

4.2.6.3 炉衬对熔体质量的影响

目前生产中使用的铝熔炼炉、保温炉和混合炉的内衬材料主要由耐火黏土砖或高铝砖砌筑而成。耐火黏土砖的成分主要是 SiO_2，其次是 Al_2O_3；高铝砖的主要成分是 Al_2O_3，其次是 SiO_2；镁砖的主要成分是 MgO，还有少量 CaO。

当熔炼炉采用耐火黏土砖做炉衬时，液态铝很容易与炉衬材料中的 SiO_2 发生反应，其反应式为：$4Al + 3SiO_2 = 2Al_2O_3 + 3Si$。反应后生成的硅和氧化铝进入铝液中，使铝中硅含量增加，污染铝熔体，同时也使炉衬受到腐蚀。采用高铝砖炉衬，铝中增硅速度很慢；用镁砖做内衬，铝中的化学成分基本不变。

各种耐火砖与铝液相互作用的研究表明，在 900℃保温 40h 后，镁砖与铝及铝合金液不发生反应；纯铝与含 97.21% Al_2O_3 的耐火砖反应极为微弱；耐火砖（$3Al_2O_3 \cdot 2SiO_2$）与铝的反应随着 Al_2O_3 含量增加而减小。铝液与炉衬耐火材料反应的结果不仅使铝的纯洁度降低，同时也使炉衬受到铝液的侵蚀。为了保证铝的质量、延长熔炼炉的使用寿命，普遍采用高铝砖炉衬，但高铝砖中 Al_2O_3 最高含量不超过 75%。

在分析铝合金熔炼炉、静置炉衬的使用寿命时，根据使用后炉衬的区域组织分为工作区、过渡区和变化微小区。工作区与变化微小区的线膨胀系数显著不同，从而造成内应力，降低砖的热稳定性。因为在含有氧化硅相的黏土砖中氧化硅按下述反应被还原：

$$3SiO_2 + 4Al = 3Si + 2Al_2O_3 \quad (4-7)$$

$$3(3Al_2O_3 \cdot 2SiO_2) + 8Al = 6Si + 13Al_2O_3 \quad (4-8)$$

因此，工作区中原有组织全部或部分被消除，代之以高耐热性的新生物质：刚玉、尖晶石和硅。沿工作区可形成平行于表面的裂纹，并逐渐被损坏。当炉底砖区产生裂纹时，在铝液静压力作用下合金熔体极易沿此微裂纹渗入砖内，加速反应式（4 - 7）和式（4 - 8）的进行，形成吸收金属约 16% 的厚工作区。改用大于 98% Al_2O_3 的刚玉砖作炉底和炉衬后，使用 2 年未发现刚玉砖发生明显的变化。

混合炉常用黏土砖砌筑，黏土耐火砖的主要成分是莫来石（$3Al_2O_3 \cdot 2SiO_2$）和方石英（SiO_2），它同熔融铝会发生式（4 - 7）和式（4 - 8）反应。砌筑黏土火泥主要成分是高岭土（$Al_2O_3 \cdot 2SiO_2$），它与熔融铝除了发生式（4 - 7）和式（4 - 8）反应外，还可能发生下列反应：

$$3(Al_2O_3 \cdot 2SiO_2) + 8Al = 6Si + 7Al_2O_3 \quad (4-9)$$

反应结果会导致结晶硅污染铝熔体，并在炉壁结瘤。不同的耐火材料，按其氧化铝含量和相应二氧化硅含量降低的顺序为：黏土→莫来石 - 硅石→莫来石→莫来石 - 刚玉→刚玉。如果黏土耐火材料中二氧化硅含量为 45% ~ 65%，则刚玉中二氧化硅不超过 1% ~ 8%，通常认为，刚玉可有效消除炉衬中的结晶硅。由于刚玉的成本较高，从经济的观点考虑，在熔炼炉的炉底内衬使用刚玉，而炉顶和熔池以上的炉壁可用纤维耐火材料砌筑。

4.2.7 铝合金熔炼工艺

4.2.7.1 铝－硅合金熔炼工艺

铝硅类合金熔炼时吸气倾向很大，熔炼过程中每道工序都应严格注意，下面以 ZL104 合金熔炼工艺为例，说明工艺要点。

（1）坩埚要预热到暗红色，炉料预热到 300～400℃，镁锭要在 680～700℃时迅速压入合金熔液中，利用氧化铝薄膜保护铝液，所以不要过分搅动，以免破坏保护膜。

（2）使用0.4%～0.6%的 C_2Cl_6 精炼，精炼温度控制在 730～740℃为宜。

（3）用四元变质剂（50% NaCl、10% KCl、30% NaF、10% Na_3AlF_6）进行变质处理，用量为1.0%～1.5%，变质前要清渣，变质后需静置 5～10min，然后再清渣浇注。

（4）浇注温度一般为 690～730℃，浇注厚大件要在压力下结晶。

4.2.7.2 铝－铜合金熔炼工艺

铝－铜类合金在熔炼过程中吸气和氧化倾向相对较低，且不需变质处理，故熔炼过程容易控制。下面以 ZL201 合金熔炼工艺为例，说明工艺要点。

（1）坩埚、炉料要预热。

（2）加料顺序：2/3 铝锭、铝－锰中间合金、2/3 铝－钛中间合金、1/3 铝锭，熔化后加铝－铜中间合金，升温到 700～740℃加入余下的 1/3 铝－钛中间合金，并仔细搅拌。

（3）精炼。清渣后，在 700～730℃时把 0.4%～0.5% C_2Cl_6 分批加入，精炼 5～15min，注意搅拌，静置后浇注。

（4）浇注温度一般为 690～730℃。

4.2.7.3 铝－镁合金熔炼工艺

铝镁类合金在高温下有强烈的氧化和吸气倾向。含镁合金氧化膜不能起保护作用，所以铝镁合金要在覆盖剂保护下熔炼，有时为了减少合金氧化，要加入 0.05%～0.07%的铍，由于铍能使晶粒粗大，同时还必须加入0.05%～0.07%的钛用来细化晶粒。要尽量缩短熔炼时间和避免高温。下面以 ZL301 合金熔炼为例，说明工艺要点。

（1）预热坩埚，加铝熔化。

（2）升温到 700℃时加覆盖剂（80%光卤石＋20%氟化钙）1%～2%。

（3）在覆盖剂下压入镁锭或铝镁中间合金。

（4）用 $MnCl_2$ 精炼，用量为 0.1%～0.15%。

（5）浇注温度一般为 670～680℃，为避免氧化，浇注时在合金液表面撒硫黄与硼酸混合物。

4.3 镁合金及其熔炼

4.3.1 镁合金的组织与性能

4.3.1.1 镁合金的特点

A 纯镁的性质

纯镁的比重小，只有 $1.74g/cm^3$，是结构金属材料中最轻的一种。镁具有密排六方晶体，其塑性变形能力小于铝（铸态合金的伸长率 $\delta=8\%$，而纯铝可达49%），纯镁的强度很低，铸态抗拉强度仅 $115N/mm^2$，故不宜用作结构材料。

镁在工业金属中是电化学顺序最后的一个金属，因此，具有很高的化学活泼性，在室温其表面能与空气中的氧发生反应，形成氧化镁薄膜。由于氧化镁薄膜性质很脆，不如氧化铝薄膜致密，故其耐蚀性差。纯镁的熔点为649℃，纯镁极易氧化甚至燃烧，故熔铸技术比较复杂。

由于工业纯镁力学性能低，耐热、耐蚀性差，因此极少使用纯镁铸件。工业纯镁主要用于配制镁合金及其他合金。工业纯镁的规格见表4-10。

表4-10　工业纯镁的牌号及规格

牌　号	代号	镁的最低含量/%	杂质含量/%（不大于）					
			Fe	Si	Ni	Cr	Al	Cl
1号工业纯镁	M1	99.95	0.02	0.01		0.005	0.01	0.003
2号工业纯镁	M2	99.92	0.04	0.01	0.001	0.01	0.02	0.005
3号工业纯镁	M3	99.85	0.05	0.03	0.002	0.02	0.05	0.005

B　镁合金中各元素的作用

镁合金中常加入的合金元素有铝、锌、锰、锆、稀土等。

铝：铝在固态镁中溶解度较大，其最大溶解度为12.7%，室温为2%左右，如图4-20所示，因此，镁合金的强化原理与铝合金相同，亦可采用淬火加时效（回火）的热处理方法来提高力学性能。在铸造镁合金中，铝含量一般为1.5%~9%。

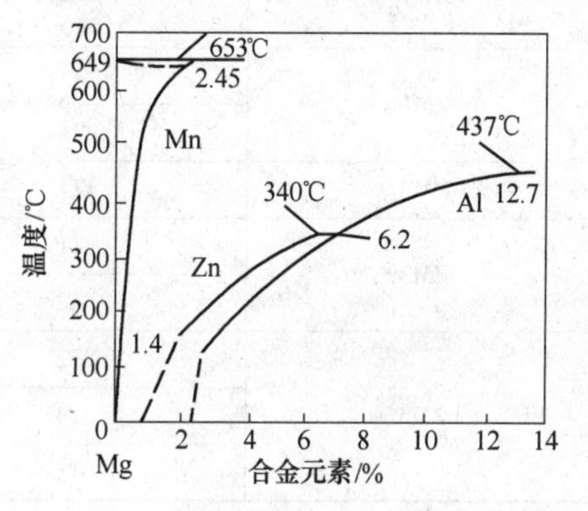

图4-20　Mg-Al、Mg-Zn、Mg-Mn系的固溶度曲线

锌：锌在镁中的最大溶解度为6.2%，其溶解度随温度降低而减小，因此镁-锌合金也能用淬火加时效的方法进行强化。锌是镁合金中常用的合金元素，在铸造镁合金中Zn含量一般不超过6%。

锰：在镁中加入锰，对力学性能影响不大。镁合金中加入1%~2.5%的锰，其主要目的是提高合金的耐蚀性和耐热性。

锆：加锆可以细化晶粒，并明显提高合金的耐热性和耐蚀性，并可改善合金的铸造性能。在镁合金中加入钍（Th）对提高合金的力学性能有一定的作用。

C　铸造镁合金的牌号、组织与性能

常用的铸造镁合金的牌号规格见表4-11，各牌号镁合金的力学性能见表4-12。

镁-铝-锌系合金应用较早。ZM5具有较高的力学性能和良好的铸造性能，因此使用较广，主要用来制造形状复杂的大型铸件和受力较大的飞机及发动机零件。ZM5合金的金相组织如图4-21所示，该合金的铸态组织结构是由富Al的α-Mg基体和弥散分布的细小 $Mg_{17}Al_{12}$ 析出相组成，如图4-21(a)所示，而图4-21(b)为该合金经固溶处理后的组织形貌。比较图4-21(a)和图4-21(b)可以看出，铸态合金中 $Mg_{17}Al_{12}$ 相数量较多、尺寸较大，而经过420℃保温16h固溶处理后，合金中的析出相数量及尺寸明显减少，表明固溶处理期间$Mg_{17}Al_{12}$相可溶入α－Mg基体中，形成过饱和固溶体。

表4－11　各种铸造镁合金的主要成分（质量分数）　（%）

合金牌号	基本组成							
	Al	Zn	Mn	RE	Nd	溶解锆	总锆量	Mg
ZM1		3.5～5.5				≥0.5	0.5～1.0	余量
ZM2		3.5～5.0		0.75～1.75		≥0.5	0.5～1.0	余量
ZM3		0.2～0.7		2.5～4.0		≥0.4	0.4～1.0	余量
ZM4		2.0～3.0		2.5～4.0		≥0.5	0.5～1.0	余量
ZM5	7.5～9.0	0.2～0.8	0.15～0.5					余量
ZM6		0.2～0.7			2.0～2.8	≥0.4	0.4～1.0	余量
ZM10	9.0～10.2	0.6～1.2	0.1～0.5					余量

表4－12　各种铸造镁合金的力学性能

合金牌号	热处理方法	机械性能（不小于）	
		σ/N·mm^{-2}	δ/%
ZM1	T1	240	5.0
	T6	260	6.0
ZM2	T1	190	2.5
ZM3	T1	120	1.5
	T2	100	1.5
ZM5	T2	150	2.0
	T4	230	5.0
	T6	240	2.0

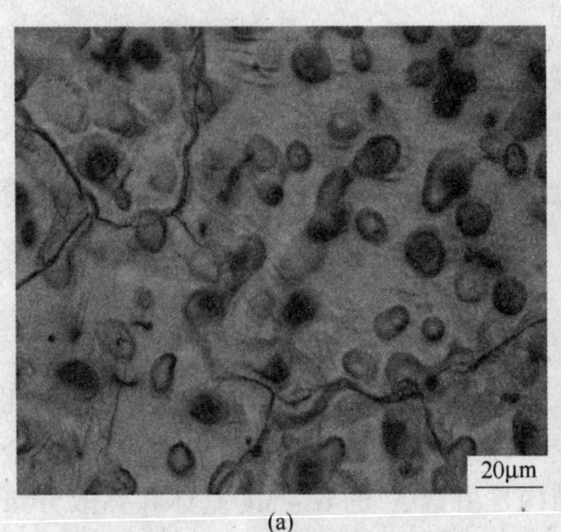

(a)

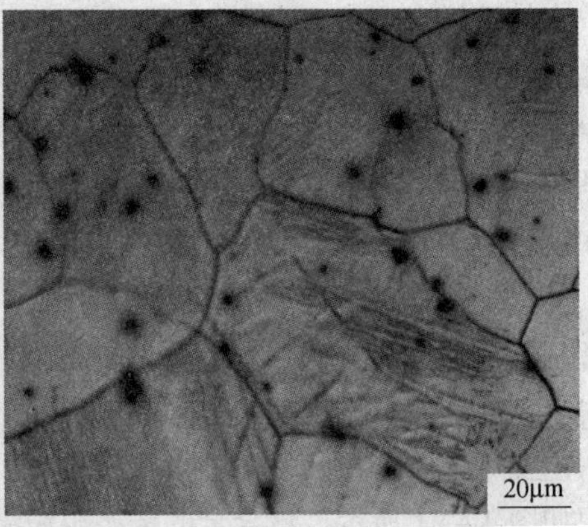

(b)

图4－21　不同处理状态AM5合金的组织形貌

（a）铸态；（b）固溶态

镁－锌－锆系合金是近期得到发展的高强度镁合金，其特点是在室温下有较高的强度，特别是屈服强度很高，常用的镁－锌－锆系合金的牌号为 ZM1 和 ZM2。ZM1 的主要特点是强度高，其屈服强度在现有铸造镁合金中最高，而且壁厚变化的影响小，它主要用在航空工业中制造要求强度高、受冲击载荷大的零件。ZM1 主要缺点是铸造性能较差，形成显微缩松与热裂的倾向大，故应用不如 ZM5 广泛，为了改善铸造性能，在 ZM1 合金的基础上加入了 0.7% ~17% Ce，制成 ZM2 合金。

ZM2 合金的组织为 Mg 固溶体及沿晶界析出的 MgZn 化合物。因在共晶温度（340℃），Zn 在 Mg 固溶体中的溶解度为 6.2%，故在含锌量小于 6% 的合金组织中无共晶体析出。锆主要集中于晶粒内部，中心浓度高，由中心向外浓度较低。试片侵蚀后偏析区出现明显的套圈状花纹。ZM2 不但铸造性能有所提高，而且使合金的耐热性有所提高，故 ZM2 可用于航空工业中制造工作温度较高的零件（200℃以下）。但 ZM2 合金的常温力学性能低于 ZM1。

ZM3 合金是镁－稀土－锆－锌系合金，二元镁－稀土合金虽耐热性较高，但力学性能很低。为了提高室温强度常加入少量的锆和锌。ZM3 具有良好的铸造性能，气密性好，但力学性能仍然不高，故 ZM3 主要用于制造在 250℃以下工作的高气密性零件。

4.3.1.2 镁合金熔炼特点

镁合金的熔点不高，比热容较小，活性高，易氧化烧损。镁在空气中加热时氧化快，在过热时易燃烧，在熔融状态无熔剂保护时会猛烈燃烧。因此，镁合金在熔铸过程中必须始终在熔剂或保护气氛下进行。镁合金的熔铸质量很大程度上取决于熔剂的质量和熔体保护的程度。镁氧化时释放出大量的热，镁的导热性较差，MgO 疏松多孔，无保护作用，因而镁发生氧化区域的熔体易于局部过热，且会促进镁的氧化燃烧。镁合金除强烈氧化外，遇水还会剧烈地水解而引起爆炸，还能与氮形成氮化镁夹杂。氢能大量溶于镁中，在熔炼温度不超过 900℃时吸氢能力增加不大，铸锭凝固时氢会大量析出，使铸锭产生气孔并促进缩松。多数合金元素的熔点和密度均比镁高，易于产生密度偏析，故一次熔炼难于得到成分均匀的镁合金锭。为防止合金污染，熔炼镁合金时不宜用一般硅砖作炉衬。由于镁合金对杂质很敏感，如镍、铍含量分别超过 0.03% 及 0.01% 时铸锭易热裂，并降低耐蚀性。

镁合金熔炼对熔剂有严格要求，要有较大的密度和适当的黏度，能很好地润湿炉衬。在熔炼过程中熔剂会不断下沉，因而要陆续添加新熔剂，使其覆盖整个熔池，而不冒火燃烧。当局部区域发生氧化燃烧时，应及时覆盖熔剂灭火。用 Ar、Cl_2、CCl_4 去气精炼时，吹气时间不宜过长，否则会粗化晶粒。用氮气吹炼时可能形成氮化镁，因此，吹炼温度不宜过高。镁合金的流动性较差，故应稍提高浇注温度。但浇注温度过高会使合金形成缩松的倾向增大，极易产生漏镁和中心热裂；浇注温度和浇注速度过低，则易形成冷隔、气孔和粗大金属间化合物等。此外，由于镁合金密度小、黏度大，一些溶解度小而密度较大的元素不易完全溶解，常随熔剂沉于炉底，或随熔剂悬浮于熔体中成为夹杂，因此，镁合金中常出现金属夹杂、熔剂夹渣及氧化物夹渣。

镁合金在熔炼浇铸过程中容易发生剧烈氧化燃烧。实践证明，当熔炼升温达 400℃，通氩气保护熔化后，通 SF_6 和氩气的混合气体保护能有效防止镁合金的氧化燃烧，得到优质熔体。熔剂保护法和 SF_6、SO_2、CO_2、氩气等气体保护法虽然行之有效，但 SF_6、SO_2 等气体在应用中会严重污染环境，并使合金性能降低，设备投资增大。

纯镁中加钙能大大提高镁液的抗氧化燃烧能力，但是添加大量钙会降低室温力学性能和焊接性能。铍可以阻止镁合金进一步氧化，但是铍含量过高，会引起晶粒粗化和热裂倾向增大。有文献报道，添加钙可提高镁及镁合金的抗氧化性能，纯镁中加入3%钙可使合金着火点提高250℃。最近，国内已开发出一种阻燃性及力学性能良好的轿车用阻燃镁合金，成功进行了轿车变速箱壳盖的工业试验，并生产出手机壳体、MP3壳体等电子产品外壳。试验表明，阻燃镁合金在熔炼和浇注过程中可以不使用熔剂和气体保护，故可大大减少熔剂夹杂和环境污染。

镁合金的熔炼特点归纳如下：

(1) 熔体易氧化燃烧，在大气中熔炼必须严密保护，熔剂和惰性气体保护是行之有效的方法。

(2) 在熔体中加铍时可使 MgO 膜变得致密，对熔体也有一定的保护作用。

(3) 溶解度小、密度大、熔点高的合金元素易于出现密度偏析或形成金属夹杂。

(4) 浇注时要防止熔体泄漏，浇注工艺较复杂，须严守安全操作规程。

(5) 镁合金铸锭易产生晶粒粗大、热裂、缩松和气孔等缺陷，必须细化晶粒，改善合金性能。

在各种工程应用合金中，镁合金质量最轻，它的比强度高于铝合金，因此镁合金在航空和宇航工业中得到广泛应用。近年来，镁合金在民用工业（如仪表、工具）中也开始得到推广使用。

4.3.2 炉料及原材料

在镁合金及其部件的制备工艺中，合金熔炼是重要的环节，它影响合金熔炼的质量，进而影响产品的最终性能。影响镁合金熔体质量的因素很多，主要有原材料的品质、使用的熔剂、熔炼方法和装置等。同时，与其他金属相比，镁的化学性质比较活泼，在液态下极易与氧、氮、水等发生化学反应，氧化及烧损严重，镁及镁合金的耐蚀性能对杂质元素，如 Fe、Ni、Cu 等非常敏感，从而镁合金的熔炼工艺又有许多自身的特点。因此，必须重视镁合金的熔炼工艺，否则不仅会降低熔体质量（包括合金的纯净度、成分均匀性和准确性），甚至还会发生危险。

4.3.2.1 原材料与回炉料

用于配制镁合金的金属原材料应符合各种技术标准的要求，见表4－13。各种牌号镁合金的回炉料都可以作为炉料的组成部分，回炉料的分级、用量和用法见表4－14。

表4－13 金属原材料及其要求

名 称	技术标准	技 术 要 求	用 途
镁锭	GB 3499	$w(\mathrm{Mg}) \geqslant 99.9\%$（二级）	配制合金
铝锭	GB 1196	$w(\mathrm{Al}) \geqslant 99.5\%$（一级）	配制合金
锌锭	GB 470	$w(\mathrm{Zn}) \geqslant 99.9\%$	配制合金
铝锰中间合金	HB 5371—87	AlMn10（Mn 9%～11%）	配制合金
铍氟酸钠			防止熔体氧化
镁锆中间合金	Q/6S93—80	$w(\mathrm{Zr}) \geqslant 25\%$	变质剂

续表 4－13

名 称	技术标准	技 术 要 求	用 途
混合稀土金属	GB 4153	RE（其中含 w(Ce) 45%以上）	配制 ZM4 合金
镁钕中间合金	HUAC，H－37－90（厂标）	MgNd－35 RE(30%～40%)Nd/RE≥825%	配制 ZM6 合金
		MgNd－25 RE(20%～30%)Nd/RE≥825%	
铝铍中间合金	HB 5371—87	Al－Be 合金（其中 Be 2%～4%）	防止熔体氧化
铝镁铍中间合金		Be(2%～4%)Al(62%～65%)	防止熔体氧化
铝镁锰中间合金		Mn(9%～11%)Al(60%～70%)	配制合金

预备入炉的炉料必须洁净、干燥，没有油、氧化物、沙土和锈蚀的污染，并且不能混有异种金属。如果炉料中含有尘土或氧化物，则应该单独提炼并铸锭，以便回收使用。生产多种牌号的镁合金铸件时，不同的合金，特别是含锆镁合金与含铝镁合金的回炉料不能混淆。

表 4－14 镁合金回炉料的分级和应用方法

级别	组 成	应 用 方 法
一级	废铸件、干净的冒口和剩余合金液的浇铸件	不需要重熔，清理、吹砂后可直接用于配制合金，用量为炉料总量的 20%～80%
二级	锈蚀铸件、小冒口、过滤网后的浇道	经吹砂或重熔成铸锭，并经化学分析后可用于配制合金，但用量不超过炉料总量的 40%
三级	经重熔的浇口杯料、坩埚底料、过滤网前浇道以及溅出屑、镁屑重熔锭等	重熔成铸锭并经化学分析后可用于配制合金，但用量不得超过炉料总量的 10%

注：同时使用一级和二级回炉料时，用量总和不超过炉料总质量的 80%，同时使用二级和三级回炉料时，用量总和不超过炉料总质量的 40%。

4.3.2.2 镁合金用工艺材料

由于镁及镁合金在熔炼过程中容易氧化，并烧损严重，需要用覆盖剂保护熔体。同时，镁合金熔体中的氧化夹杂、熔剂夹渣和气体溶解度均高于铝合金，因此需要进行净化处理。此外，在转移镁合金熔体及浇注过程中，各种工具也需要进行洗涤和防护。因此，需要大量的工艺用辅助材料，其辅助材料的主要成分和技术要求见表 4－15。

表 4－15 熔炼铸造镁合金用工艺材料的主要成分及其要求

名 称	技术标准	技 术 要 求	用 途
轻质碳酸钠	GB 4794	$w(CaCO_3+MgCO_3)\geq 95\%$，水分≤2%	变质剂
菱镁矿	厂标	$w(Mg)\geq 45\%$，$w(SiO_2)\leq 1.5\%$	变质剂
六氯乙烷	ZBG 16007	$w(Fe)\leq 0.06\%$，灰分≤0.04% $w(H_2O)\leq 0.05\%$，醇中不溶物≤0.15%	精炼剂
氯化镁	GB 672		配制熔剂及洗涤剂
氯化钾	GB 646		配制熔剂及洗涤剂
氯化钠	GB 1266	优级	配制熔剂

续表 4－15

名　称	技术标准	技术要求	用　途
氯化钡	GB 652		配制熔剂
氯化钙	HGB 3208	无水一级	配制熔剂
氟化钙	YB 326		配制熔剂
光卤石	Q/HG 1—021		配制熔剂
钡溶剂（RJ－1）	Q/HG 1—620		配制熔剂及洗涤剂
硫黄粉	GB 2449	$w(S) \geqslant 99\%$，过 100 目筛	配制防护剂
硼酸	GB 538	二级	配制防护剂

4.3.2.3　熔剂

为防止镁合金熔体氧化、燃烧，一般采用在熔剂保护下熔炼。溶剂的作用主要有以下两个方面。

（1）覆盖作用。熔融的熔剂借助于表面张力的作用在镁熔体表面形成一层连续、完整的覆盖层，隔绝空气和水气，防止镁的氧化，或抑制镁的燃烧。

（2）精炼作用。熔融的熔剂对夹杂物具有良好的润湿、吸附能力，并利用熔剂与金属熔体的密度差，把金属夹杂物随同熔剂自熔体中排除。因此，熔剂通常分为覆盖剂和精炼剂两大类。

根据上述作用，熔剂应当具有如下性质：（1）熔点低于纯镁和镁合金。（2）有足够高的液体流动性和表面张力。（3）具有一定的黏滞性。（4）与坩埚壁和炉体润湿性良好。（5）有精炼能力。（6）在 973～1073K 时熔剂的密度高于镁合金。（7）与镁合金和炉壁不会发生化学反应。

同时，熔剂材料必须满足以下要求：

（1）能够减少或防止熔体表面的氧化或燃烧。

（2）熔剂与熔体容易分离，能够有效去除熔体中的夹杂物，如氧化物、氮化物等。

（3）不含对熔体有害的夹杂物和夹杂元素。

（4）对环境无污染，原材料损耗低。

（5）原料来源广，价格低廉，不会明显增加合金的生产成本。

目前广泛采用的熔剂基本是碱土金属、氯化物和氟化物的混合盐类。常用熔剂的化学成分和应用见表 4－16，熔剂的配料成分见表 4－17，配制工艺见表 4－18。

表 4－16　常用溶剂的化学成分（质量分数）**和应用**（HB/Z 5123—79）　　（%）

牌号	主要成分/%						杂质/%				应　用
	$MgCl_2$	KCl	$BaCl_2$	CaF_2	MgO	$CaCl_2$	NaCl + $CaCl_2$	不溶物	MgO	H_2O	
光卤石	44～52	36～46					7	1.5	2	2	洗涤熔炼及浇注工具，配制其他熔剂
RJ－1	40～46	34～40	5.5～8.5				8	1.5	1.5	2	洗涤熔炼及浇注工具，镁屑重熔用熔剂

续表 4-16

牌号	主要成分/%						杂质/%				应用
	$MgCl_2$	KCl	$BaCl_2$	CaF_2	MgO	$CaCl_2$	NaCl + $CaCl_2$	不溶物	MgO	H_2O	
RJ-2	38~46	32~40	5~8	3~5			8	1.5	1.5	3	熔炼 ZM5、ZM10 合金用作覆盖剂和精炼剂
RJ-3	34~40	25~36		15~20	7~10		8	1.5		3	有挡板坩埚熔炼 ZM5、ZM10 合金时用作覆盖剂
RJ-4	32~38	32~36	12~16	8~10			8	1.5	1.5	3	ZM1 合金精炼和覆盖剂
RJ-5	24~30	20~26	28~31	13~15			8	1.5	1.5	2	ZM1、ZM2、ZM3、ZM4 和 ZM6 合金覆盖和精炼剂
RJ-6		54~56	14~16	1.5~2.5		27~29	8	1.5	1.5	2	ZM3、ZM4 和 ZM6 合金精炼剂

表 4-17 溶剂的配料成分（质量分数） （%）

牌号	光卤石	RJ-1	$BaCl_2$	KCl	CaF_2	$CaCl_2$	MgO
RJ-1	93		7				
RJ-2	88		7		5		
	—	95			5		
RJ-3	75				17.5		7.5
RJ-4	76		15		9		
	—	82	9		9		
RJ-5	56		30		14		
	—	60	26		14		
RJ-6	—		15	55	2	28	

注：1. 配料成分分上下两格时，上格表示使用光卤石的配比，下格表示使用 RJ-1 熔剂的配比。

2. $BaCl_2$、$CaCl_2$ 的水分超过 5% 时，应在 393~423K 下烘干。光卤石和 RJ-1 熔剂的水分超过 3% 时，在磨碎前必须重熔。

表 4-18 溶剂的配制工艺

牌号	配制方法	备注
光卤石	将光卤石装入坩埚，升温至 1023~1073K，备用	定时清理坩埚底部熔渣并补充新料
RJ-1	按表 4-16 配料，装入坩埚，升温至 1023~1073K，保持至沸腾时停止，搅拌均匀，浇注成块	冷却后装入密闭容器中备用，RJ-1 由熔剂厂供应
RJ-2	将 RJ-1 熔剂和 CaF_2 装入球磨机中混磨成粉状，用 20~40 目筛过筛	RJ-1 熔剂的水分超过 3% 时，必须经过 923~973K 重熔至沸腾为止，浇注成块状后再次球磨成粉
RJ-3	按表 4-16 配料，装入球磨机中混磨成粉状，用 20~40 目筛过筛	配好的溶剂应装入密闭容器中备用
RJ-4、RJ-5、RJ-6	按表 4-16 配料，除 CaF_2 外，均装入坩埚，升温至 1023~1073K，保持至沸腾时停止，搅拌均匀，浇注成块。破碎后与 CaF_2 一起装入球磨机中混磨成粉状，用 20~40 目筛网过筛	配好的溶剂应装入密闭容器中备用

注：CaF_2 可采用 CaF_2 质量分数不低于 92% 的粉状氟石（精选矿）代替。

从表4－16可以看出，镁合金熔剂主要由$MgCl_2$、KCl、CaF_2、$BaCl_2$等氯盐及氟盐的混合物组成，它们按一定比例混合，使熔剂的熔点、密度、黏度及表面性能均较好地满足使用要求。其中$MgCl_2$起主要作用，对镁熔体具有良好的覆盖作用及一定的精炼能力。在$MgCl_2$中加入KCl能显著降低熔剂的熔点、表面张力和黏度，提高熔剂的稳定性，并能很大程度上抑制$MgCl_2$加热脱水的水解过程。添加$BaCl_2$能提高熔剂的黏度，同时，$BaCl_2$的密度较大，可作为熔剂的加重剂，使熔剂与镁合金熔体易于分离。CaF_2既可作稠化剂使用，也可提高熔剂的稳定性和精炼能力。

一般来说，以$MgCl_2$为主要成分的熔剂适用于Mg－Al－Zn、Mg－Mn和Mg－Zn－Zr系合金的熔炼。对于含有Ca、La、Ce、Nd、Th等元素的合金，应采用不含$MgCl_2$的专用熔剂，如表4－16中所示的RJ－6号熔剂。这是因为$MgCl_2$与这些元素很容易发生化学反应，生成$CaCl_2$、$LaCl_2$、VCl_3和$CeCl_3$等化合物，影响合金熔体的质量。

在镁合金熔炼过程中还使用硫黄、硼酸（HBO_3）、氟附加物（NH_4BF_4、NH_4HF和NH_4F）和烷基磺酸钠（RSONa）等，以防止镁液在浇注及充型过程中的氧化和燃烧。硫与镁液接触时一方面形成SO_2保护气体（沸点为717.6K），另一方面镁与硫反应生成MgS膜，可减缓镁液氧化。硼酸受热脱水生成B_2O_3，与Mg反应生成致密的Mg_3B_2保护膜。氟附加物与Mg接触后分解出HF和NH_3等保护气体，但这些气体有毒，腐蚀性大，因此可用磺酸钠代替氟附加物，磺酸钠与镁反应后生成SO_2和CO_2，并能与镁液形成MgS等致密膜。

4.3.3　熔炼前准备

4.3.3.1　配料

各种铸造镁合金的主要成分见表4－11，配料成分见表4－19。由于采用熔剂或保护性气体，以避免镁合金熔体的氧化与燃烧会增加成本并导致温室效应，故现在已考虑采用合金化手段，在熔体表面形成致密的氧化层，来防止熔体氧化与燃烧。Ca和Be是抑制镁合金氧化和燃烧最为有效的元素，合金中添加少量的Be即可达到抗氧化的效果。Ca和Be对AZ91合金高温氧化特性影响的研究结果表明，Ca和Be可通过形成致密的氧化层来提高抗氧化性，其中，含Ca的AZ91合金表面氧化层的结构复杂，最外层为CaO，中间层为CaO和MgO的混合物，最内层主要是Al_2O_3。Al和Y对Mg－Ca系合金氧化特性影响的研究表明，三元合金熔体表面的氧化层保护性更强，从而抗氧化性高于二元合金。因此，为了减少镁合金的氧化燃烧，配料中允许加入小于0.002%的Be。

表4－19　各种铸造镁合金的配料成分（质量分数）　（%）

合金	Al	Zn	Mn	铈混合稀土	Nd	Mg－Zr中间合金	Mg
ZM1		4.5				3.5～10	余量
ZM2		4.5		1.2		3.5～10	余量
ZM3		0.4		3.2		3.5～10	余量
ZM4		2.5		3.2		3.5～10	余量
ZM5	8～8.5	0.5	0.3				余量
ZM6		0.4～0.5			2.6	3.5～10	余量
ZM10	9.5	0.9	0.3				余量

Zr对Mg－Zn系、Mg－RE系、Mg－Th系和Mg－Ca系等合金具有显著的晶粒细化效果，是最常用的晶粒细化剂。Zr在配料中以Mg－Zr中间合金的形式加入，加入量为新料的7%～10%，回炉料按3.5%～5%。配制ZM6时Nd以Mg－Nd中间合金的形式加入，Nd含量为25%～40%。Nd是指Nd含量不小于85%的混合稀土，其中Nd和Pr含量不小于95%（以上均为质量分数）。对于ZM5合金，Al的配料成分按两种情况考虑，大型厚壁铸件应取下限值，薄壁件应取上限值。

4.3.3.2 熔炼用辅助材料

配料用合金炉料应清洁无霉斑、锈蚀、油污，若有上述情况，应通过吹砂或用钢丝刷清理干净。油封镁锭除油后应做喷砂处理并预热至423K以上。回炉料经喷砂处理后仍可能含有熔剂夹杂，其燃烧残留物应重熔处理后，再预热到423K。

熔剂可以从专门厂家购买，也可以自行配制。使用前各种覆盖熔剂和精炼熔剂都应在393～423K干燥1～2h。洗涤熔剂（光卤石或RJ－1熔剂）放置在坩埚内并升温至1023～1073K。熔剂量不得少于坩埚容量的80%，在使用过程中需要经常打捞熔渣，熔渣太多应重熔洗涤液。洗涤熔剂在连续熔炼20炉后应全部更新。允许采用43% NaCl和57% MgCl组成的混合熔剂洗涤液。

变质剂通过将片状结晶的天然菱镁矿破碎成10mm的小块，在373～423K预热2h来配制，其中菱镁矿可以用轻质碳酸钙代替。使用六氯乙烷时需压实为圆柱体，压实后密度为1.8g/cm^{3}左右。

配制防护剂时，首先将硫黄粉与硼酸按1∶1的比例混合均匀，碾碎过70目筛再结块，配制好后放置在干燥的有盖容器内。

4.3.3.3 熔炼炉和辅助浇注设备

熔炼炉和辅助浇注设备表面的水汽、熔渣和氧化物等会严重影响镁合金熔体的质量，特别是水汽、氧化物与镁合金熔体之间可发生化学反应。因此，熔炼镁合金前必须用钢丝刷等清理工具去除表面的熔渣、氧化物，将浇包、搅拌杆和钟形罩等工具在熔剂中洗涤干净，并预热至亮红色。

A 型模及涂料

铸造镁合金的流动性比铸造铝合金的差，并且密度较小，因此，铸造镁合金薄壁件尤为困难。如果采取提高浇注温度的方法来提高合金流动性，势必会增加合金的吸气及氧化程度，还会增大铸件的收缩量，并可导致铸件形成缩松、夹渣和裂纹。通常，通过改善铸型表面状况来提高合金的流动性。铸型表面喷涂一层乙炔烟后，即使浇注温度下降至1023K合金流动性也较好。在喷涂过程中将微小炭粒涂覆在铸型表面，可改变金属液与铸型之间的热交换条件，大大降低铸型的导热能力，使金属液温度下降速度减缓，从而大大提高合金的流动性。喷涂后铸型表面的化学反应式为：

$$CaC_2 + 2H_2O \longrightarrow Ca(OH)_2 + C_2H_2\uparrow \tag{4-10}$$

$$2C_2H_2 + O_2 \longrightarrow 4C + 2H_2O \tag{4-11}$$

目前，还可以采用镁合金铸型专用涂料，以提高合金熔液在型腔内的流动性，并防止镁合金的氧化和提高铸件的表面质量。镁合金型模用涂料的配料成分见表4－20。

表 4-20 涂料的配比成分 (g)

涂料牌号	碳酸钙粉	石墨粉	硼酸	水玻璃	水
TL4	33	11	11		100
TL8	12		1.5	2	100

B 熔炼炉

通常采用间接加热式坩埚炉来熔炼镁合金，其结构与熔炼铝合金用坩埚炉类似。由于镁合金的理化性质不同于铝合金，因而坩埚材料和炉衬耐火材料不同，并且需要对炉子结构进行适当修改。

镁合金的化学性质比较活泼，开始熔化时容易氧化和燃烧，需要采取保护措施，防止熔融金属的表面氧化。镁合金熔体不同于铝合金，铝合金熔体表面会形成一层连续致密的氧化膜，阻止熔体进一步氧化，而镁合金熔体表面会形成疏松的氧化膜，氧气可以穿透表面氧化膜导致氧化膜下方金属的氧化甚至燃烧。此外，熔融的镁合金极易与水发生剧烈反应生成氢气，并有可能导致爆炸，因此，对镁合金熔体采用熔剂或保护气氛，隔绝氧气或水汽十分必要。

镁熔体不与铁发生反应，因此可以用铁坩埚熔化镁合金，并盛装熔体。通常采用低碳钢坩埚来熔炼镁合金和浇注铸件，特别是在制备大型镁合金铸件时，大多采用低碳钢坩埚。

图 4-22 所示为典型的戽出型燃料加热静态坩埚炉（镁合金熔炼专用）的横截面，采用铸勺从坩埚内舀取金属液，并手工浇注到小型铸件。这种坩埚通过凸缘从顶部支起坩埚，使坩埚底部留出空隙。这不仅有利于坩埚传热，而且为清理坩埚外表面形成的氧化皮提供了足够的空间。此外，炉腔底部向出渣门倾斜。由于火苗的冲击，燃料炉坩埚壁局部会出现逐渐减薄现象，因而需要定期检查坩埚壁厚，否则可能发生熔体渗漏事故。

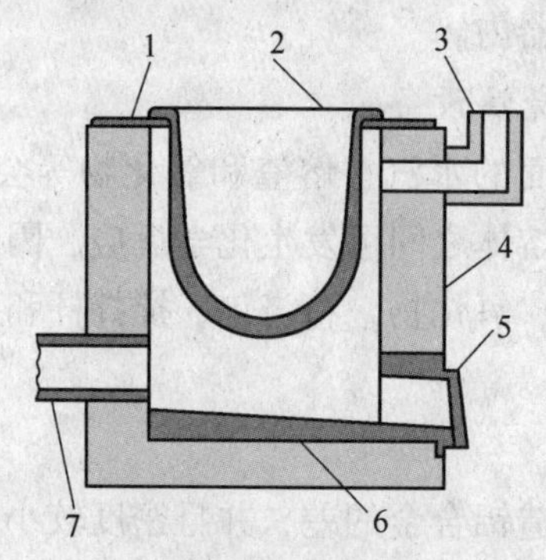

图 4-22 戽出型燃料加热静态坩埚炉的横截面

1—铸铁支撑环；2—低碳钢坩埚；3—排气管；4—黏土砖；
5—出渣门；6—浇注耐火材料；7—燃料通道

一旦钢坩埚表面形成了氧化皮，氧化铁与镁熔体之间可能发生反应，放出大量热量，产生 3273K 以上的高温，及引发爆炸。因此，必须保证炉底没有氧化皮碎屑，并且在坩埚底部放置一个能盛装熔体的漏箱盘，以防坩埚渗漏。特别是应在坩埚容易形成氧化皮的部位包覆一层 Ni-Cr 合金来减少氧化皮的形成。

此外，镁合金熔体也易与一些耐火材料发生剧烈反应，故有必要合理选择燃烧炉炉衬的耐火材料。实践表明，使用 57% Si 和 43% Al 的高铝耐火材料和高密度“超高温”铝硅耐火砖效果很好。

电阻加热型坩埚炉通常采用低熔点材料（如锌薄板）将出渣门封住。发生熔体渗漏时，锌虽然不能阻止镁合金熔体渗漏，但是可以抑制“烟囱”效应（该效应会加速坩埚氧化）。接近或高于熔点时熔体会发生燃烧，在熔体表面覆盖熔剂或采用1% SF_6 混合气体的无熔剂工艺可以抑制燃烧。

熔炼炉的种类和规格很大程度上取决于铸造生产的规模。小型铸造车间分批生产多种不同合金通常采用升出式坩埚炉。大规模生产镁合金，特别是有严格限制的铸造合金时，可以采用大型熔化装置，合金熔体可在坩埚炉内进行熔体处理，包括合金熔炼、稳定化和熔体存储。通常熔体通过倾倒从一个坩埚转移到另一个坩埚，从最后的坩埚直接浇注或手工浇注到铸型中。在熔体转移过程中必须尽可能避免熔体湍流，以防止氧化，否则会增加最终铸件中的氧化皮和夹杂物。直接燃烧型反射火焰炉由于存在过度氧化问题已经被淘汰了；间接加热型坩埚熔炼方法热效率较低，很少采用；与燃料炉相比，无芯感应电炉初始成本比较高，但运行成本较低，占用空间小。

C 坩埚

用于熔炼镁的坩埚容量一般在35~350kg范围内。小型坩埚常常采用含碳量低于0.12%的低碳钢焊接件制作。镍和铜严重影响镁合金的抗蚀性，因此，该元素在钢坩埚中的含量应分别控制在0.10%以下。熔炼镁合金之前，按表4-21所示要求准备坩埚，熔炼镁合金用带挡板和不带挡板的焊接钢坩埚，如图4-23所示，其主要尺寸示于表4-22。

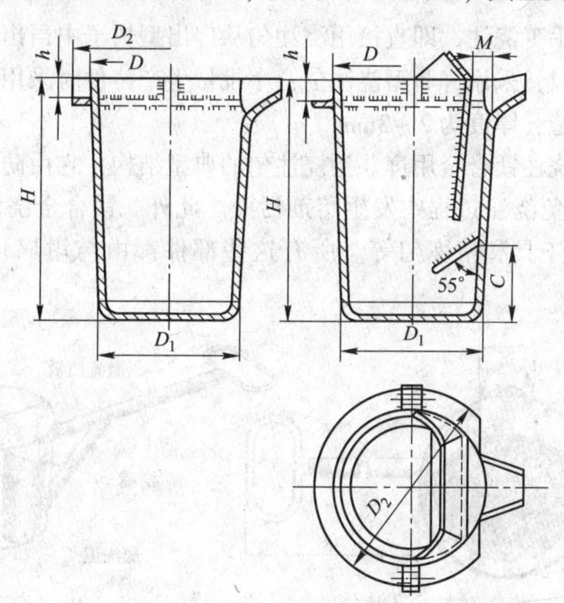

图4-23 带挡板和不带挡板的焊接钢坩埚

表4-21 坩埚的准备

工序名称	工 作 内 容
新坩埚的准备	（1）坩埚焊缝须经射线探伤检验，观察其是否有裂缝、未焊透等缺陷； （2）坩埚内盛煤油进行渗透测验，检查是否渗漏； （3）用熔剂洗涤，清理后使用
旧坩埚的准备	（1）认真清理检查，如坩埚体严重变形、法兰边翘起应报废； （2）检查焊缝，如有渗漏现象应报废； （3）用专门检查厚度的量具测量坩埚体壁厚，可用的局部最小壁厚为2mm

表 4-22　钢坩埚的主要尺寸　(mm)

容量/kg	D	D_1	D_2	H	C	M	h
35	292	255	420	450	150	40	70
50	325	268	450	550	215	45	70
75	380	331	510	600	225	50	70
100	425	353	550	650	240	55	70
150	475	413	660	700	250	70	100
200	520	438	700	760	270	80	100
250	550	467	730	840	285	85	100
300	494	494	740	870	300	90	100

镁合金熔炼，当采用熔剂熔炼工艺时，通常会在坩埚底部形成热导率较低的残渣。如果不定期清除这些残渣，则会导致坩埚局部过热，并且坩埚表面会生成过量的氧化皮。坩埚壁上沉积过量的氧化物会导致坩埚局部过热，因此，需记录每个坩埚熔化炉料的次数，以保障日常的安全生产。坩埚必须定期用水浸泡，去除所有的结垢。

D　熔炼浇注工具

小型铸件常采用手工浇注，即直接用浇注勺从戽出型炉子中舀出熔体，并浇注到模具中。大批量生产铸件时，采用戽斗型浇注勺；小批量生产铸件时采用半球形浇注勺。两者都采用低碳低镍钢制造，厚度为 2～3mm。

图 4-24 所示为浇注镁合金用戽斗型浇注勺的典型结构，它由防溢挡板和底部浇注出口两部分组成，以避免浇注过程中发生熔剂污染。此外，镁合金浇注还需要去渣勺、残渣盘、搅拌器、搅炼工具和精炼勺等。所有这些部件都由与坩埚化学成分相同的钢材制成。

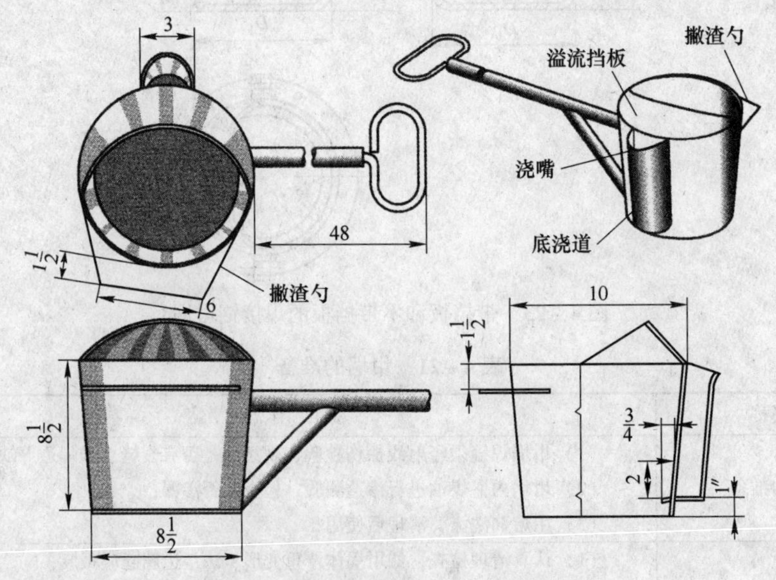

图 4-24　浇注镁合金用勺的典型结构
(单位：英寸)

E 热电偶

温度控制是镁合金熔炼过程中的重要环节。为了精确控制熔炼温度，建议安装铁－康铜或镍铬镍铝型热电偶，以便在熔炼和熔体处理工艺中进行温度实时监测。通常采用低碳钢或无镍不锈钢制成保护管来保护热电偶。

4.3.4 镁合金熔炼

4.3.4.1 熔炼期间的化学反应

镁合金熔体易与周围介质，如氧、氮、水汽等，发生反应。镁与1g氧反应可释放598J的热量，而铝则仅释放出531J的热。通常，氧化物生成的热量越大，分解压越小，则与氧的亲和力越强。氧化物生成热和分解压的数值表明，镁与氧的亲和力比铝与氧的亲和力大。但镁被氧化后，表面形成疏松的氧化膜，其致密度系数 $a=0.79$（形成 Al_2O_3 的 $a=1.28$）。由于表面氧化膜不致密，不能切断反应物质的扩散通道，故可使镁的氧化得以不断进行。镁及镁合金的氧化动力学曲线呈直线式，而不呈抛物线规律，即氧化速率与时间无关，表明氧化过程完全由界面反应所控制。温度较低时，镁的氧化速率不大；温度高于773K时，氧化速率加快；超过923K时，氧化速率急剧增加，镁的熔体一旦遇到氧就会发生剧烈的氧化而燃烧，放出大量的热。反应生成的MgO绝热性能很好，使反应界面产生的热量不能及时向外扩散，从而提高界面温度，造成恶性循环而加速镁的氧化，使镁的燃烧反应更加激烈。当界面反应温度高于镁的沸点1380K时，镁熔体大量被气化，导致爆炸。

镁无论是固态还是液态均能与水发生反应，其反应方程式为：

$$Mg + H_2O = MgO + H_2\uparrow + Q \tag{4-12}$$

$$Mg + 2H_2O = Mg(OH)_2 + H_2\uparrow + Q \tag{4-13}$$

式中，Q 为释放的热量。

室温下反应速度缓慢，随着温度升高，反应速度加快，并且 $Mg(OH)_2$ 发生分解，形成水及MgO，但在高温只生成MgO。在相同条件下，镁与水之间的反应比镁与氧之间的反应更激烈。当熔融镁与水接触时，一方面生成氧化镁释放大量的热，另一方面反应产物氢与周围大气的氧迅速化合生成水，水又受热急剧汽化膨胀，结果可导致爆炸，引起镁熔体的剧烈燃烧与飞溅。因此，熔炼镁合金时，与熔液相接触的炉料、工具、熔剂等均应干燥。镁与水的反应也是镁熔体中氢的主要来源，会导致镁合金铸件出现缩松等缺陷。

镁与 N_2 的反应方程式为：

$$3Mg + N_2 = Mg_3N_2 \tag{4-14}$$

室温下反应速度极慢，镁处于液态，反应速度加快；高于1273K，反应很激烈。不过 $Mg-N_2$ 反应比 $Mg-O_2$、$Mg-H_2O$ 反应要缓慢得多。反应产物 Mg_3N_2 为粉状化合物，既不能阻止上述反应的进行，也不能防止镁的蒸发，因而 N_2 不能防止镁熔体的氧化和燃烧。氩、氦、氖等惰性气体均不与镁发生化学反应，可防止镁熔体的燃烧，但不能阻止镁的蒸发。

在熔炼镁合金过程中必须有效地防止金属的氧化或燃烧，添加微量金属铍和钙可提高镁熔体的抗氧化性，通过在金属熔体表面覆盖熔剂，或采用无熔剂工艺熔炼，可有效防止溶体的氧化与燃烧，是镁合金熔炼的两大类基本工艺。早期熔炼镁合金主要采用熔剂熔炼工艺，熔剂能去除镁中杂质，并能在镁合金熔体表面形成一层保护性薄膜，隔绝空气。

此外，熔剂熔炼工艺还存在一些问题，一方面容易产生熔剂夹渣，导致铸件力学性能和抗蚀性下降，限制镁合金的应用；另一方面熔剂与镁合金溶体反应生成腐蚀性烟气，破坏熔炼设备，恶化工作环境。为了提高熔化过程的安全性和减少镁合金溶体的氧化，开发出了无熔剂熔炼工艺，即在熔炼炉中采用六氟化硫（SF_6）与氮气（N_2）或干燥空气的混合保护气体，从而避免液面和空气接触。混合气体中 SF_6 的含量应慎重选择，如果 SF_6 含量过高，会加剧坩埚的侵蚀，降低使用寿命；如果含量过低，则不能有效保护熔体。

4.3.4.2 熔剂保护熔炼工艺

将熔体表面与氧气隔绝是安全进行镁合金熔炼的最基本要求。早期曾尝试采用气体保护系统，但效果并不理想。后来，人们开发了熔剂保护熔炼工艺。镁合金使用的熔剂成分见表 4－16。在熔炼过程中，必须避免坩埚中熔融炉料出现“搭桥”现象，将余下的炉料逐渐添加到坩埚内，保持合金熔体液面平稳上升，并将熔剂覆盖在熔体表面。

每种镁合金都有各自的专用熔剂，必须严格遵守熔剂的使用规则。在熔化过程中，应防止炉料局部过热，采用熔体氯化工艺精炼镁合金时必须采取措施收集 Cl_2。浇注后，通常将硫粉覆盖在熔体表面，以减轻其在凝固过程中的氧化。

4.3.4.3 无熔剂保护熔炼工艺

采用熔剂熔炼工艺会对镁合金的压铸过程带来一些操作困难，同时，熔剂夹杂是镁合金铸件最常见的缺陷，将严重影响铸件的力学性能和抗蚀性。因此，开展了无熔剂熔炼工艺的开发与应用，即采用保护气氛熔炼镁合金，其对镁合金的发展具有里程碑的作用。

A 气体保护机理

如上所述，纯净的 N_2、Ar、Ne 等惰性气体虽然对镁及合金熔体具有一定的阻燃和保护作用，但效果并不理想。N_2 易与 Mg 反应，生成 Mg_3N_2 粉状化合物，结构疏松，不能阻止氧化反应的连续进行；Ar 和 Ne 等惰性气体虽然与 Mg 不反应，但无法阻止镁的蒸发。

研究表明，CO_2、SO_2、SF_6 等气体对镁及合金熔体具有良好的保护作用，其中 SF_6 的效果最佳。

熔体在干燥纯净的 CO_2 中氧化速度很低。高温下 CO_2 与镁的化学反应式为：

$$2Mg(l) + CO_2 = 2MgO(s) + C \quad (4-15)$$

反应产物为无定形碳，它可以填充于氧化膜的间隙处，提高熔体表面氧化膜的致密性，此外，还能强烈地抑制镁离子透过表面膜的扩散过程，从而抑制镁的氧化。

SO_2 与镁的化学反应式为：

$$3Mg(l) + SO_2 = 2MgO(s) + MgS(s) \quad (4-16)$$

反应产物在熔体表面形成一层较致密的 MgS/MgO 复合膜，可以抑制镁的氧化。SF_6 是一种人工制备的无毒气体，相对分子质量为 146.1，密度是空气的 4 倍，发生化学反应可能产生有毒气体，在常温下极其稳定。含 SF_6 的混合气体与镁可以发生一系列的复杂反应。

$$2Mg(l) + O_2 = 2MgO \quad (4-17)$$

$$2Mg(l) + O_2 + SF_6 = 2MgF_2(s) + SO_2F_2 \quad (4-18)$$

$$2MgO(s) + SF_6 = 2MgF_2(s) + SO_2F_2 \quad (4-19)$$

MgF_2 的致密度高，它与 MgO 一起可形成连续致密的氧化膜，对熔体起到良好的保护作用。但采用含有 SF_6 保护气氛时，一定不能含有水蒸气，否则水分的存在会大大加剧镁的氧化，还会生成有毒的 HF 气体。

各种气体对镁合金熔体的保护效果还与合金系有关。保护性气体对 Mg－Ca 系合金熔体氧化特性的研究表明，Ar、N_2 和 CO_2 三种气体中 N_2 的保护效果最好。但流速较小时，CO_2 与镁合金熔体反应生成的氧化层具有双层多孔性结构，表层富碳，内层富氧，不能抑制 Mg－Ca 系合金熔体的氧化与燃烧。

B　SF_6 保护气氛

SF_6 保护气氛是一种非常有效的保护气氛，能显著降低熔炼损耗，在铸锭生产和压铸工业中得到普遍应用。含 0.01% SF_6（体积分数）的混合气体即可有效地保护熔体，但实际操作中，为了补充 SF_6 与熔体反应和泄漏造成的损耗，SF_6 的浓度要高些。在配制混合气体时，一般采用多管道、多出口分配，尽量使气体接近液面，且分配均匀，并需要定期检查管道是否堵塞和腐蚀。采用 SF_6 保护气体熔炼合金时，应尽可能提高浇注温度、熔体液面高度和给料速度的稳定性，以免破坏液面上方 SF_6 气体的浓度。此外，要避免保护气体与坩埚发生反应，否则反应产物（FeF_3、Fe_2O_3）将与镁发生剧烈反应。

SF_6 保护气氛主要有两种，一种是干燥空气与 SF_6 的混合物，另一种是干燥空气与 CO_2 和 SF_6 的混合物。SF_6 保护气氛中的 SF_6 浓度（体积分数）较低（1.7%～2%），且无毒无味。当压铸温度比较低且金属熔体密闭性好时，低浓度的 SF_6 空气混合物就可以提供保护作用。在熔剂熔炼工艺中，细小的金属颗粒会陷入坩埚底部的熔渣中而难以回收，因而熔体损耗较高。在无熔剂工艺中坩埚底部熔渣量大大减少，因此，熔体的损耗相对较低。

在镁合金熔炼温度下 SF_6 会缓慢分解，并与其他元素反应生成 SO_2、HF 和 SF_4 等有毒气体，在 1088K 还会产生剧毒的 S_2F_{10}，但 S_2F_{10} 在 573～623K 会分解出 SF_6 和 SF_4，因此镁合金的熔炼温度不应超过 1073K。SF_6 浓度（体积分数）低于 0.4% 时，对镁合金熔体即可提供保护作用，而产生的有毒气体可以忽略。表 4－23 列出了 SF_6 气体的技术要求，图 4－25 所示为一种 SF_6 保护气氛的气体混合装置。

表 4－23　SF_6 气体的技术要求

指标名称	指标（体积分数）	指标名称	指标（体积分数）
六氟化硫（SF_6）	≥99.8%	酸度（以 HF 计）	$\leq 0.3\times10^{-6}$
空气	≤0.05 %	可水解氟化物（以 HF 计）	$\leq 1.0\times10^{-6}$
四氟化碳（CF_4）	≤0.05%	矿物油	$\leq 10\times10^{-6}$
水分（H_2O）	≤8%	毒性（生物实验）	无毒

压缩空气经球阀、滤油减压器、空气储气罐、精滤器、聚油过滤器，进入冷冻式干燥器干燥后，再经过吸附式油蒸气过滤器、减压阀，以 0.35MPa 的压力进入混合控制箱。CO_2、SF_6 高压气瓶中的气体分别经过减压阀 10、12，同样以 0.35MPa 的压力进入混合控制箱。之后，压缩空气、CO_2、SF_6 再经各自的减压阀 16、19、20 以 0.07MPa 的压力分别进入带有节流器的流量计 15、21 和 22，流出后成为一股混合气体进入坩埚的密封罩内，如图 4－25 所示，可防止镁合金熔液的氧化和燃烧。

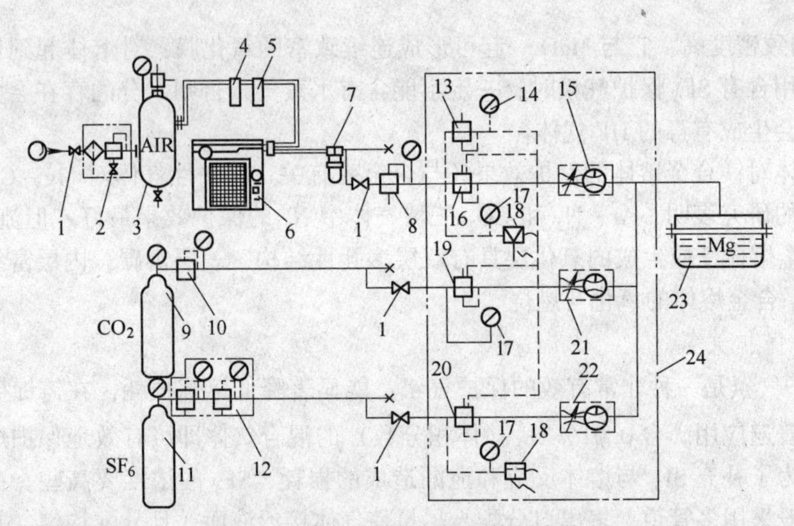

图 4－25　SF_6 保护气氛的气体混合装置

1—球阀；2—滤油减压器；3—空气储气罐；4—精滤器；5—聚油过滤器；6—冷冻式干燥器；7—吸附式油蒸汽过滤器；8—减压阀；9—CO_2 气瓶；10，12，13，16，19，20—减压阀；11—SF_6 气瓶；14，17—压力表；15，21，22—流量计；18—压力继电器；23—镁溶体；24—控制柜

减压阀 13 是减压阀 16、19、20 的先导控制阀。调节减压阀 13 的压力可以使减压阀 16、19、20 的出口压力（即压缩空气、CO_2 和 SF_6 的压力）同时增加或减少，从而使各自的流量也同时增加或减少，其目的是维持三种气体原来设定的比例近似不变。为此，要求减压阀 16、19、20 的出口压力为同一数值，并与控制压力相等。两个压力继电器 18 用于压缩空气和 SF_6 的失压报警，当压缩空气或 SF_6 压力低于 0.2MPa 时，压力继电器动作，发出声、光报警信号。用空气压力来控制三种气体的压力与流量，必须保证正常的空气压力。

砂型铸件，特别是 Mg－Zr 系合金砂型铸件的熔炼温度较高，通常采用 CO_2－SF_6 或 CO_2－Ar－SF_6 混合气体才能提供充分保护。混合气体中 SF_6 的最大含量（体积分数）为 2%，一般 1% SF_6 即能达到效果。

重力铸造具有两大特点：（1）含锆的重力铸造合金浇注温度比压铸合金高得多；（2）重力铸造设备的开放性比压铸设备的大。因此，在重力铸造中采用无熔剂熔炼工艺时通常采用 SF_6 浓度较高的混合气体，特别是重力铸造熔炼 Mg－Zr 合金时需要用 CO_2 取代氢气。表 4－24 列出了不同重力铸造工艺推荐采用的保护性气氛。特别值得注意的是，如果采用 CO_2－SF_6 气氛保护熔炼含钇合金，则会出现钇被 CO_2 择优氧化而发生损耗的现象，因此，建议熔炼重力铸造合金时采用 Ar－SF_6 气氛。

表 4－24　重力铸造镁合金推荐使用的保护性气氛

坩埚直径/cm	气体流量①/cm·min⁻¹			
	静态状态②		搅拌状态③	
	SF_6	CO_2	SF_6	CO_2
30	60	3500	200	10000
50	60	3500	550	30000
75	90	5000	900	50000

①如果熔炼前存在熔体，则会降低熔体表面 SF_6 保护气氛的有效性，从而需要补充更高浓度的 SF_6 气体以补偿损耗。
②熔融和存储状态。
③合金化和浇注状态。

SF_6 价格高且存在潜在的温室效应，因而要尽量控制 SF_6 的排放量。保护性气氛中 SF_6 的浓度（体积分数）不容许超过2%，否则会引起坩埚损耗。特别是在高温下，SF_6 浓度超过某一特定的体积分数时，坩埚内可能发生剧烈的反应，甚至爆炸，因此，必须对混合气体中 SF_6 浓度进行严格控制。此外，带盖的坩埚不能采用纯 SF_6 气氛进行保护熔炼。

4.3.4.4 熔体的净化处理

镁及镁合金在熔炼过程中易于受周围环境介质的影响，进而影响合金熔体的质量，导致铸件中出现气孔、夹渣、夹杂和缩孔等缺陷，因此，需要对镁合金熔体进行净化处理。通常采用熔剂及熔体液面的保护对熔体进行净化处理。

A 除气

镁合金中的主要气体是氢，来自受潮的熔剂、炉料以及金属炉料腐蚀后带入的水汽。生产中常用的除气方法有以下几种。

（1）通入惰性气体（如 Ar，Ne）法。在 1023 ~ 1033K 向熔体中通入占熔体质量0.5%的 Ar，可将熔体中的氢含量由 150 ~ 190cm^3/kg 降至 100cm^3/kg。通气速度应适当，以避免熔体飞溅，通气时间为30min，通气时间过长将导致晶粒粗化。

（2）通入活性气体（Cl_2）法。在 1013 ~ 1033K 向熔体中通入适量的 Cl_2 可使熔体含氯量（体积分数）低于3%。当熔体温度低于 1013K 时，反应生成的 $MgCl_2$ 将悬浮于合金液面，使表面无法生成致密的覆盖层，不能阻止镁的燃烧。熔体温度高于 1033K，熔体与氯气的反应加剧，可生成大量的 $MgCl_2$，并形成夹杂。含碳的物质（如 CCl_4、C_2Cl_6 和 SiC 等）对 Mg - Al 系合金具有晶粒细化作用，如果采用熔体质量 1% ~1.5% Cl_2 +0.25% CCl_4 的混合气体在 963 ~983K 下除气，则可以达到除气与变质的双重效果，但是容易造成环境污染。

（3）通入 C_2Cl_6 法。C_2Cl_6 是镁合金熔炼中应用最为普遍的有机氯化物，在 1023K 向镁合金熔体中通入熔体质量0.1%的 C_2Cl_6，可以同时达到除气和晶粒细化的双重效果，其晶粒细化的效果优于 $MgCO_3$，但除气效果不如 Cl_2。

（4）联合除气法。先向镁合金熔体内通入 CO_2，再用 He 吹送 $TiCl_4$，可使熔体中的气体含量降到 60 ~80cm^3/kg。除气效果与处理温度和静置时间有关，1023K 下除气效果不及 943K。

B 去除夹杂物

镁合金熔体中的夹杂物与熔体具有一定的密度差，采用适当的工艺可使夹杂物沉降到坩埚底部而使其与熔体分离。精炼处理是清除镁合金熔体中氧化皮等非金属夹杂物的重要工序，为了促进夹杂物与熔剂间的反应以及夹杂物间的聚合下沉，要求选择合适的精炼温度（在1003 ~1023K），并搅拌熔体。精炼温度过高，镁熔体氧化烧损加剧；精炼温度过低，熔体黏度增高，不利于夹杂物的沉降分离。精炼过程可以加入适量的熔剂以完全去除夹杂物。熔剂吸附在夹杂物表面，并生成不溶于熔体的复合物而沉降。精炼后熔体一般要静置 10 ~15min，使夹杂物沉降分离。

熔炼 Mg - Al - Zn 合金时，熔剂用量为熔体质量的1% ~1.5%；熔炼含锆镁合金时，熔剂用量要达到熔体质量的6% ~8%，甚至有时高达10%，含锆镁合金熔炼比较困难，如果操作不当铸件容易出现高熔点夹杂。

精炼处理工序一般为：（1）调整熔体温度（ZM5 和 ZM10 为 983～1013K，ZM1、ZM2、ZM3、ZM4 和 ZM6 为 1023～1033K）；（2）将搅拌器沉入熔液深度的 2/3 处，由上至下强烈地垂直搅拌合金液 4～8min，直至合金液呈现镜面光泽，同时，在搅拌过程中向液面连续均匀地覆盖精炼熔剂。熔剂消耗量为炉料质量的 1.5%～2.5%时停止搅拌，清除浇嘴、挡板、坩埚壁和合金液表面的熔剂，再覆盖一层熔剂。Mg－Zn－Zr（ZM4）系和 Mg－RE－Zr（ZM6）系合金采用不同的精炼工艺，分别叙述如下。

a　ZM4 合金的精炼（适合 Mg－Zn－Zr－混合稀土系合金）

精炼 ZM4 合金时，（1）先将坩埚预热到暗红色，加入占炉料质量 2%～3%的 RJ－1 熔剂，之后，逐步分批装入回炉料和镁锭（尽量减小装填空间）；（2）升温熔化，在炉料表面覆盖适量熔剂，升温至 1023～1033K 时添加锌和混合稀土（稀土用勺加入到镁合金液中至完全熔解），并搅拌 2～3min；（3）为了防止氧化，向镁合金液中添加铍氟酸钠和 RJ－4 的混合物（Na_2BeF_4∶RJ－4＝1∶1），其中，铍氟酸钠占炉料质量的 0.05%；（4）升温到 1053～1073K，向镁合金液中分批缓慢加入已预热至 573～673K 的镁锆中间合金，待镁－锆合金完全熔解后，搅拌坩埚底部 5～7min，使镁合金均匀化，搅拌时不要破坏镁合金液表面，以避免氧化；（5）搅拌完毕后，静置 3～5min 浇注试样，检测晶粒度；（6）如果断口组织不合格，可以酌情在 1033～1073K 加入 1%～3%的镁－锆中间合金，再重新进行断口检查；（7）降温至 1033～1053K 用 RJ－4 熔剂精炼不低于 5min，然后在 1053～1073K 静置 15～20min，调整浇注温度。注意浇注完毕后，坩埚底部需预留 10%的镁合金熔体。

b　ZM6 合金的精炼（适合 Mg－RE－Zr－Zn 系合金）

精炼 ZM6 合金时，（1）先将坩埚预热到赤红色，加入占炉料总重 2%～3%的 RJ－2 熔剂，再按三级回炉料、二级回炉料、新料、一级回炉料的加料顺序分批加入炉料（尽量减小装填空间），并覆盖 RJ－6 精炼熔剂。（2）待合金液温度升高到 1023～1033K 时添加铍氟酸钠和 RJ－6 混合物（Na_2BeF_4∶RJ－6＝1∶1），占炉料质量的 1%～2%，并在同一温度加入已预热到 473～573K 的锌和镁钕中间合金，搅拌 2～3min 除渣，并覆盖 RJ－6 熔剂。（3）在 1053～1073K 加入已预热到 573～673K 的镁－锆中间合金，待合金熔化后，除去表面污物，并覆盖 RJ－6 熔剂。（4）当合金液温度升高到 1053～1073K，沿坩埚底部搅拌 10min，浇注后检查断口组织，待断口合格后，在 1023～1033K 用 RJ－6 熔剂精炼 5～10min，除渣后加 RJ－2 熔剂覆盖。（5）如果断口组织不合格，再添加 1%的镁锆中间合金重新处理，但处理次数不得超过 3 次。在 1053～1083K 下保温静置 15～20min，调整浇注温度后进行浇注。合金从静置开始至浇注完毕的时间不得超过 1h，否则应该重新检查断口组织。

4.3.4.5　晶粒细化

晶粒细化是提高镁合金铸件性能的重要途径。随镁合金晶粒尺寸减小，力学性能和塑性加工性能提高。在镁合金熔炼期间晶粒细化操作处理得当，可以降低铸件凝固过程中的热裂倾向；此外，镁合金经过晶粒细化处理后，可使铸件中合金相更细小且分布均匀，从而缩短均匀化处理时间，或提高均匀化处理效率。因此，合金的晶粒细化操作尤为重要。

镁合金在熔炼过程中细化晶粒的方法有两类：（1）变质处理；（2）强外场处理。前者的机理是在合金液中加入高熔点物质，形成大量的形核质点，以促进熔体的形核结晶，获得细晶组织；后者的基本原理是对合金熔体施加外场（如电场、磁场、超声波、机械振动和搅拌等）以促进熔体的形核，使已形成的枝晶破碎成为游离晶体，增加晶核数量，还可以强化熔体中的传导过程，消除成分偏析。此外，快速凝固技术也能提高镁合金的形核率，抑制晶核的长大而显著细化晶粒组织。

变质处理在镁合金生产中得到广泛应用。早期采用的过热变质处理方法为：将经过精炼处理的镁合金熔体过热到1148～1198K，保温10～15min后快速冷却到浇注温度，再进行浇注，具有细化晶粒的作用。研究表明，过热变质处理能显著细化ZM5合金中的$Mg_{17}Al_{12}$相，该工艺存在的缺点是：在过热变质处理过程中，镁合金熔体的过热温度很高，故明显增加镁的烧损，降低坩埚的使用寿命和生产效率，并增加熔体的铁含量和能源消耗。因此，过热变质处理在生产中并不普遍应用。目前，熔炼镁合金常用的变质剂有含碳物质、C_2Cl_6和高熔点添加剂，如Zr、Ti、B、V等。几种常用变质剂的晶粒细化机理及效果分别叙述如下。

A 含碳变质剂

碳不溶于镁，但可与镁反应生成Mg_2C_6和MgC_2化合物。碳对Mg－Al系或Mg－Zn系合金具有显著的晶粒细化作用，而对Mg－Mn系合金的细化效果非常有限。人们对含碳变质剂细化镁合金晶粒的机理提出了多种假设。研究认为，C加入Mg－Al系合金熔体后，C与Al反应生成大量细小、弥散的Al_4C_3质点，其晶格类型和晶格常数与镁接近，可作为形核质点，从而可以细化镁合金的晶粒尺寸。生产中常采用的含碳变质剂有菱镁矿（$MgCO_3$）、大理石$CaCO_3$、白垩、石煤、焦炭、CO_2、炭黑、天然气等。其中$MgCO_3$、$CaCO_3$最为常见。$MgCO_3$加入Mg－Al合金熔体后，发生下列反应：

$$MgCO_3 = MgO + CO_2\uparrow \tag{4-20}$$

$$CO_2 + 2Mg = 2MgO + C \tag{4-21}$$

$$3C + 4Al = Al_4C_3 \tag{4-22}$$

$MgCO_3$的加入量一般为合金熔体质量的0.5%～0.6%，熔体温度为1033～1053K，变质处理时间为5～8min。镁合金熔炼时会在熔体中形成大量细小而难熔的Al_4C_3质点，呈悬浮状态，并在凝固过程中充当形核基底。

B C_2Cl_6

C_2Cl_6是镁合金熔炼中最常用的变质剂之一，具有除气和细化晶粒的双重效果。C_2Cl_6对AZ31合金晶粒细化效果的研究表明，铸件中形成的Al－C－O化合物质点可充当结晶核心。AZ31经过C_2Cl_6变质处理后，晶粒尺寸由280μm下降到120μm，抗拉强度明显提高。对ZM5合金而言，C_2Cl_6的变质处理效果好于$MgCO_3$；此外，也可以采用C_2Cl_6和其他变质剂进行复合变质处理，效果更好。在Mg－Al合金熔体底部放置C_2Cl_6或环氯苯片也可以达到细化晶粒和除气的双重目的。

C 其他变质剂

锆对Mg－Zn系、Mg－RE系和Mg－Ca系等合金具有明显的晶粒细化作用，是目前镁合金熔炼中常用的晶粒细化剂，但其晶粒细化机理尚不十分清楚。

组织观察表明，在添加等量锆的情况下，锆的合金化条件不同，其晶粒细化效果存在明显差异。研究表明，在包晶温度Zr粒子从熔体中分离出来，并与镁液反应生成富锆的镁基固溶体，致使剩余熔体内锆含量下降至较低值，在近包晶温度形成的富锆粒子具有促进熔体形核的作用，即只有浇注时溶于镁液中的部分锆才具有晶粒细化作用。由于α-Zr的晶格类型、晶格常数与镁相近，故Zr是镁合金的形核质点。工艺试验表明，搅拌时间、熔体静置时间对Mg-Zr合金的晶粒尺寸有影响，且镁熔体在浇注前重新搅拌可提高晶粒细化效果。重新搅拌前后，固溶的锆无明显变化的事实表明，部分不溶于镁液的锆也具有晶粒细化作用，而镁-锆合金的晶粒细化效果主要来自于固溶于镁中的锆，而没有固溶的那部分锆，仅有约30%具有晶粒细化作用。

通常，Mg-Zr合金熔体中的加锆量略高于理论值。只有熔体中可溶于酸的锆过饱和时Mg-Zr合金才能取得最佳的晶粒细化效果。此外，有必要保留坩埚底部含锆的残余物质（包括不溶于酸的锆化物）。为了防止液态残渣浇注到铸件中，铸型浇注后坩埚中要预留足量的熔融态合金（约为炉料质量的15%）。浇注时要尽量避免熔体过分湍流和溢出，并且熔炼工艺中要保证足够的静置时间。

表4-25为Mg-Al系合金的变质剂及处理温度。Mg-Al系合金经过变质处理后还需要精炼。ZM1、ZM2、ZM3、ZM4和ZM6合金采用锆对合金进行晶粒细化，不需要进行变质处理。对于Mg-Zn合金系，加入0.5%Zr可以达到很好的变质效果。采用0.5%Sc+(0.3%~0.5%)Sm可使Mg-Mn系合金的晶粒细化，0.2%~0.8%的La也可以使Mg-Mn系合金的晶粒细化。

表4-25 Mg-Al系合金的变质剂及其用量

变质剂	用量（站炉料质量分数）/%	处理温度/K
碳酸镁或菱镁矿	0.25~0.5	983~1013
碳酸钙	0.5~0.6	1033~1053
六氯乙烷	0.5~0.8	1013~1033

4.3.4.6 合金化

采用燃油或燃气加热的低碳钢坩埚中熔炼镁锭，再添加合金化元素，如Al、Zn、Mn、RE、Zr等，即可以得到多种镁合金。其中，锰以金属态形式加入，但通常以$MnCl_2$形式加入，以提高合金化效率。目前，可直接购买合金化铸锭，之后按一定比例与回炉废料一起投入熔炼炉进行熔炼。

采用砂型铸造和压铸法生产Mg-Al-Zn合金时必须进行适当的成分调整。由于Mg-Zr系合金重熔时合金元素都有一定损耗，因此，每次重熔时都要补充合金元素，即添加纯金属(如Zn、混合稀土等)，或元素含量较高的中间合金（如Mg-30%Zr中间合金、Mg-20%Ce中间合金、或镁-其他稀土中间合金)。应注意，加入中间合金会导致合金熔体的稀释。

通常，在熔体温度约973K时加入合金化元素和中间合金。进行锆合金化时，要求采取搅拌及后续处理，以避免生成不溶于酸的锆化物沉淀，以获得过饱和的锆。熔体静置的时间不宜过长，且温度不宜过低，否则会导致锆的损耗。

熔炼Mg-Zn-Zr、Mg-RE-Zr系合金时，将镁锭加热熔化后，升温到993~1013K加入锌，继续升温到1053~1083K分批缓慢加入被预热到573~673K的Mg-Zr中间合金和稀土金属，待全部熔化后，将熔体搅拌2~5min，使熔体合金成分均匀。在熔炼Mg-Al

系合金时，镁熔体加热到973～993K后加入中间合金和锌，熔化后搅拌均匀。

4.3.4.7 镁合金的熔炼特点

（1）镁合金在熔化状态下的化学活泼性高，故在熔化状态下极易被氧化、燃烧，并能迅速地与氮气、水蒸气进行化学反应，因此镁合金必须在熔剂保护下熔化。

由于镁合金比重小，多数熔剂的比重都略高于合金熔液。熔化时靠熔剂的表面张力包住整个合金表面，如图4－26所示。

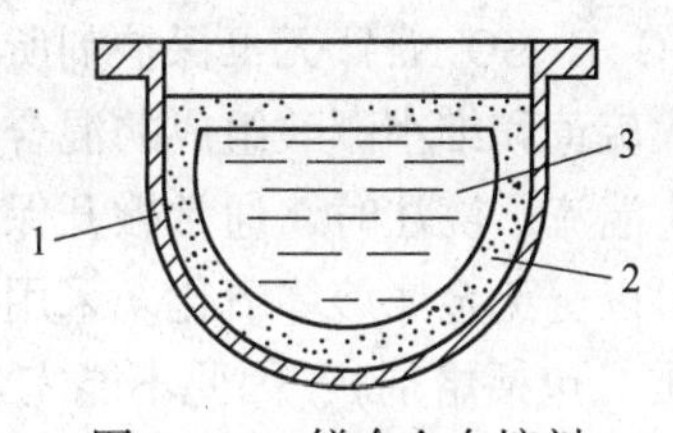

图4－26 镁合金在熔剂包围下的熔化示意图

1—坩埚；2—熔剂；3—镁合金

（2）镁合金的变质处理。为了细化镁合金的结晶组织、提高力学性能，有些镁合金在熔化后应进行变质处理。含Al镁合金，如ZM5合金变质处理时所用的变质剂有碳酸盐、四氯化碳、石墨等，将含碳气体（天然煤气、乙炔、CO_2等）引入镁合金中也可获得一定的变质效果。用碳酸盐（如碳酸钙）变质处理时应取碳酸钙的干燥粉末（加入量为0.5%～0.6%），用薄纸包成小包，用钟罩压入过热至760～780℃的合金液中，处理时的化学反应见式（4－20）和式（4－21）及式（4－23）：

$$CaCO_3 = CaO + CO_2 \uparrow \tag{4-23}$$

Al_4C_3的晶格常数与Mg相近，所以可以作为晶核，进行晶粒细化处理，也可采用过热法细化晶粒。即浇注前将合金液迅速过热到850～900℃，并保温15～20min，也可使晶粒细化，因工艺复杂，故很少应用。

含Zr的镁合金，因锆加入合金液中，能增加结晶核心，使晶粒细化，故不再进行其他变质处理。

4.3.5 铸造质量控制与安全生产

砂型铸造AZ系合金时，除了进行标准摄谱成分控制外，通常还需要对砂型铸件标准试样断口进行肉眼观察。将断口形貌与砂型铸造标准样品相比较，检测晶粒细化程度。采用类似的方法观察标准冷铸棒断口来检测含锆合金的晶粒度，可以确定含锆量是否达到规定晶粒细化程度。对浇注的试棒进行光谱分析以控制化学成分。

大部分镁合金砂型铸件用于飞机或军事领域，需要进行非常严格的检测。通常通过对铸件试样进行完全破坏性检测来进一步确定铸件的质量水平。对压铸件而言，除了肉眼和尺寸检查外，还可以通过荧光检查进行质量控制。

4.3.5.1 镁合金的浇注

浇注方法取决于铸造工艺。小型砂型、永久型或压铸件可以采用手工浇注，大型砂型铸件可以采用一个或多个浇包直接浇注。当采用开放式浇注系统时，主浇口进口孔的截面积应小于内浇口进入铸件的总截面积。主浇口与内浇口的截面可选择为（1∶1）～(1∶2)，根据铸件尺寸和复杂程度而定。

为防止镁合金在浇注时发生氧化和燃烧，在浇包内的合金液面和浇注时的液流上应撒硫黄粉或硫黄－硼酸（H_8BO_3）的粉状混合物，以熄灭火焰。为防止镁合金在浇入砂型后发生氧化燃烧，和与水分作用产生爆炸性气体（$H_2O + Mg = H_2 + MgO$），也必须加入特殊保护剂。一般在型砂中配入2%～5%的硫粉和1%～2%的硼酸，也可以加入含氟的附加物（含有（NH_4）BF_3）作为保护剂。

型砂中配入含硫和氟的保护剂，浇注时易产生有害气体，近年已被烷基硫酸钠（$C_{16}H_{33}SO_3Na$）无毒保护剂所替代。在镁合金浇注过程中，要求在熔体表面覆盖一层由粗大硫黄和细小硼酸组成的混合物，来抑制氧化，并且在熔体浇注前尽可能避免金属表面产生湍流。浇注时，通常撇开保护剂，以免进入熔融金属液流中。在实际浇注过程中撒硫粉可以避免金属熔体氧化。采用熔剂熔炼镁合金时坩埚底部会发生反应，生成或残余一些物质（包括熔剂），因此不能完全倒空坩埚，以免把这些物质浇注进入铸型中。熔炼含锆镁合金时，坩埚底部残留物除了含有熔剂和一些镁颗粒外，还含有残余锆及其化合物，因此要保留炉料质量的15%作为残留物。

无熔剂熔炼镁合金时，应该在保护气氛下撇开熔体表面的氧化物。从炉中移出坩埚时保护气流可以临时中断，但是浇注期间气流必须保持连续。无熔剂保护熔炼工艺中没有残留的熔剂，因此，残留物中干净无残渣的部分可在随后的熔炼中循环使用。

用已预热的浇勺从敞开的坩埚中舀取熔融态镁合金进行手工浇注时，必须采取类似于坩埚直接浇注的防氧化措施。通常，在镁合金熔体表面覆盖硫粉可以减轻合金的氧化和燃烧。浇勺必须沥干直到没有熔剂为止，二次填充浇勺可避免熔体过度搅动，且舀出的熔体比实际浇注的多些，有助于防止熔剂进入铸件。

4.3.5.2　熔炼期间的安全与保护

镁合金熔炼时的常规保护措施比其他熔融金属的更加严格，要求生产人员使用面罩和防水衣。对镁而言，水汽不论其来源如何，都会增加熔体发生爆炸和着火的危险，尤其是当水汽与镁熔体接触时会产生潜在的爆炸源 H_2，因此必须采取以下最基本的防护措施。

（1）所有碎屑必须干净，并保持干燥，腐蚀产物应预先清理。

（2）任何熔剂都必须密封保存，并保持干燥。

（3）避免镁熔体与铁锈接触。

（4）工作场地应保持干燥、整洁、通风良好和道路畅通。

（5）熔炼场地应常备下列灭火剂，如滑石粉、RJ－1 和 RJ－3 熔剂、干石墨粉、氧化镁粉等。镁合金燃烧时严禁用水、二氧化碳或泡沫灭火剂灭火，这些物质会加速镁的燃烧并引起爆炸。严禁用砂子灭火，因为火势相当大时，SiO_2 与 Mg 反应，放出大量的热可促使镁剧烈燃烧。

（6）坩埚使用前必须严格检查以防穿孔，其底部应备有安全装置以防渗漏。

（7）炉料和锭模必须预热，熔炼和浇注工具使用前应在洗涤溶剂中洗涤，并预热后方可使用。

（8）炉料不得超过坩埚实际容量的90%。

4.4　钛合金及其熔炼

4.4.1　钛合金概况

4.4.1.1　发展概况

随着铸钛工艺的发展，钛合金铸件应用范围不断扩大，铸件日益大型化复杂化，壁厚越来越薄，开发具有良好力学性能、易于成型和铸后易于处理的铸造钛合金已被列入研究议程。钛的熔点较高，但目前钛合金的使用温度低于550℃，因此，发展高强耐热钛合金是今后的努力方向。

Ti－13Cu－3Al 合金具有较低的熔点，故可减轻铸件对冷速的敏感性，同时减少铸件表面沾污等缺陷。随着钛铸件向复杂化、大型化发展，势必要求发展一些对铸件冷却速度不敏感，在不同截面及部位都能保持均匀力学性能的合金。

铸造钛合金与变形钛合金一样，按相的组成可分为α－型合金、近α－型合金、α＋β－型合金、近β－型合金、β－型合金等5种。按它们的强度和应用情况可分为中温中强合金、高强合金、高温和低温合金、耐腐蚀合金及特殊用途合金（生物工程合金）等6种，见表4－26。

表4－26　铸造钛合金的分类

序号	类　别	合　金	牌　号
1	中强结构合金	Ti－6Al－4V	ZT4、Ti64
		Ti－5Al－2.5Sn	ZT2
		Ti－5Al	BT5JI
2	高温合金	Ti－5Al－5Mo－2Sn－0.3Si－0.02Ce	ZT3
		Ti－6Al－2Sn－4Zr－2Mo	Ti6242
		Ti－6.5Al－3.5Mo－22V－0.3Si	BT9JI
3	高强合金	Ti－5.5Al－3Mo－1.5V－0.8Fe－1Cu－1.5Sn－3.5Zr	Zr5
		Ti－15V－3Cr－3Al－Sn	Ti－15－3
4	耐腐合金	Ti－0.2Pd	C－7A
		Ti－15Mn－5Zr	KSI30M2－C
		Ti－32Mn	ZrB32
5	生物工程合金	Ti－5Al2.5Fe	C－TiAl5Fe2.5
6	低温合金	Ti－6Al－4V ELI	Ti64ELI

4.4.1.2　典型钛合金

除低含氧量的工业纯钛外，Ti－6Al－4V 和 Ti－5Al－2.5Sn 是应用最广泛的结构钛合金，尤其是 Ti－6Al－4V 合金铸件占总产量的90%，其特征是α＋β两相合金，可在350℃以下使用，具有良好的综合力学性能。该合金的热处理工艺简单，组织性能稳定，焊接性能良好，可广泛用于航空发动机、气压机及飞机、导弹的结构零件。G－TiAl6Sn2Zr4Mo2Si 是美国生产的铸造合金，可在500℃下使用。G－TiAl5Fe2.5 合金中不含对人体有害的元素钒，具有良好的强度和工艺性能，对人体组织具有突出的相容性能，是可用于制作人工关节的医用合金。

Ti－6Al－4V 和 Ti－5Al－2.5Sn 合金是我国应用较早的钛合金，前者的牌号为 ZT4，与国外相比强度略低，用量已超过钛铸件总量的80%。在 ZT4 母合金中适当提高氧含量（如 ZT4－1 合金），可使强度有所提高，并达到国外同类合金的强度水平。

Ti－5Al－2.5Sn 为α单相合金，具有中等强度及良好的焊接性能。退火状态可在

350℃以下长期工作。由于其抗氧化性能优于其他合金，可在较高温度短时间工作。ZTC3合金是根据钛合金的铸造特点研制的航空用高温铸造钛合金，其特点是在 Ti－Al－Mo－Si 系的基础上，添加了稀土元素铈，提高了固溶强化和弥散强化的效果。由于在凝固期间可形成难熔质点（Ce_2O_3），使合金既具有较高的耐热性能，也保持了良好的热稳定性能，可用于制造500℃以下长期工作的发动机部件。

ZTC5 合金是在耐热钛合金基础上发展的一种组织结构稳定的高强 α＋β 两相铸造钛合金，属于 Ti－Al－Mo－Sn－Zr 系合金，由于加入了快速共析元素，时效后可提高合金的强度。该合金不仅在常温下有高的强度和韧性，而且可在350℃以下长期使用，具有良好的热稳定性，可用于飞机结构铸件。ZT6 是一种近 α 型铸造合金，合金中铝含量为8%，具有良好的高温性能和热稳定性，可用于500℃以下工作的航空发动机部件。

4.4.1.3 TiAl 化合物

早在20世纪50年代已发现 γ－TiAl 金属间化合物具有良好的高温持久性能和抗氧化性能。之后研制的 Ti－48Al－2Cr(Mn)－2Nb 合金由于铸态合金由粗大层状组织构成具有很低的延性和强度。通过热处理，可使晶粒细化至100～200μm，以抑制层状组织，具有双重组织的 γ－TiAl 合金表现出良好的综合力学性能，故可作为工程结构材料使用。

由通用电器公司研制的铸造 γ－TiAl 合金低压涡轮（LPT）叶片，通过两台发动机、1500个飞行周期的模拟试验，证明其完全可能在发动机某部件取代镍基合金。当然，铸造 γ－TiAl 合金的正式批量使用还有许多问题需要解决，如室温塑性、抗氧化性和性能稳定性等。在 Ti－46Al－2Mn－2Nb 中加入了0.8%的 TiB_2，可获得满意的效果，从而开创了 γ－TiAl 合金发展的新途径。

4.4.2 钛合金的结晶、相变和热处理

4.4.2.1 钛合金的结晶学

铸造合金的初次结晶对性能影响较大，因此，在讨论热处理之前，需要阐明合金的结晶特性。

A 结晶过程

钛的结晶过程服从结晶学的普遍规律，是一个形核、长大的过程。但由于钛的化学活性强，可以还原绝大部分难熔化合物，因此，熔融钛中所含外来质点极少，使其在初次结晶过程中非自发形核数量很少。在结晶速度相同时，钛的形核速度比铝小一个数量级，比铁小两个数量级，如图4－27所示，这是钛易于形成粗晶结构的主要原因。

无论是工业纯钛或是成分复杂的钛合金，其晶体长大均是择优生长的过程，因此，初生晶体呈树枝状，如在快冷铸件的表面和缩孔壁，以及在凝壳与浇口杯表面均可观察到枝状晶体。

B 热物理性能的影响

钛合金的结晶动力学应考虑两方面问题：一是合金的热物理性能；二是合金的平衡状态。由于加入合金元素使合金的共晶、包晶反应和结晶温度区间发生变化，由此引起的热物理性能变化导致不同合金具有不同的结晶特征。结晶的基本物理特性包括结晶潜热、热容和密度。钛合金的导热性较差，且随合金元素的增加而降低，故钛合金在凝固期间散热

缓慢；同时含铝的钛合金在凝固期间放出大量的结晶潜热，随铝含量增加，合金的结晶速率减慢。铝含量与铸件凝固时间的关系如图4－28所示。

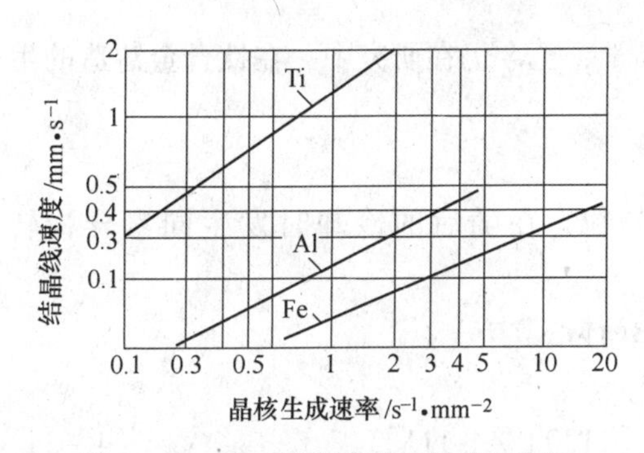

图4－27　钛、铝和铁的结晶线速度和晶核生成速率之间的关系

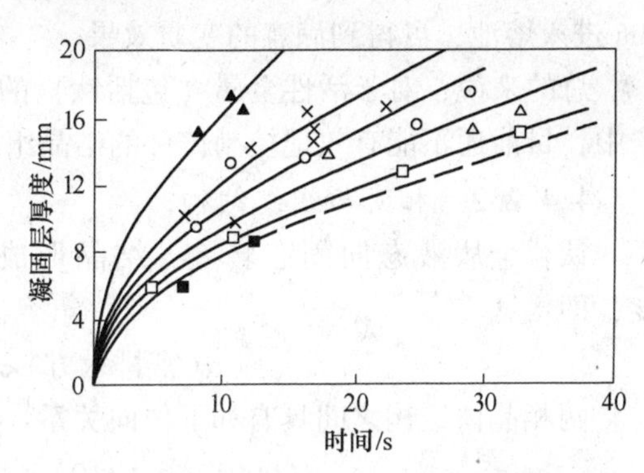

图4－28　钛－铝和钛－硅凝固速度的变化

○—Ti；▲—Ti＋12%～18%Si；×—Ti＋1.25%～2.5%Si；△—Ti＋5%Al；□—Ti＋10%Al；■—Ti＋30%Al

钛合金的结晶温度区间对凝固方式有很大影响。钛－硅共晶合金的凝固速度比具有较宽结晶温度区间的亚共晶合金高很多，共晶体的析出不但加快了结晶速率，而且保证了较细的结晶组织。但含硅量过高会使塑性降低。

采用低温浇注，使凝固期间的过热度降低，可获得细小的结晶组织；相反，较高的浇注温度可获得粗晶组织。当超过某一温度浇注会使铸件晶粒急剧粗大的现象称为“温度壁垒”，钛合金随浇注温度提高铸件晶粒尺寸也增大，如图4－29所示，但不存在急剧长大现象。这是由于采用电弧凝壳炉熔炼，其凝固期间过热度很小，不会超过“温度壁垒”所致。

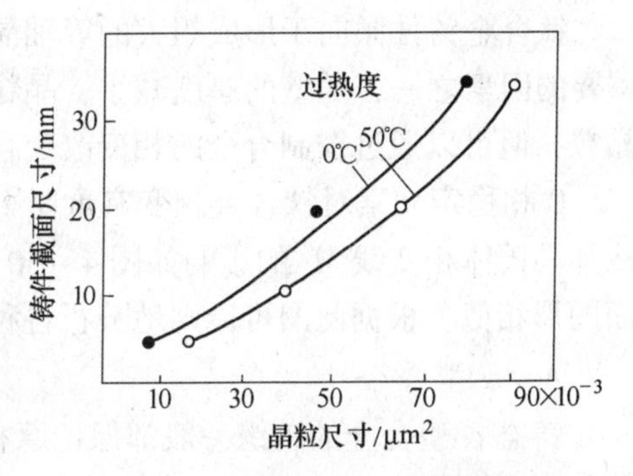

图4－29　钛铸件截面尺寸与金属过热度对晶粒尺寸的影响

在凝壳炉熔炼中电弧加热与坩埚冷却液保持热平衡，使凝壳具有一定的厚度；停弧后，热平衡遭到破坏，凝壳壁迅速增厚，在凝壳上迅速生长出新的晶粒。由于坩埚高压水的强制冷却作用，使其凝壳中生长的晶粒深入液态区中，在浇注时，液态金属强烈地冲刷凝壳壁，使其液态金属中的枝晶被金属流带走成为铸件的结晶核心。随着金属断弧后在坩埚中延长保持时间，或降低浇注速度，被液体金属带入的固体晶体增多，铸件的结晶组织也随之细化。因此，电弧凝壳炉断弧后立即浇注的铸件晶粒较粗大，而断弧后略加停留，其铸件晶粒尺寸较细小。

C　改进结晶条件的方法

在金属凝固期间施加作用力可使结晶组织致密，有效提高铸件的力学性能，如采用压铸、振动浇注和离心铸造等，变质处理也是改善金属和合金铸造组织结构的有效措施之一。但在钛合金中加入难熔金属或难熔化合物很难起到变质的作用，因为，它们在熔融钛中不稳定，不易成为外来晶核。加入可溶解的表面活性剂，如稀土元素Sc、Y、La和Ce等，能减少形成临界晶核所需的功，即减小金属液与晶体之间的表面张力，故可增加晶核数量。为了使变质剂在熔炼时不完全溶解而成为结晶核心，可在凝壳炉自耗电极的一定位置钻一些孔洞，将稀土元素、难熔金属粉和硼等变质剂填入孔内，使之在熔炼终了前40～60s进入熔池，可得到满意的变质效果。

总的来说，对于活性金属（包括钛）的结晶学，至今仍在研究中，在钛合金铸造的生产中，目前还不能有效地控制铸件的结晶组织。

4.4.2.2 相变与组织结构

钛合金从液态向固态转变，结晶形成β晶粒，在随后的冷却时发生同素异构转变，即：

$$\alpha(\text{密排六方}) \Longleftrightarrow \beta(\text{体心立方})$$

两相晶体结构之间具有如下位向关系：

$$(0001)_{\alpha}//(110)_{\beta}, \qquad [1120]_{\alpha}//[111]_{\beta} \tag{4-24}$$

钛的α/β相变体积效应约为0.17%，只有铁的γ/α相变的1/50，故钛的相变应力很小，不足以使新相大量形核。钛发生相变时，各相之间存在严格的晶体学位向关系和强烈的组织遗传性，因此，钛及合金不能通过相变重结晶来细化晶粒。

钛合金铸件倾向于形成粗大的等轴晶粒组织，而铸件的壁厚尺寸是影响晶粒尺寸的最重要的因素之一，随壁的厚度减小，晶粒尺寸减小。铸造钛合金虽然不能通过热处理细化晶粒，但可以通过控制合金的相变改变合金的晶内相组成，从而影响其力学性能。

β相稳定元素对钛合金相变有重要影响，其中，β相稳定元素对钛－β相图及非平衡冷却马氏体相变线M_s的影响如图4－30所示，实际上，大部分钛合金多元相图的垂直截面图形相似，根据此图可原则地分析各种钛合金在平衡与非平衡状态下的组织转变。

A α型合金

铸态α型合金的组织一般都保持原有的β晶界，晶内由片状α相组成，且按12种可能的取向排列。位向相同、平行排列的片状α相构成片状α束或集团，一个晶粒内有数个按一定位向排列的片状α集团，称为亚晶。α钛合金的片状之间的边界比较清晰，通常称为片状组织。纯钛的片状α相之间的边界在一般金相腐蚀条件下无法显示，仅可观察到亚晶界，通常称为锯齿状组织，如图4－31所示。

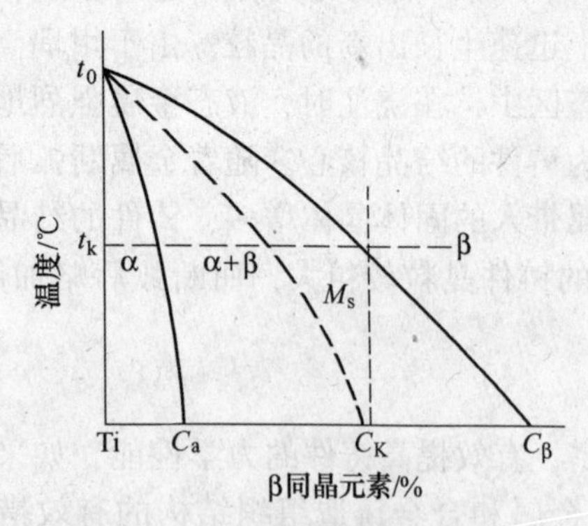

图4－30 β相稳定元素对Ti－β二元相图及M_s相变线的影响

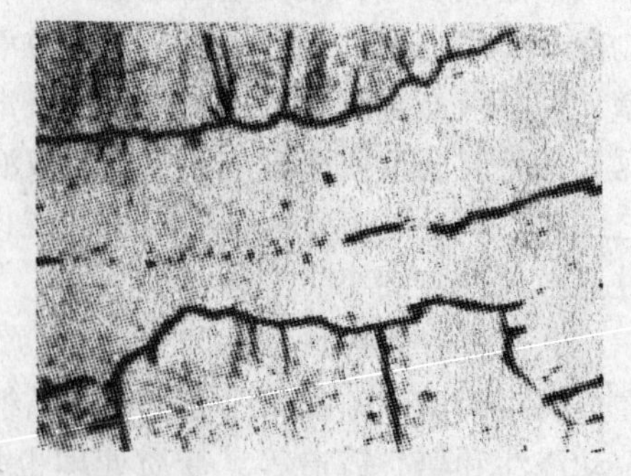
图4－31 铸造工业纯钛的组织形貌（×400）

片状组织可在相变重结晶时形成，金属冷却时，α首先在β晶界处形核，并向晶内生长，相变重结晶速度快时，片状α可贯穿全晶，形成魏氏组织；冷速较慢时，α相可在晶内形核长大，形成所谓的网篮状组织，片状α相的大小取决于铸件的冷却速度与合金成分。

α铸造合金在α相区热处理对组织形态无明显影响，但对力学性能有一定影响。在β相区加热进行相变重结晶热处理时，金相组织中片状α相的厚度随冷却速度的降低而增加，如图4－32所示，其强度也有所降低。α合金从β相区快速冷却（淬火）时，可发生无扩散相变，形成α马氏体组织；回火时析出清晰的α片状物，其与α一样按一定的位向排列。具有这种组织的合金，其强度增高、塑性降低。

B　α＋β合金

α＋β铸造钛合金的铸态组织与α合金相同，都以片状α为特征。在α＋β合金中，片状α相按一定位向排列，基体为β相，原始的β相晶界清晰可见。α＋β双相合金的铸态组织与冷却条件有关，冷却速度较慢时，片状α相宽而短，在晶内形成网篮状组织；当冷却速度较快时，片状α相长且尖，甚至形成针状马氏体组织。当合金从β相区较慢速冷却时，α相首先在晶界处形核，然后向晶内生长，形成交叠的片状α相形貌。合金从β相区淬火获得马氏体组织，在回火时发生分解。与变形合金一样，含β相稳定化元素较高的合金在淬火或回火时也会有ω相析出。

α＋β双相铸造钛合金在低于相变点以下退火时仅发生晶内组织变化，随退火温度提高β相数量增加，并伴有片状α相的聚集长大。具有较大片状α相的合金其塑性比铸态合金低。

在低于β/β＋α转变温度，高于马氏体转变温度进行固溶处理，随后淬火，可获得平衡的α相、马氏体和β相组织，时效时在亚稳定的β相上析出细小的次生α相，同时发生马氏体分解。此时，合金的强度有所提高，但塑性降低。

ZT3合金的组织与α＋β双相铸造合金相似，即在β相基体上有片状或针状α呈“网篮”状排列，如图4－33所示。原始的β晶界被保留，沿β晶界有片状α相析出。合金中β相含量约为16%。

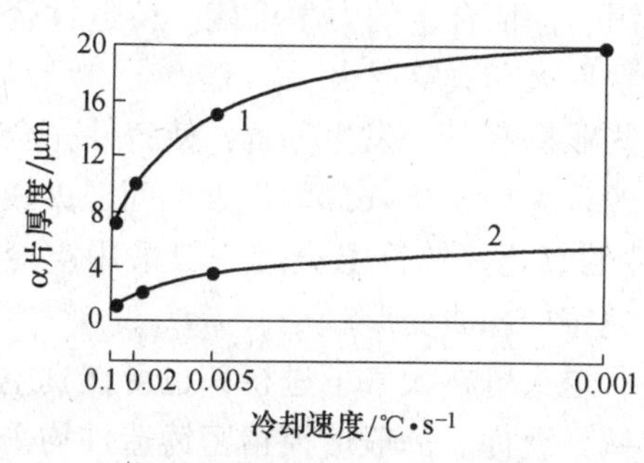

图4－32　铸造Ti－5Al－2.5Sn（1）和Ti－6Al－4V（2）合金中片状相厚度与冷速的关系

图4－33　ZT3合金铸态金相组织（×500）

ZT4合金经1000℃固溶及淬火处理后形成的高倍网篮组织如图4－34(a)所示，照片中较宽的灰色带状组织为β相，三组相邻的β相互成60°平行排列，β相之间的白色针状

相为 α 相。在 β 相区中因淬火形成的马氏体组织如图 4－34(b) 所示。

(a) (b)

图 4－34 ZT4 合金经 1000℃固溶及淬火后的组织
(a) 网篮组织；(b) 网篮中的马氏体组织

ZT5 是一种高强高韧型 α＋β 合金，β/α＋β 相变温度为 (940±10)℃，其组织结构是较细小的片状 α 相，并在 β 相基体上呈“网篮”状排列，此外，还有细小的 Cu 共析化合物析出。

C β 型合金

工业中应用的 β 钛合金，都属于亚稳 β－钛合金，其铸造组织与 α 及 α＋β 双相合金存在明显的区别，其特征以针状组织为主。β－Ti 合金的晶粒尺寸比较细小，呈等轴状。晶粒内存在针状 α 析出物。随冷却速度降低，析出物逐渐粗大。在 β－Ti 合金中的析出相呈一定位向排列，大多集中于晶粒内部，晶界附近主要是 β 相。通常 β－Ti 合金中元素含量较高，铸态组织存在枝晶偏析，特别是在结晶区间较宽的 Ti－Ni 和 Ti－Mo 合金中尤为明显。

4.4.2.3 合金的热处理

A 退火

钛合金铸件退火的目的是消除应力、稳定组织、保证合金的力学性能。铸造钛合金退火的种类包括普通退火、消除应力退火、保护气氛退火和真空退火。

在退火期间铸造钛合金不发生再结晶，但一些亚稳 β 相可发生分解，使铸件完全消除残余应力，又可适当保持合金的强度和塑性。一般认为在 500～650℃温度区间退火较为合理，既可消除大部分残余内应力，又可避免铸件的氧化。铸件退火后一般采用空冷或炉冷，对于复杂的大型铸件，缓慢的冷却速度可避免铸件翘曲变形。

根据钛合金件的尺寸、复杂程度和使用要求，退火可在大气下进行，也可在真空或惰性气体保护下完成，但应避免在还原气氛中加热钛合金件。一般熔模精密铸造件均采用保护气氛退火工艺。

钛合金加热到 300℃开始吸氢，500℃时吸氢速度急剧增大。钛合金铸件在酸洗、打磨和化学除砂过程中，都有可能发生氢污染，氢含量过高会造成氢脆，导致铸件提前失效。若钛合金氢含量过高，必须进行除氢处理，真空退火是唯一有效的除氢途径。除氢的真空处理温度应在700～750℃，其炉膛应洁净，真空度不低于5×10^{-2}Pa。当铸件壁厚差小于50mm时，允许的冷却速度为80℃/h，真空处理的铸件随炉冷却至300℃后即可出炉在大气下继续冷却。

B 强化热处理

铸造钛合金在低于临界温度（β相转变温度）快冷不发生相变，可获得亚稳定的β相组织。时效期间，在亚稳定的β相中可弥散析出α相，使合金强化，这种强化热处理可称为固溶时效处理。如果合金在β相转变温度以上加热，然后快速冷却，合金中β相发生无扩散相变，转变成马氏体。回火时发生马氏体分解析出弥散的α相，可使合金强化。这种强化热处理称为淬火回火处理。

固溶时效处理和淬火回火处理均称为淬火时效，淬火时效强化热处理适用于α+β及亚稳β-钛合金，也适用于近α合金。合金中β相稳定化元素越多，淬火后亚稳β相数量越多，时效强化效果越大。β相稳定化元素浓度达到C_K值时，时效强化效果最大。β元素进一步增加时，时效时亚稳β相析出数量减少，强化效果降低。几种β相稳定化元素同时加入，综合强化效果大于单一元素的强化效果。

铸造高强钛合金大多是β相稳定化元素较多的α+β合金或β合金，均含有多种β相稳定化元素，采用淬火时效处理，其强度可达高强钢的水平。固溶强化热处理可作为一种补救热处理方法，如当Ti-6Al-4V合金的力学性能达不到要求时，可采用淬火时效处理调节合金的强度和塑性。

C 特殊热处理

（1）循环热处理。由于钛合金相变应力小，用单一的热处理很难改变原始铸态组织，尤其是晶界组织。采用循环热处理，积累相变的体积效应，产生和增加内应力，促使合金发生再结晶，可改善合金中的片状组织，使其成为多边化和晶粒细化。

具有粗大魏氏组织的Ti-6Al-4V合金，经α+β相区循环热处理（980℃⇔500℃），初期使细长片状α相粗化，随后被破碎，使其组织细化。若在循环热处理（980℃⇔500℃，10次空冷+900℃，2h空冷）前，预先加热至β相区淬火（1010℃，水淬），完全转变为马氏体组织，经循环加热冷却后，晶界α相基本消失或破碎，细化程度及组织均匀性提高，故可明显改善合金的疲劳性能，如图4-35所示。

（2）氢处理。氢在钛合金中溶解度很大，可大大降低β相转变温度，并出现共析反应。氢的溶解是一个可逆过程，因此，可把氢暂时看作是合金元素，通过控制共析反应过程可细化钛合金的铸造组织，改善其力学性能。

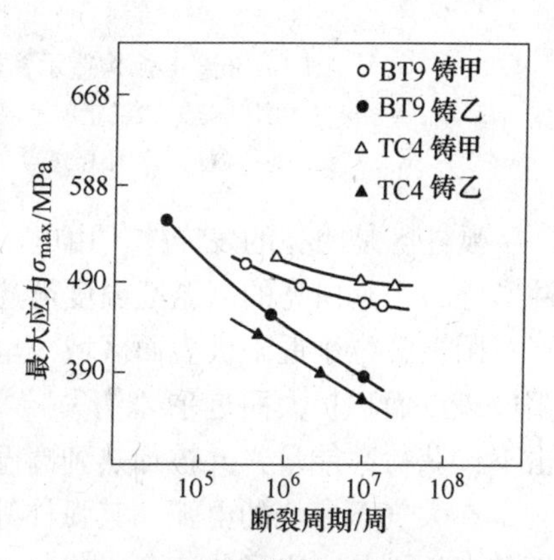

图4-35 循环热处理对钛合金高频疲劳性能的影响

钛合金铸件的氢处理主要由渗氢和脱氢两个过程组成，也可包括预固溶处理和中间处理。其中，铸态Ti-6Al-4V合金在650℃进行渗氢处理，随时间变化合金中氢含量可增加至0.75%～1.58%，在随后的等温处理过程中，发生共析反应，生成细小的α+TiH_2(γ)共析组织，从而使合金组织细化，此时，在α+γ共析组织中还存在一定量的残余β相。真空除氢过程中，共析组织 $\alpha+\gamma$ 脱氢转变成很细的等轴 $\alpha+\beta$ 组织。除氢处理后的铸造钛合金其强度和疲劳性能均有所提高。

4.4.3 钛合金熔炼与浇注

目前，用于钛合金熔炼的设备种类很多，其中包括真空自耗电弧凝壳炉、真空非自耗凝壳炉、电子束凝壳炉、冷壁坩埚感应炉和等离子凝壳炉等。其各种凝壳炉的共同特点是均采用“凝壳”坩埚，即使用强制水冷的铜坩埚或石墨坩埚，熔炼时钛在坩埚中形成一层凝固壳体，保护钛在熔融状态下不受污染，从而获得“纯净”的液体钛合金。

4.4.3.1 真空自耗电弧凝壳炉

A 概述

真空电弧熔炼的热源来源于电弧，电弧的行为与特性是影响熔炼工艺参数和产品质量的重要因素。在本质上，电弧属于无数放电形式的一种，在正负两极施加直流电压后用接触或其他方法可引出稳定的电弧，其引出的电弧由三部分组成，即阴极区、弧柱区和阳极区，如图 4－36 所示。

阴极区由阴极斑点和正离子层组成，其中阴极斑点是电极端面的一个光亮点，电子束集中在光亮点向外发射而产生弧光放电，正离子层处于电极端面附近与弧柱交界的区域。阴极区与电极端面之间构成很大的阴极电位降，如图 4－37 所示，这种阴极电位降促使电子从电极端面发射，用以维持电弧正常燃烧。

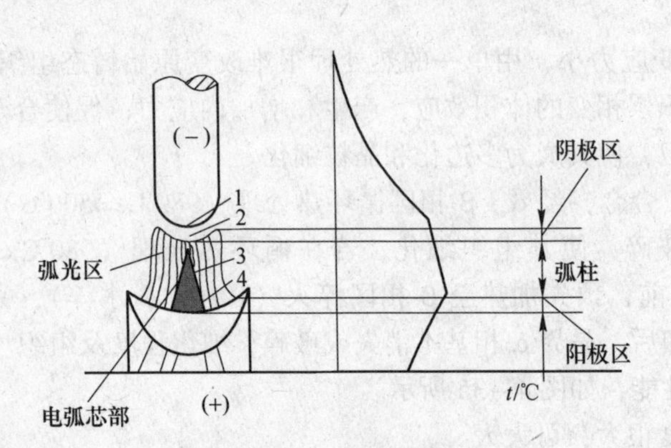

图 4－36 电弧构造示意图
1—阴极斑点；2—正离子层；
3—弧柱；4—阳极斑点

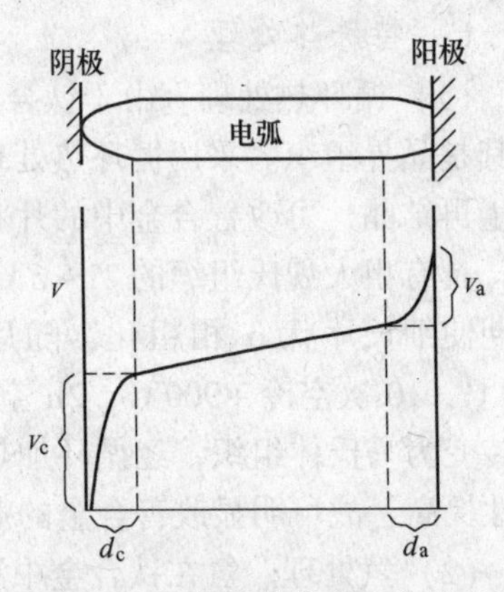

图 4－37 电弧的典型电位分布
d_c—阴极区；d_a—阳极区；
V_c—阴极电位降；V_a—阳极电位降

弧柱区是明亮的发光体，由电子和离子混合组成的高温等离子体在阴极与阳极之间呈钟形分布。其白亮的高温区温度可达4700℃。

阳极区位于近阳极表面区域，也是一个斑点，但由于阳极区气体介质压强较低，故随阳极斑点面积扩大而近乎“消失”。阳极斑点在来自阴极电子和弧柱负离子高速运动的轰击下，获得高能量，并被加热到高温，使整个阳极区的温度高于阴极表面温度。

在大气下燃烧的电弧，其弧柱等离子体主要由电子和空气的离子化粒子组成；而真空下的电弧则是由电子与正负极材料离子化蒸气组成。大气下电弧的阴极斑点面积小，弧柱与周围空气的界面清晰。随着弧柱区气压降低，阴极斑点迅速增大，其增大的斑点已不局限于停留在电极端部，也覆盖在邻近的电极圆柱表面，故使弧柱界面逐渐“模糊”。随着能量的逐渐分散，阴极斑点的温度逐渐降低，当弧柱区域处于一定的临界压力时，则可发生辉光放电，使电子-离子的等离子体四处扩散，并产生升压效应，其后果危险，应尽力避免。

电弧熔炼时产生辉光放电的临界压力与放电场周围气体及蒸气的性质和数量有关，一般约为1365MPa。随真空度提高，弧长尽量缩短，即可进入正常的电弧熔炼。与大气电弧相比真空电弧的阴极自由行程增大，在弧柱区运动的能量大幅度增加，故以极大的速度冲击阳极斑点，使正极熔池获得更大的热能。

电弧燃烧的不稳定性是真空熔炼的重大问题，除了采用自动化控制，维持较短的电弧，防止侧弧、散弧外，安装稳弧磁场，使弧柱轴向旋转，可提高电弧熔炼的稳定性。

真空自耗电弧凝壳炉是在真空自耗电弧炉的基础上发展起来的，凝壳炉采用直流电源，用自耗电极作负极、水冷坩埚作正极，起弧后将钛及合金电极熔化滴入坩埚熔池，其中水冷铜坩埚可以翻转倾动，如图4-38所示。当形成的熔池足够大时，电极迅速提升，随即翻转坩埚，使熔融钛迅速通过浇道进入铸型，根据铸件要求，可进行静止浇注或离心浇注。

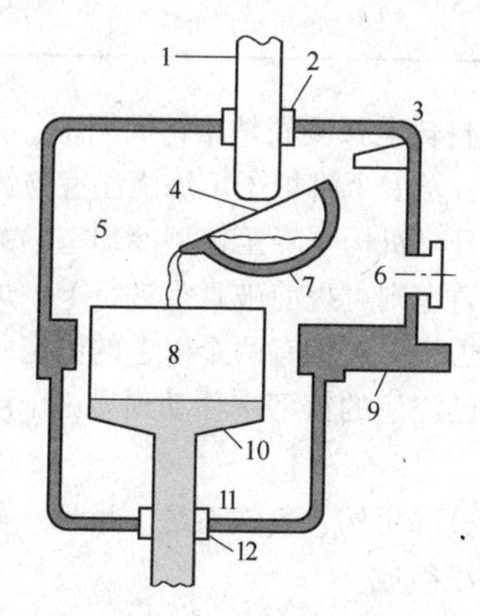

图4-38 自耗凝壳炉示意图

1—自耗电极；2—密封；3—加料斗；4—电极；5—炉体；6—真空系统；7—坩埚；8—铸型；9—闸板阀；10—升降离心机；11—浇注室；12—密封

B 自耗电弧凝壳炉类型

自耗电弧凝壳炉根据用途可分为五种类型：卧式炉、立式炉、双室炉、多室炉和连续炉，见表4-27所示。

(1) 卧式炉。卧式炉为铸钛发展初期设计的一种凝壳炉，其特点是：炉膛为卧式圆筒，坩埚与浇注离心盘装在同一室内，根据大小可采用一个炉门或两个炉门。该炉结构紧密、密封可靠，易于控制。

(2) 立式炉。立式炉也是单室炉。由于卧式炉铸型高度受到限制，立式炉炉膛空间利用率高，可减少真空系统的功率消耗，为满足高、大铸件的要求，采用立式炉较为合理。立式炉分为圆形与方形两种，方形炉需要采用强度较高的炉壁设计，而圆形炉制造较为方便。

表4-27 各种真空自耗电弧凝壳炉示意图

类型	卧式炉	立式炉	双室炉	多室炉	连续炉
示意图	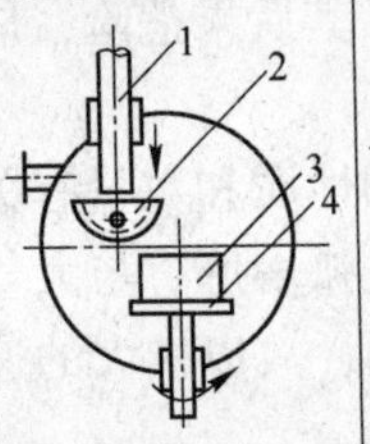	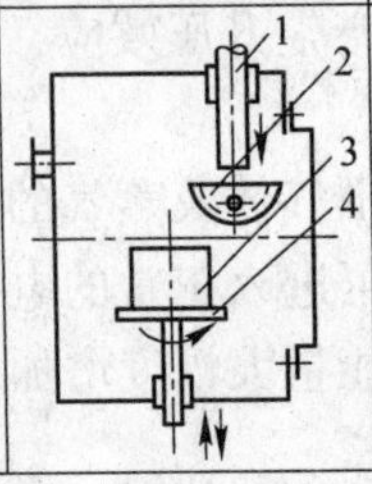	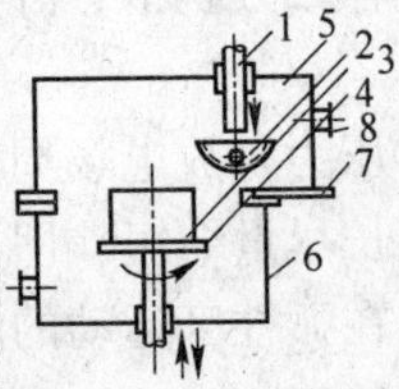	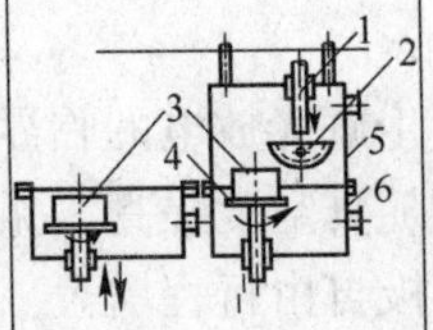	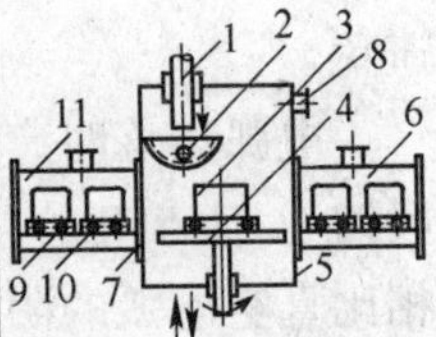
	1—电极；2—坩埚；3—铸型；4，5—熔铸室；6—铸型冷却室；7—闸板室；8—真空系统；9—滚轮；10—导轨；11—铸型预热室				
特点	卧式圆筒形炉体，结构稳定，操作方便	立式方形炉，有效空间大。坩埚装在炉门上，可移出清理	离心盘可升降，用闸板阀将铸型冷却室与熔铸室隔开	多铸型室、熔化室用导轨移动	用闸板阀将铸型预热室、冷却室与熔室隔开，保证铸件连续生产
国别及型号	中国 ZJ-30	德国 L300 SM	苏联 ВДЛ-4，美国 Titech 公司出品	苏联 ВДЛ-160M	德国 L-100S，美国 Rem 公司出品

（3）双室炉与多室炉。在自耗电弧凝壳炉熔铸周期中，铸件冷却占据很多时间，为了缩短熔铸周期、提高生产效率，发展了将炉子熔炼浇注室与铸型室用真空闸板阀隔开的双室炉。铸型在熔炼浇注后通过升降机构下降至铸型冷却室，关闭闸板阀，铸件可在真空下或惰性气氛下继续冷却，而熔铸室则可提前破真空进行下一炉次的准备。

多室炉是大型批量生产的炉型。它拥有两个以上的固定式铸型室，活动的熔炼室采用吊车或行车机构移动，从一个已浇注的铸型室移动到另一个准备浇注的铸型室。

C 结构

凝壳炉通常由炉体、电极升降机构、真空系统、坩埚、离心浇注盘、电源系统、电控系统、冷却系统及电弧观察系统组成。

（1）炉体。包括炉膛、炉门及联结其他系统的窗口与法兰。由于炉膛承受很高的热辐射及金属飞溅，因此，必须进行水冷却至40℃以下。炉体冷却有三种方式，1）双壁水冷式：一般用于卧式炉和圆筒形炉体；2）半双壁水冷式：仅用于冷却辐射最强的炉体上部和密封法兰部位；3）焊接管冷却：缠绕于炉体的外壁，用于通冷却水。

（2）坩埚系统。包括坩埚、水冷套和翻转机构。坩埚是电弧炉通过强大直流电的一极（正极），与由上方下降、逐步接近的自耗电极（负极）放电，产生强大电弧，熔化电极与坩埚内的炉料逐步形成熔池。由于坩埚的强烈冷却，坩埚壁上的钛液迅速冷却，形成一层凝固的钛壳，该壳可避免熔池内的钛液受到坩埚的污染。

在生产中广泛使用的坩埚有石墨坩埚和水冷坩埚。石墨坩埚一般由人造石墨切削加工而成，壁厚为20~60mm，底厚达100mm，带锥度（4°~5°）的石墨坩埚装置在一个侧壁有水冷的水套中，水套上的坩埚翻转轴颈应设置在接近浇嘴部位，以便浇注时保持金属流达最小。石墨坩埚的使用寿命可达几百次，且安全可靠，但会使钛合金增碳（每炉次0.02%）。

水冷铜坩埚由铜坩埚和水冷套组成。前者用紫铜模压件机加工而成，后者由不锈钢焊接而成。铜坩埚的直径 D 由炉子容量与电极直径 d 所决定，一般 $d/D=0.45\sim0.75$，而坩埚合理深度 H 则与电流强度有关，一般为 $H/D=1.2\sim1.5$。

（3）电极升降系统。包括导电杆、传动机构与电极卡头。电极卡头装卡自耗电极，接通电流，通过传动机构下降电极（作为负极），与坩埚接近后，起弧进行熔炼。熔炼结束熄弧后，通过快速提升系统将电极迅速升离熔炼区，以便坩埚翻转。进给母合金电极的机构分为机械升降和液压升降。

（4）真空系统。包括机械泵、罗茨泵、油增压泵（或扩散泵）及各种真空阀门和真空测量仪器。真空系统首先要保证装炉料后迅速将炉子抽真空到约 1.3×10^{-1}Pa；熔炼时可将炉内真空度维持在 6.5 ~ 1.3Pa。

（5）离心浇注盘（包括放置的铸型）。在浇注时可旋转固定在盘上的铸型，加快注入金属的充填速度。铸型托盘、离心盘轴、离心传动机构、离心盘升降机构和转速器等。离心浇注机分为两种：机械传动与液压传动。

（6）电源系统。电弧熔炼使用直流低电压大电流设备，包括电源开关与导电排。采用直流发电机或硅整流可发生直流电。

（7）电控系统。用于启动和控制炉子各功能系统的运转，包括电控柜、操作台及各种控制元件。电极升降是电弧炉熔炼控制的关键部分，应备有手动和自动两套控制系统。其中自动控制系统有两种：1）电压控制法：根据电弧电压信号控制电极升降；2）脉冲控制法：根据电极头熔化的金属液滴掉入熔池时造成的瞬间短路电脉冲来控制电极升降。

（8）水冷系统。用于冷却炉体、坩埚及其他散热部件，包括水源总柜、水管路、各种手动或自动阀门，及水温、水压及缺水报警等控制仪表。一般工业炉应设置有循环水池，一方面节约用水，另一方面可避免自来水系统突然停水，造成难以挽救的损失。

（9）观察系统。除观察口直接肉眼观察外，为便于操作可装备光学观察系统或电视观察系统。

4.4.3.2 真空自耗电弧凝壳熔炼

A 炉料准备

自耗电极是电弧凝壳熔铸的炉料，也可在坩埚内预置少量炉料。自耗电极又称铸钛母合金棒，化学成分应严格符合铸件要求。母合金来源于以下三种：

（1）铸锭。应采用真空自耗电弧炉自耗熔炼铸锭，铸锭直径和长度应符合凝壳炉的技术要求，短锭可用焊接或螺纹机械联结。铸锭两端必须机加工成平面，锭身应仔细清除锭身沾污物，如表面氧化严重必须机加工去除。

（2）棒料。大铸锭可锻造成圆棒，经加工去除氧化皮至电极使用的规定尺寸。加工棒料表面光洁，不易引发侧弧。铸锭经锻造变形后合金成分可得到均匀化。

（3）回炉料。利用钛铸件废品和浇冒口等回炉料，是降低铸件生产成本的重要途径。用回炉料制造母合金电极的方法为：1）将切割成小块的回炉料吹砂酸洗后装入人造石墨锭模中，在凝壳熔炼炉中浇入部分钛液（约 30%），镶合成符合电极尺寸的棒料（图 4－39a）；2）将回炉料碎块连续焊接成一根棒料（图 4－39b）。这种电极表面不规则，在熔炼过程中，容易出现爬、侧弧，因此，应尽量控制较短的电弧，保持较低的熔炼电压，避免因侧弧引发击穿坩埚的危险。

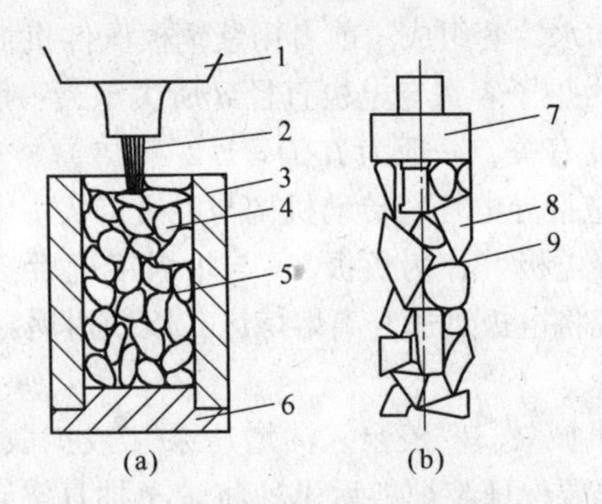

图4－39 回炉料制成的重熔自耗电极

（a）铸造黏结成型法；（b）焊接成形法

1—过渡浇杯；2—液态钛；3，6—石墨锭模；4—回炉料；
5—浇进的液态黏结钛；7—电极安装头；8—回收料块；9—焊点

钛合金的铸件废料，一般占母合金总重量的70%～80%，主要是铸件浇冒口系统、报废铸件、浇口杯、废凝壳、炉内飞溅物和铸件初加工切屑。

B 自耗电弧凝壳熔炼工艺

控制和选择正确的熔炼工艺参数是保证获得优质钛铸件的关键环节。

（1）真空度。熔炼过程的真空度对金属的抗氧化、除气、电弧的行为及安全操作均有直接影响，凝壳炉的冷炉极限真空度一般为1.3×10^{-1}Pa。熔炼真空度与熔炼速度及炉料质量有关，熔炼起弧时，炉膛和坩埚加热放气，引起真空度短时下降，然后，保持真空度在$6.5 \sim 6.5 \times 10^{-1}$Pa。熔炼真空度过高会引起蒸汽压高的合金元素挥发；过低会造成钛合金的氧化，并引发电弧辉光放电。在断弧浇注时金属与铸型作用大量放气，真空度急剧下降。

真空电弧凝壳炉的漏气率是主要技术指标之一。漏气率大，意味着熔炼过程中炉外空气不断渗入，使炉内氧、氢、氮和水气分压增大，污染熔融金属，因而影响合金的力学性能。

（2）电参数。电弧凝壳熔炼采用低电压大电流，为了进行有效的钛合金电弧熔炼，一般选择的电流密度为$0.4 \sim 4\mathrm{A/mm^2}$。熔炼起弧有一个瞬时短路过程，为了避免短路过载应设置较小的起弧电负荷。

自耗电弧凝壳熔炼的熔化速率（V）与电弧功率成正比：

$$V = KW(\mathrm{g/m})$$

式中，W为电弧功率，kW；K为系数，0.33g/(m·kW)。

熔化速率与电流强度成正比，熔池深度随熔炼速率增大而加深，可表示为：

$$h \approx \frac{4.5 \times I}{1000} \qquad (4-25)$$

式中，h为熔池深度，cm；I为电流强度，A。

但电流过大，可降低熔炼过程中的除气效率，增加坩埚烧穿的危险性。凝壳熔炼的空载电压一般为45～60V，起弧后熔炼电压为25～35V。为了维持稳定的电弧、保持较快的熔化速度，应尽可能保持较低的电压、较短的电弧，可防止侧弧，并获得较高的金属过热度。

(3) 电极尺寸。电极尺寸主要由坩埚尺寸决定，坩埚直径 (D)/电极直径 (d) 之比决定了电极距坩埚壁的间隙 (δ)：$\delta = (D - d)/2$

当间隙尺寸低于电弧长度时，易引发侧弧，或击穿坩埚，间隙过大，会造成电弧的热量损失。

(4) 过热度。电弧凝壳熔炼后直至浇注，要求有一定的过热度。凝壳炉的熔炼特点是：电弧在熔池表面导入热量，达到一定的过热度，而熔池与凝壳交界处的温度为金属的结晶温度，并在熔池与界面产生温度差，其中熔池中形成了一个变化的温度场。该温度场的变化与如下因素有关：

1) 电弧输入能量，包括电流、电压、电弧长度；

2) 池面辐射能量损失，与电极和坩埚直径之比有关；

3) 坩埚冷却水热传导，包括温度、压力，坩埚结构；

4) 熔池尺寸及搅拌，包括弧压搅拌和电磁搅拌。

由于熔池的温度场及其体积平均温度决定了浇注金属的真实过热度，因此，为了保证合金熔炼及浇注的过热度，需要了解熔池的温度场。可以认为：反映浇注温度的体积过热度与熔池热交换有关，它的大小取决于熔池的大小、熔炼速度和熔池搅拌情况。

4.4.3.3　熔炼的浇注方法

A　电子束凝壳熔炼浇注法

电子束炉的工作原理与电子管相类似，如图 4-40 所示，高真空下，由高熔点金属构成的炽热灯丝阴极在高压下发射出电子束，通过磁透镜使电子束聚焦在炉料使其加热，进行熔炼。电子束可以分散成较大面积的焦点，对熔池进行保温；也可通过转动磁场进行移动扫描，控制熔炼过程。

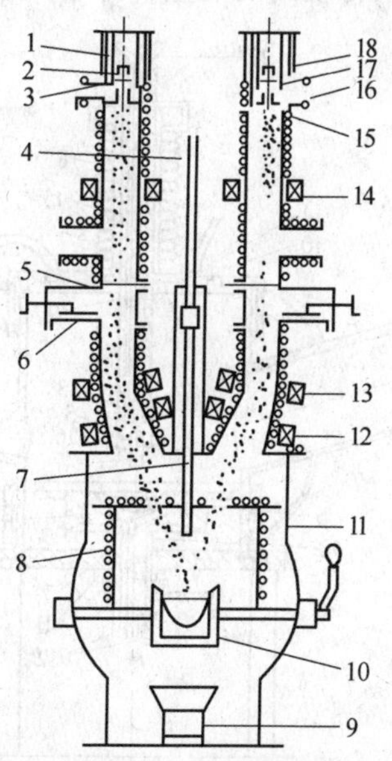

图 4-40　电子束凝壳炉示意图

1—绝缘体；2—加热灯丝；3—控制电缆；4—支架；5—缝隙；6—阀门；7—棒料；8—热屏蔽；9—铸型；10—水冷铜坩埚；11—炉室；12—二级聚焦线圈；13—偏转线圈；14—一级聚焦线圈；15—阳极；16—抽气口；17—阴极；18—屏蔽

早期的电子束炉使用环形电子枪，发射电子的阴极与坩埚放置在同一真空室内，它们之间距离较近，在熔炼期间阴极灯丝容易被金属飞溅和蒸气污染。为此，可将阴极灯丝置于凝壳或坩埚下面，以避免飞溅污染。环形电子枪的另一个缺点是：由于熔炼室有较高的真空度，故使钛合金中蒸汽压高的元素挥发过大。

多室离子束炉一般采用铣式电子枪，该枪离金属液面较远，阴极灯丝、聚焦线圈和熔炼室分隔成单独的真空室，各有专门的真空系统，以保证所需要的真空度，其间隔的壁上均有一个通过电子束的小孔，各真空室存在一定的压力差。由于电子枪与熔炼室隔开，熔炼时的飞溅金属达不到阴极灯丝，故该电子枪的工作寿命较长。

电子束炉可以控制熔炼的冶金过程，提高金属过热度。一般电子束熔炼时，钛合金液面的温度可达2145℃，比电弧加热约高200℃，因此，电子束炉浇注出来的金属具有更好的流动性，适合于浇注形状复杂的薄壁钛铸件。电子束炉的另一优点是能有效回收废料。自耗电弧凝壳炉虽然可以回收部分浇冒口，但对于切屑则无能为力。

采用铣式电子枪虽然可使电子束炉的熔炼真空度保持在 $1.3 \sim 1.3 \times 10^{-1}$ Pa 范围内，但由于熔池液面敞开，金属的挥发量，尤其是蒸汽压高的合金元素挥发量高于自耗凝壳炉，加之电子束炉的保温时间长，所以铸件成分波动大。

B 真空非自耗电极凝壳炉的浇注

非自耗电极电弧熔炼法是在惰性气体保护下，在水冷铜结晶器中采用钨棒或石墨棒作电极进行电弧熔炼的一种方法。图4－41所示为非自耗电弧炉的示意图。在熔炼前，将炉膛抽真空至 $1.3 \sim 1.3 \times 10^{-1}$ Pa，然后输入高纯度惰性气体，进行一次或数次反复冲刷，最后使压力保持在 $5 \times 10^4 \sim 1 \times 10^5$ Pa 之间。电弧在易于离子化的氩气中燃烧比在氦气中更为稳定，在较小电流强度下熔池可获得较高的能量，并增大熔池深度。

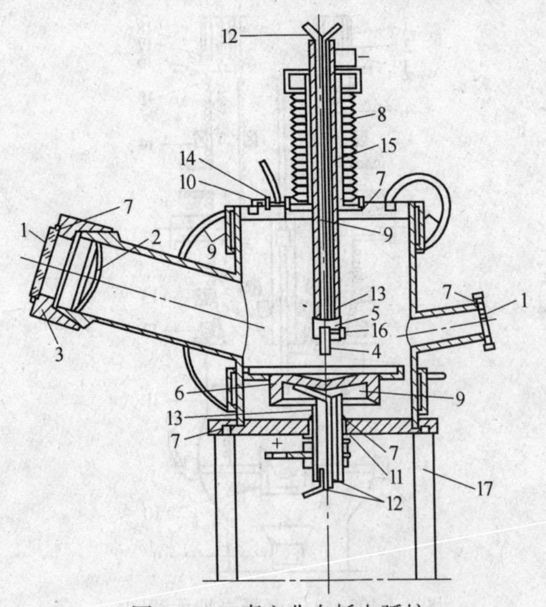

图4－41 真空非自耗电弧炉

1—观察玻璃；2—保护屏；3—观察窗法兰；4—钨电极；5—电极头；6—铜坩埚；
7—密封；8—金属波纹管；9—水冷系统；10—法兰；11—绝缘；12—水冷导管；13—电极杆；
14—惰性气体通入阀；15—电极导管；16—电极卡头；17—炉架

采用含钍的钨棒作阴极较好，它是具有良好电子发射率的高熔点材料。通常，电弧通过电极和装置在铜结晶器上同类材料的端头引弧，然后将电弧转移至坩埚穴内的炉料上。熔炼合金时，需将熔化过的纽扣锭翻转一次或数次进行重复熔炼，以保证成分的均匀性。浇注时，将熔炼好的纽扣锭放置在带底浇孔的坩埚穴上，浇孔下放置石墨或铜锭模。熔炼时用非自耗电极在纽扣锭上扫描加热，靠其表面张力使金属全部熔化而不从浇口处漏出，一旦熔池温度升高，金属流动性增加，金属液可从浇孔迅速全部流出。

针对自耗电极电弧熔炼存在的问题，采用两种方法对非自耗电极电弧熔炼法进行了改进。

(1) 旋转电弧熔炼法（Durarc 法）。即采用高压水冷却铜电极，在电极头内腔安装一电磁线圈，利用磁场作用使电弧沿电极表面不断旋转，以避免电极局部过热，防止电极局部烧蚀，减小铸锭的污染，如图 4－42 所示。

(2) 旋转电极熔炼法（Schlinger 法）。该法与 Durarc 法的相同之处是尽量使电弧不停留在电极的局部位置；不同之处是采用自身旋转的铜电极，而不是用电磁线圈控制电弧旋转。电极一般与坩埚轴线成一定倾斜角度，以保证电极旋转时电极头只在局部与电弧接触，如图 4－43 所示。

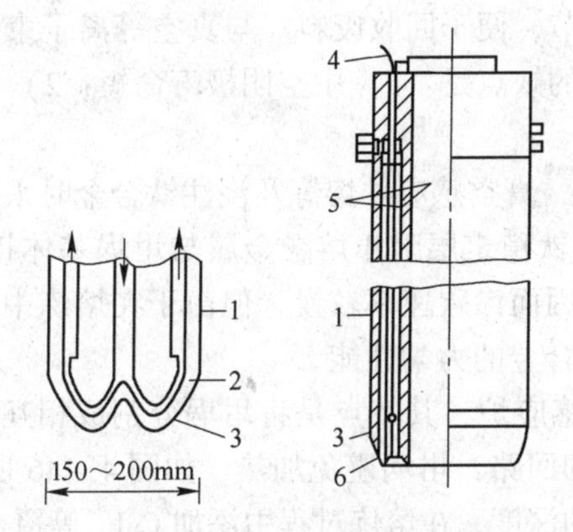

图 4－42　旋转电弧熔炼示意图

1—非自耗铜电极；2—焊缝；3—铜电极头；
4—磁力线圈导线；5—冷却水道；6—磁力线圈

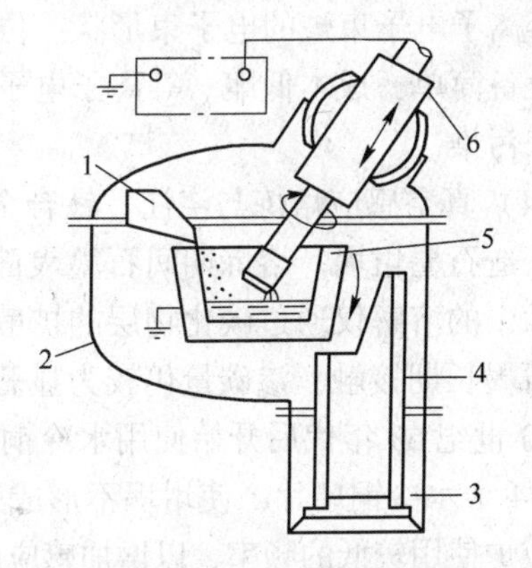

图 4－43　自旋非自耗铜电极结构示意图

1—进料装置；2—水冷熔炼室；3—水冷铸造室；
4—铸锭模；5—水冷铜坩埚；6—自身旋转电极

以上两种方法的缺点：水冷电极消耗热量大，故炉子的能效低，电极寿命较低。优点是：非自耗电极电弧凝壳熔炼法能控制钛合金熔炼的浇注过程，并可回收废料。

(3) 等离子弧和等离子束炉熔炼。等离子体被称为“物质的第四态”，是一种由电子、离子及中性粒子组成的电离气体，电流流经气体即可产生等离子体。

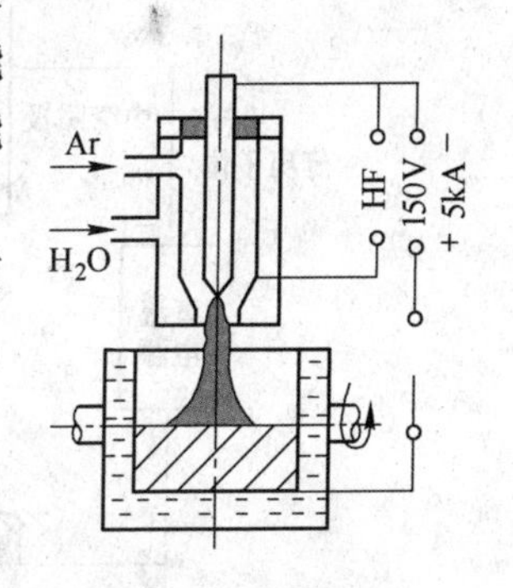

图 4－44　等离子弧凝壳熔炼法示意图

等离子弧熔炼是利用等离子体加热熔化金属的一种方法。如图 4－44 所示，等离子枪由含钍的钨电极和水冷等离子枪组成。在高频（HF）放电的作用下，作为负极的钨棒与正极的坩埚间产生等离子弧。等离子弧也是一种电弧，在惰性气体介质中电离度更高。等离子弧与自由电弧不同，是一种经压缩的电弧。在等离子枪中，等离子弧沿纵向被氩气流吹向正极被熔金属；沿横向则被水冷喷嘴壁或磁场作用压缩变细，从而形成一个能量集中、弧柱细长的高温等离子弧。与自由电弧相比，等离子弧具有较好的稳定性、较大的长度和较广的扫描能力，故在熔炼铸造领域具备优势。

等离子弧熔炼可以利用散装料，如海绵钛、钛屑、浇道切块等，也可使用棒料，即缓慢将料棒伸入等离子室使金属熔化滴入坩埚。等离子弧熔炼的设备结构简单、操作方便、熔融金属温度高。其缺点是：由于等离子体被引入炉膛，炉膛气压较高，不利于金属除气；又由于惰性气体纯度问题，金属难免受到污染。

等离子凝壳炉熔炼钛合金的熔池较浅，池面较大，且无遮盖，热辐射损失的热量较大，因此，浇注金属的过热度不高，不易于浇注薄壁钛合金精铸件；但等离子炉可回收铸钛冒口等废料。

等离子电子束熔炼又称为“冷阴极放电熔炼法”，其原理是：使一定流量的氩气通过空心阴极（钽管或钨管），在高频电场下充分离子化，并在空心阴极中形成自由电子、正离子和氩分子组成的混合气体等离子体。呈中性等离子体中的正离子冲击阴极内壁，使阴极本身温度上升到2300~2500K，并发射出强的电子束，射向装料的正极坩埚；同时，部分电子与气体分子碰撞，使所产生的正离子又冲进空心阴极，使之进一步激发出电子束，如图4-45所示。

等离子电子束炉的电子束形状、位置可以调节，便于回收废料。与真空等离子束炉相比，设备简单，成本低廉。等离子电子束熔炼法的缺点是：1）中空阴极寿命短；2）氩气可带来污染。

（4）真空感应熔炼与浇注。钛合金发展初期，真空感应炉熔炼及浇注钛合金时采用致密的人造石墨坩埚。熔炼期间石墨表面生成碳化钛稳定层阻止熔融金属与坩埚基体接触，碳在钛中的溶解仅通过碳化物层的扩散来进行，因而渗碳速率较慢。但由于在熔炼中熔融钛与石墨长期接触，渗碳量仍较为显著，并影响合金的力学性能。

20世纪60年代后开始使用水冷铜坩埚真空感应炉，其特点是将坩埚分割成相互绝缘的2~4个水冷铜扇片，使坩埚不形成感应电流的回路，坩埚避免加热，如图4-46所示。该感应炉使用较低的频率，以增加感应电流渗透的深度，在熔炼过程中添加 CaF_2 等覆盖剂，在熔池周围可形成渣壳保护；但坩埚扇片绝缘缝隙容易渗入液钛，降低了工艺的稳定性。

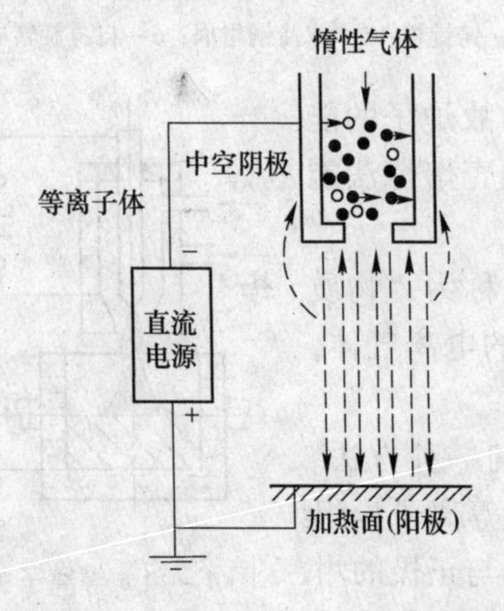

图4-45　等离子电子束熔炼原理图

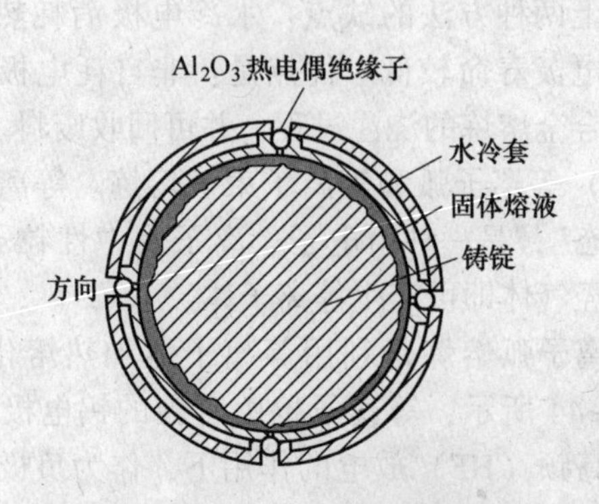

图4-46　感应熔炼铜坩埚断面

4.5 镍基合金及其熔炼

4.5.1 概述

镍基合金具有耐高温、抗腐蚀等性能，必须保证合金具有合格的化学成分、纯净度及合适的组织结构，而合金的成分以及纯洁度取决于熔炼技术。因此，熔炼工艺是高温合金生产的关键环节，见表4-28。镍具有熔点高、吸气性强、收缩性大、导热性差等特点，且镍基合金的成分复杂，具有合金比高，含有大量钨、钼、铌、铬等高密度元素和易氧化元素铝、钛、硼、铈等特点，因此，镍基合金熔炼需采取一定的技术措施。

镍基合金熔铸的特点是：熔炼温度高、收缩性大、导热性低，熔炼过程中熔体易与炉衬相互作用，吸收杂质和气体；铸造时易产生气孔、缩孔、夹渣等。镍基合金对杂质很敏感，半连续铸造时易于形成热裂。通常合金化程度低的高温合金多采用大气下电弧炉及感应炉熔炼，或经过大气下一次熔炼后再经电渣炉或真空电弧炉重熔。用镁砂作炉衬，在大气下熔炼时需用氧化精炼法进行脱硫、脱氧等工艺。在铸造过程中由于二次氧化生渣，流动性低而易于产生夹渣，具有收缩率大且导热性差等特点，故用半连铸法往往不易得到无中心裂纹的锭坯，而且较难加工，或出现层状断口。用铁模顶注时，锭头缩孔深而大，需用大冒口予以补缩。铁模浇注的扁锭较好加工，但收得率及成品率低。因此，镍基高温合金及精密合金现在都用真空感应电炉、或用真空感应炉加电渣炉重熔，可得到优质铸锭或铸件，可大幅度提高镍基合金的蠕变强度和持久性能，改善塑性和加工性能。

表4-28 典型Ni基、Fe基高温合金的熔炼工艺路线

熔炼工艺路线	合 金 牌 号
电弧炉	GH3030、GH1035、GH2036、GH4033、GH3039、GH1140
非真空感应炉	GH3030、GH3044
电弧炉+电渣炉重熔	GH3030、GH1035、GH35A、GH2036、GH3039、GH4033、GH1140、GH1015、GH2132、GH2135、GH3128、GH3333
电弧炉+真空电弧炉重熔	GH3039、GH3044、GH4033、GH2132、GH2135
非真空感应炉+电渣炉重熔	GH4033、GH3044、GH3128、GH4037、GH2135、GH2132、GH3333、GH1131、GH1138、GH4043、GH2136
真空感应炉+真空电弧炉重熔	GH4169、GH33A、GH4037、GH105、GH80A、GH4118、GH4738、GH4141、GH4698、GH4220、GH4302、GH2901、GH4761、GH2130、GH4049
真空感应炉+电渣炉重熔	GH4169、GH3170、GH80A、GH4037、GH4049、GH4146、GH4118、GH4698、GH4302、GH2135、GH4761、GH2130、GH4141、GH500、GH4099

合金化程度高的高温合金，则采用真空感应炉熔炼或真空感应炉熔炼后再经真空电弧炉或电渣炉重熔。在真空下，熔化的合金料可避免大气的氧化和污染，且合金料中Pb、Bi、Sn、Sb等有害元素因真空蒸发而减少，并且合金成分能准确控制。因而真空冶炼方法适用于镍基高温合金的生产，故目前真空冶炼已经成为现代高温合金生产的主要手段。

国内外冶炼高温合金的设备有电弧炉、感应炉、真空感应炉、真空电弧炉和电渣炉，此外还有电子束炉和等离子电弧炉等。我国在40多年的生产实践中熔炼技术不断开拓和革新，从最初的大气下电弧炉熔炼发展到多次组台的熔炼工艺，见表5-1，并对熔炼技术进行了大量研究工作，为我国科技进步和国防建设做出了贡献。

4.5.2 电弧炉熔炼

高温合金的电弧炉冶炼包括氧化和还原过程，但由于高温合金的合金化元素种类多、合金化程度高，而许多元素又易于氧化，并对杂质元素（如P、S、Pb、Sb、Sn、As、Bi等）和气体（如H_2、O_2、N_2）的含量要求严格，因而，高温合金具有独特的冶炼特点。

(1) 为了减少贵重元素的氧化烧损、提高收得率，在冶炼方法上基本采用不氧化法，铝、钛元素多以中间合金形式加入。

(2) 原材料要求精，即原材料中P、S、Pb、Sb、Sn、As、Bi等低熔点有害杂质元素和气体含量要求低，所使用的原料和辅助材料都要经过烘烤，保证干燥，水分要低。

(3) 一般均采用扩散脱氧与沉淀脱氧的综合脱氧方法，而且脱氧剂多是脱氧能力强的材料。

电弧炉熔炼的关键问题如下所述。

4.5.2.1 烧损元素铝、钛的控制

高温合金中含有大量易氧化、密度低的铝和钛，若熔炼时直接加入金属Al和Ti，收得率低，且成分难以控制，目前在国内外多以中间合金的形式加入。

众所周知，钛的氧化物在高温下可被铝还原生成金属钛，即：

$$3TiO_2 + 4Al \longrightarrow 3Ti + 2Al_2O_3 \tag{4-26}$$

且生成的钛可进入熔体，而Al_2O_3进入渣中。根据此原理，在电弧炉中将不同配比的TiO_2粉及铝粉混合物加在钢液面上，在高温下通过反应即可获得不同钛、铝含量的中间合金。

与镍、铁相比，钛、铝的密度低，加入熔体中不易均匀，为了得到铝、钛均匀的中间合金，可采用一种特殊工艺，即加入半烧透石灰（石灰石经焙烧但还未完全分解的石灰）使熔体沸腾搅拌，可达到均匀化的目的。

4.5.2.2 微量碳的控制

合金中碳含量的控制极为重要，以GH4033合金为例，该合金含碳量要求低于0.06%，当碳含量超过0.045%时，合金会出现碳化物带或细晶带组织而成为废品，如图4-47所示。

采取如下措施可严格控制碳含量：

(1) 所用原材料碳含量要低；

(2) 以卤水为黏结剂筑打镁砂炉体，防止增碳；

(3) 采用高强度优质石墨电极；

(4) 合理布料，防止增碳；

(5) 渣量要适当，炉渣应保持良好流动性；

(6) 精炼细操作。

采用以上措施，可使电弧炉冶炼合金的碳含量小于0.05%，控制碳含量达到±0.005%的水平。

4.5.2.3 脱氧方法和脱氮剂的选择

脱氧程度与合金的热加工性能及力学性能密切相关，如图 4－48 所示。

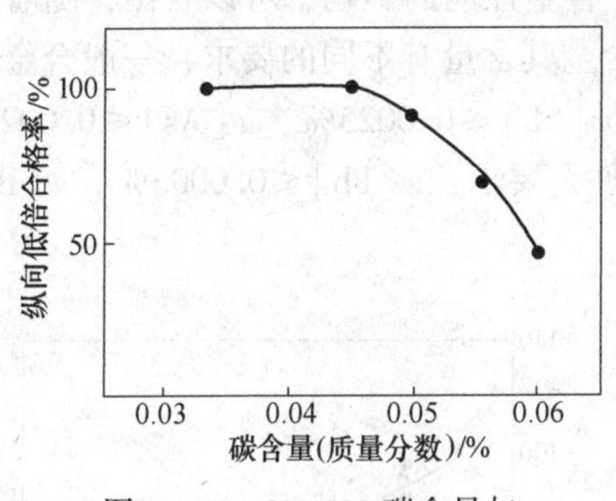

图 4－47 GH4033 碳含量与纵向低倍合格率的关系

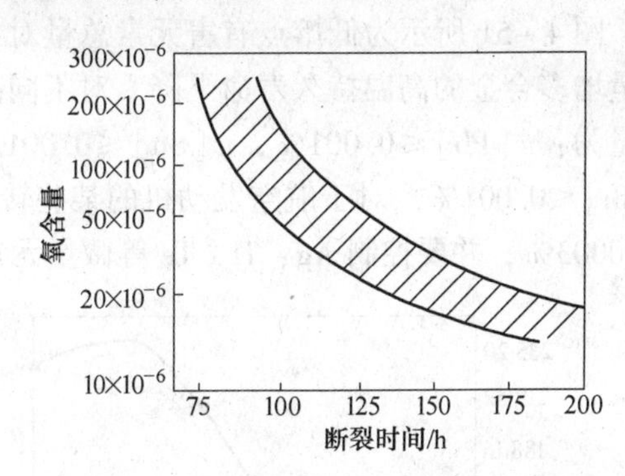

图 4－48 含氧量与 U500 合金高温持久强度的关系（850℃/172MPa）

电弧炉冶炼高温合金一般采用扩散脱氧和沉淀脱氧相结合的方法。用于扩散脱氧的脱氧剂主要是铝粉、矽钙粉；用于沉淀脱氧的脱氧剂有矽钙块、金属钙、铝钡合金、铝块等。例如随着 GH3030 合金精炼过程矽钙粉和矽钙块的加入，钢液中的氧含量不断下降，［O］可降到 30×10^{-6} 以下；但矽钙的加入会增加熔体中残余钙量，由于过低或过高的残余［Ca］都会使合金热加工塑性降低，故应予控制。

当合金含有高浓度 Al、Ti 时，则采用铝粉进行扩散脱氧，并可适当配以铝锭沉淀脱氧。如 GH2140 合金精炼期间随着铝粉的加入，熔体中［O］含量逐渐降低，出炉时［O］含量可降至 20×10^{-6} 以下，如图 4－49 所示。实践证明，合理采用脱氧方法和脱氧剂，可有效降低熔体中氧含量、改善合金的加工塑性和力学性能。

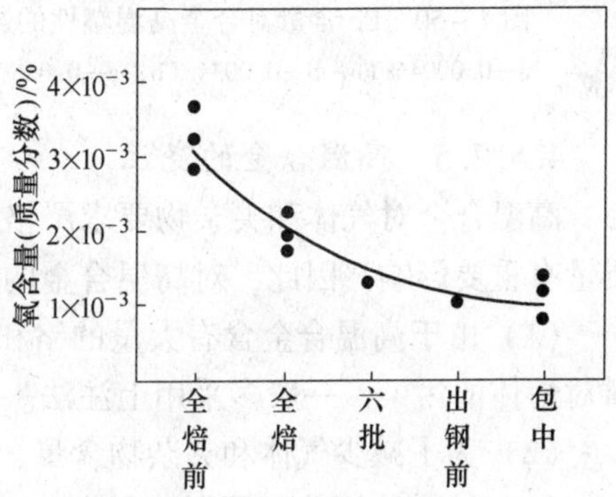

图 4－49 GH2140 合金熔炼过程中［O］含量的变化

4.5.2.4 低熔点有害杂质的影响与控制

对于高温合金，磷、硫、铅、砷，锡、铋、锑都是有害元素，对于合金性能影响很大，因此对这些有害元素含量应严格控制。

（1）磷。本身熔点很低，在铁和镍中溶解度很小，易于形成低熔点化合物。合金凝固时，低熔点的磷和磷的化合物被推到枝晶间最后凝固的区域，导致合金的可塑性和高温强度大大降低。

（2）硫。硫在钢中以 FeS 形式存在，并与铁形成共晶体，其熔点为 985℃；硫在镍中以 NiS 形式存在，与镍形成共晶体，熔点为 645℃，可严重降低合金的高温强度与塑性，故应尽量降低使合金的硫含量降低。一些优质合金，如 GH4169 合金，要求硫含量不大于 0.002%。

高温合金对低熔点有害元素 Pb、Sn、Sb、Bi、As 极为敏感，它们的熔点很低（Pb 为 327℃，Sn 为 231℃，Sb 为 630℃，Bi 为 271℃，As 为 817℃）。当合金凝固时，它们沿晶界分布，使合金的热加工塑性和热强性降低。

含铅量对合金高温塑性的影响如图 4－50 所示，铅越高，合金的冲击值越小，塑性越差。图 4－51 所示为低熔点有害元素总量对 GH37 合金性能的影响，可以看出，随着杂质含量增多合金的高温持久寿命下降。对不同高温合金其含量有不同的要求，一般合金控制含量为：$w[\mathrm{Pb}]\leqslant 0.001\%$，$w[\mathrm{Sn}]\leqslant 0.0012\%$，$w[\mathrm{Sb}]\leqslant 0.0025\%$，$w[\mathrm{As}]\leqslant 0.0025\%$，$w[\mathrm{Bi}]\leqslant 0.001\%$。对于航空发动机的某些转动部件，要求：$w[\mathrm{Pb}]\leqslant 0.0005\%$，$w[\mathrm{Bi}]\leqslant 0.00003\%$，并要控制 Ag、Tl、Te 等微量元素。

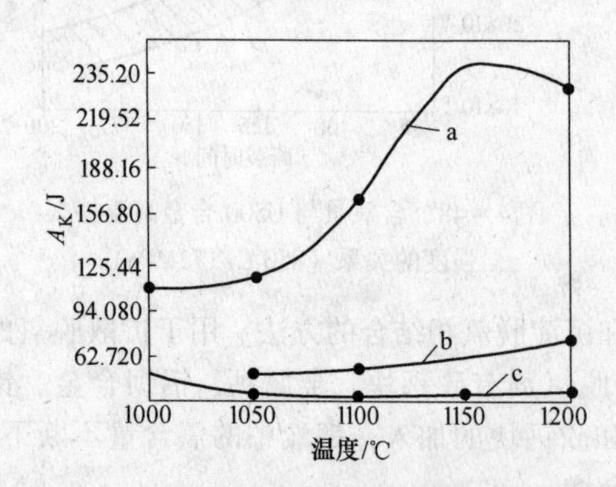

图 4－50　Pb 含量对合金高温塑性的影响

a—0.0004% Pb；b—0.003% Pb；c—0.005% Pb

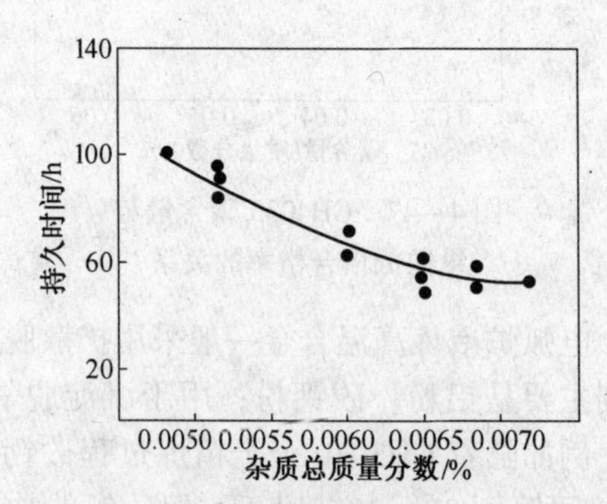

图 4－51　杂质含量对 GH37 合金 850℃/245MPa 持久寿命的影响

4.5.2.5　高温合金的浇注

高温合金对气体和夹杂物要求严格，由于浇注过程对高温合金的气体、夹杂物及冶金质量有重要影响，因此，对高温合金的浇注提出了严格的要求：

（1）由于高温合金含有大量的铬和钛等元素，使熔体黏度增加，同时为了减少耐火材料对熔体的污染，一般多采用上注法。

（2）为了减少气体和夹杂物含量，新包须经铁液或镍液清洗，并要求烤红后使用。

（3）锭模使用前必须刷擦干净，不能涂油。

（4）由于高温合金的合金化较复杂、合金熔点较低，为了减少成分偏析，浇往温度相对要低，由于合金液体黏度高，浇注速度以较快为宜。

（5）为避免浇注过程中发生二次氧化，浇注时应采取保护措施，如氩气保护。

4.5.3　感应炉熔炼

4.5.3.1　感应炉熔炼特点

感应炉能有效地熔炼电弧炉难以冶炼的合金钢及合金，与电弧炉相比具有以下特点：

（1）感应炉采用电磁感应加热熔化金属，在冶炼过程中不会增碳，因而可以冶炼在电弧炉中难以冶炼的含碳量很低的合金。

（2）没有电弧炉中的弧光高温区，金属吸气的可能性小，熔炼的合金气体含量低。

（3）感应炉的电磁搅拌作用使冶炼合金的化学成分和温度均匀，并且能精确地调整和控制温度，保证操作的稳定性。

（4）感应炉单位质量金属的液面面积小于电弧炉，而且无电弧的局部高温区，可减少

Al、Ti 等易氧化元素的烧损。

但感应炉炉渣不能被感应加热，其加热和熔化完全依靠熔体对它的热传导，因此炉渣温度低，不利于进行脱硫、脱氧等冶金反应。

4.5.3.2 原材料的要求

由于感应炉熔炼炉渣温度低，脱 S、P 等有害杂质的能力差，熔炼过程没有碳沸腾去气操作，精炼时间短，一般不依靠炉中分析来控制成分，因此对原材料要求如下：

(1) 各种原材料应准确掌握它的化学成分；

(2) 原材料的 S、P 及低熔点有害杂质含量低；

(3) 气体含量少；

(4) 原材料要清洁、无锈、无油污；

(5) 根据炉子容量和电源频率决定所用原料的块度，过大或粉状材料不宜使用；

(6) 造渣材料及脱氧剂应特别选择，并严格控制有害元素含量。

4.5.3.3 熔炼工艺

感应炉熔炼过程包括装料、熔化、精炼及出炉、浇注等环节。

(1) 装料。1）根据金属材料的物理化学性质决定装料顺序，不易氧化的炉料可直接装入坩埚，易氧化的炉料在冶炼过程中陆续加入；2）根据金属炉料的熔点及坩埚内温度分布合理布料，炉底部位装熔点低的小块炉料，使其尽快形成溶池，以利于整个炉料的熔化；3）难熔炉料应装在高温区，为防止“架桥”，装料应下紧上松；4）为了早期成渣覆盖熔体，在装料前可在坩埚底部加入少许造渣材料。

(2) 熔化。熔化期要大功率供电快速熔化，以减少熔体的氧化、吸气和提高效率。熔化期应及时加入造渣材料，使其覆盖熔体。

(3) 精炼。精炼期的主要任务是脱氧、合金化和调整钢液温度，分别叙述如下：

1）感应炉冶炼高温合金采用扩散脱氧和沉淀脱氧相结合的综合脱氧法。不含 Al、Ti 的高温合金多采用 Si－Ca 粉作为扩散脱氧剂；而含 Al、Ti 的高温合金多采用铝石灰剂脱氧。沉淀脱氧剂有 Al 块、Al－Mg、Ni－Mg、Al－Ba、Si－Ca、金属 Ca、金属 Ce 等。用 Si－Ca 或金属 Ca 沉淀脱氧，一般均采用过钙法，以达到较好的脱氧效果。

2）高温合金中的 Al、Ti 多以 Ni－Al－Ti 或 Fe－Al－Ti 中间合金的形式在装料时加入炉中。Fe－W、Fe－Mo 可直接装入坩埚。使用金属钨条、钼条时会生成挥发性氧化物，应在熔池形成后插入。

3）为正常进行脱氧反应，保证夹杂物的排除和化学成分的均匀，应控制熔体温度。温度过高，金属会大量吸气，氧化加剧，浇注时耐火材料被严重冲刷，使金属发生二次氧化，降低合金质量；而温度过低，不利于成分均匀，浇注时易形成疏松、结疤等缺陷。精炼温度应根据钢种和冶炼条件而定，一般控制在 1500℃左右，浇注温度一般高于合金凝固点 50～100℃。

4.5.4 电渣重熔

电渣重熔作为一种新的冶炼方法，20 世纪 60 年代获得迅速发展。与电弧炉、感应炉及真空感应炉冶炼比较，电渣重熔具有以下优点：1）金属可被熔渣有效地精炼，去除气体、杂质和非金属夹杂物，可得到较高纯度的锭坯；2）在电渣重熔过程中始终处于渣液保护之中，使金属不与空气直接接触，元素的烧损低，成分容易控制；3）可避免冶炼及浇注过程耐火材料的污染；4）快速熔化金属，且轴向结晶，使锭坯组织致密、缩孔小，无疏松及皮下气泡等缺陷，可提高热加工塑性；5）锭坯表面有渣皮保护，热加工时不需要扒皮，可提高金属收得率；6）设备简单、易于操作。

目前，电渣重熔工艺已被国内外广泛采用。我国于1958年开始进行电渣重熔的研究，1962年开始把电渣重熔工艺应用于GH37高温合金的冶炼。到目前为止，电渣重熔工艺已成为我国生产高温合金的一种主要工艺路线，有近一半钢种采用了这种工艺。此外在设备、生产规模、重熔工艺及理论研究等方面都取得了可喜的发展，有些方面还有所创新，接近或赶超了世界先进水平。

4.5.4.1 电渣重熔设备与工艺参数选择

冶金工业所用的电渣炉主要是单相水冷结晶器电渣炉（抽锭和不抽锭）及三相水冷结晶器电渣炉。高温合金的电渣重熔多采用单相单极水冷结晶器电渣炉，结晶器最大直径可达 ϕ610mm，重熔锭最大可达3t。电渣重熔的工艺参数主要包括渣系、渣池深度、工作电压、工作电流以及结晶器直径和金属自耗电极的直径。

A 结晶器直径与金属电极直径

结晶器的形状及尺寸依据锭型确定。锭型确定要考虑合金的特性、加工塑性、产量及设备能力等条件。高温合金重熔多采用圆形结晶器，而使用的电极直径尺寸取决于结晶器的直径大小，一般情况下电极直径 = (0.4 ~ 0.6) × 结晶器直径，见表4-29。

表4-29 结晶器电极直径与钢锭质量的关系

钢锭质量/kg	结晶器直径/mm	电极直径/mm	电极直径/结晶器直径
150	ϕ180	ϕ75	0.42
200	ϕ255	ϕ95	0.42
300	ϕ255	ϕ105	0.45
500	ϕ285	ϕ130	0.47
900	ϕ360	ϕ180	0.50
1200	ϕ420	ϕ180	0.52
2000	ϕ480	ϕ250	0.52
3000	ϕ550	ϕ250	0.45
3000	ϕ610	ϕ330	0.54

B 渣系及渣量的确定

渣系直接影响电渣过程的稳定和电渣重熔产品的质量，它应满足以下条件：(1) 有适当的导电性，保证电渣过程的稳定和提供重熔所需热量；(2) 比较低的熔点和黏度，保证锭坯表面质量；(3) 熔渣中不稳定氧化物要少，能够对锭坯成分（特别是铝、钛）进行严格控制（包括主元素和微量元素）；(4) 透气性小，防止大气进入金属熔池。高温合金常用的渣系组元有 CaF_2、Al_2O_3、CaO、MgO、TiO_2 等，见表4-30。

表 4-30 高温合金电渣重熔常用渣系

渣 系	成分（质量分数）/%				熔点/℃
	CaF_2	CaO	MgO	Al_2O_3	
1	70	0	0	30	1320~1340
2	80	0	0	20	1320~1340
3	60	20	0	20	1240~1260
4	70	15	0	15	1240~1260
5	84	0	7	19	1280
6	77	0	1	26	1250

渣量的多少决定了渣池的深度，渣量越多，维持渣池所消耗的热量越大，而维持金属熔池的热量相应减少，使金属熔池的深度变浅和温度降低，会降低去气、去除非金属夹杂的效果和锭坯表面质量。实践表明，比较合适的渣池深度（h）为：

$$h = \left(\frac{1}{2} \sim \frac{1}{3}\right)D \tag{4-27}$$

而渣量为：

$$A = \frac{\pi}{4}D^2 \cdot h \cdot \gamma_{渣} \tag{4-28}$$

式中，D 为结晶器平均直径；$\gamma_{渣}$ 为渣密度（一般 $\gamma_{渣}=2400 \sim 2500\mathrm{kg/m^3}$）。

工作电流（I）和工作电压（U）的确定：

工作电流（I）

$$I = \frac{\pi}{4}d^2 \cdot i \tag{4-29}$$

式中，d 为电极直径，mm；i 为电流密度，$\mathrm{A/mm^2}$。

工作电压（U）

$$U = (a\sqrt{D} + b) \tag{4-30}$$

式中，D 为结晶器直径；a 为与渣系有关的常数，高温合金常用渣系的 $a \approx 3$；b 为与 d/D 有关的常数，当 d/D 为 0.4、0.5、0.6 时，b 相应为 4、2、0。

4.5.4.2 铝、钛的控制

A SiO_2 的影响及萤石提纯

在电渣重熔温度下，Al、Ti 等元素很容易与渣中易被还原的氧化物（主要是 SiO_2）或熔渣自大气中所吸收的氧发生反应，致使这些元素被烧损。例如，使用未经提纯的渣料（渣料配比为 CaF_2: Al_2O_3 = 70: 30）电渣重熔精炼高温合金 GH4037 时，结果出现合金锭中 Si、Al、Ti 成分分布不均，致使合金组织与性能波动，如图 4-52 所示。

通过渣料成分分析发现，铝的氧化烧损与渣中的 SiO_2 含量有关。SiO_2 主要来自萤石，为了降低渣料中的不稳定氧化物，目前普遍采用对萤石提纯的方法，即在结晶器中用含 5% 铝的 Fe-Al 自耗电极对渣料进行精炼、提纯，可使萤石 CaF_2 中的 SiO_2 含量降至 0.15% 以下。

B　铝、钛与渣料中氧化物的相互作用

重熔含铝、钛的高温合金时常出现沿锭身高度铝、钛成分不均匀的现象，钛含量在锭坯底部低、中上部高；铝含量在底部高、中上部低。钛、铝含量头尾差达0.1%～0.3%，如图4－53所示。

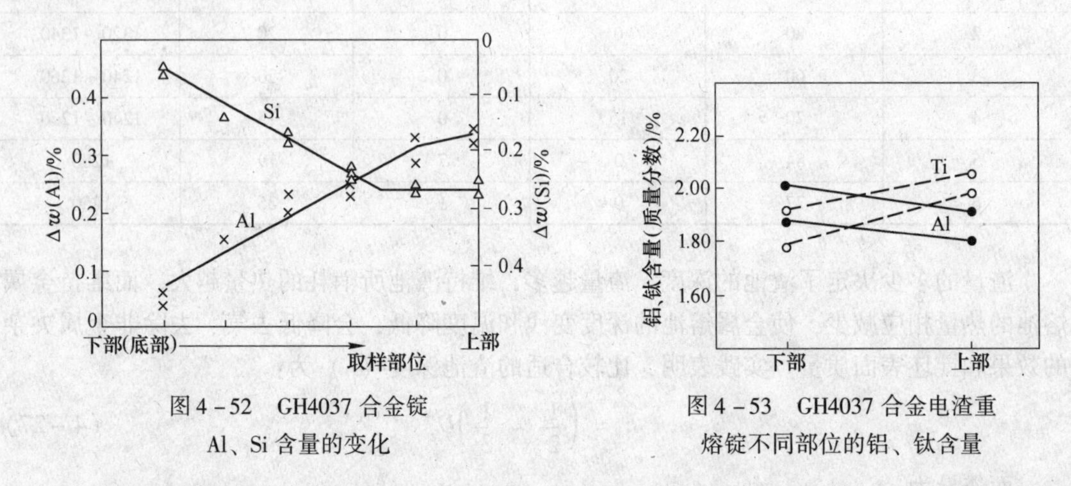

图4－52　GH4037合金锭Al、Si含量的变化

图4－53　GH4037合金电渣重熔锭不同部位的铝、钛含量

这种成分不均匀的现象归因于合金中铝、钛与渣中氧化物的相互作用。相互作用的反应式为：

$$4[\mathrm{Al}] + 3(\mathrm{TiO_2}) \rightleftharpoons 2(\mathrm{Al_2O_3}) + 3[\mathrm{Ti}] \tag{4-31}$$

$$K_{\mathrm{T}} = \frac{w(\mathrm{Al_2O_3})^2 w[\mathrm{Ti}]^3}{w(\mathrm{TiO_2})^3 w[\mathrm{Al}]^4} \tag{4-32}$$

式中，K_T为反应平衡常数。

一般情况下，反应式向右进行。但在电渣重熔初期，渣中TiO_2含量极低，而Al_2O_3含量很高，反应式在一定程度上向左进行，即锭坯底部钛被Al_2O_3中的氧所氧化，而渣内Al_2O_3中的（Al^{3+}）被还原成［Al］进入钢中；待渣中TiO_2达到平衡浓度后，该反应可处于动态平衡状态。为此，采取向渣中加入一定量的TiO_2可解决锭坯铝、钛不均匀问题。至于某些高铝/低钛高温合金在电渣重熔过程铝的烧损问题，可通过重熔过程中加入铝粉的补偿办法得到解决。

C　高钛/低铝型高温合金钛的控制

电渣重熔含铝、钛高温合金时，随着合金中铝含量下降，钛的烧损量增加，如GH2132、GH2136等合金的钛烧损率可达17%，锭坯头尾钛的波动差值可达0.4%～0.9%。为了保证铝、钛含量达到成分要求，可采取下列办法：

（1）调整渣系组元。研究表明，采用含CaF_2、TiO_2、Al_2O_3、MgO的四元渣系进行电渣重熔可使高钛/低铝型GH132、GH136合金钛的烧损量降到0.2%左右，合金锭坯头尾成分偏差波动在0.15%以下，使合金的成分和性能都趋于均匀。

（2）控制重熔过程的工作电压。采用二元渣（CaF_2:Al_2O_3=80:20）重熔GH132合金时，初始冶炼时采用较高的工作电压，随着重熔的进行，逐渐降低工作电压，可改进钛的均匀化程度。

（3）渣中加入铝粉。采用三元渣（CaF_2:Al_2O_3:CaO=75:15:10）电渣重熔GH132合

金时，适量加入铝粉可使钛的烧损量达到0.3%以下，锭头尾成分偏差在0.2%范围内。

4.5.4.3 电渣锭坯的偏析

重熔过程中如果熔速控制不当会产生宏观偏析，主要是点状偏析。

点状偏析是一种宏观低倍冶金缺陷，在锭坯的横断面为暗灰色的斑点，其大小因偏析程度和变形比不同而异。经金相、电子探针及X光结构分析确定，点状偏析物主要由MC型碳化物组成，而点状偏析的产生与锭坯凝固结晶的条件及结晶性质有关。高温合金电渣重熔的常用锭型为ϕ165～420mm，高熔速易出现点状偏析，因此，通过调整渣系、渣量、熔速等因素，可避免点状偏析的出现。如GH4037合金ϕ230锭的重熔，其点状偏析出现率与熔化速率的关系统计如图4-54所示。

4.5.4.4 电渣重熔的效果

（1）改善锭坯质量。经电渣重熔的合金锭坯质量显著提高。电渣重熔锭基本没有缩孔、疏松、偏析、内裂等冶金缺陷。与常规浇注的锭坯相比，柱状晶与锭坯轴向呈20°～30°夹角，有利于去除夹杂，改善了夹杂物分布状态。锭坯表面光滑，不用扒皮，可直接进行热加工。以GH36合金为例，原用电弧炉工艺生产，采用下注法浇成ϕ700锭型，锥度为10.8，冒口质量占整个锭坯质量的20%，铸造成材率仅达40%～50%，该合金生产的涡轮盘往往出现夹杂物裂纹，使探伤废品率高达5%～10%，有时甚至整炉报废。采用电弧炉+电渣重熔工艺生产后，完全杜绝了夹杂物裂纹，改善了碳化物的偏析，使成材率达到了70%～80%。

（2）改善合金热加工塑性。采用电弧炉冶炼制备GH4037合金，浇注的ϕ500kg锭热加工塑性极差，无法铸造成材。改用电渣重熔工艺后，显著地改善了热加工塑性，铸造收得率可达80%以上。此外，比真空电弧炉重熔合金有更宽的锻造温度范围，和允许较大的变形量，如图4-55所示，难加工的Udimet700合金由真空自耗重熔改成电渣重熔后，热加工塑性明显提高。

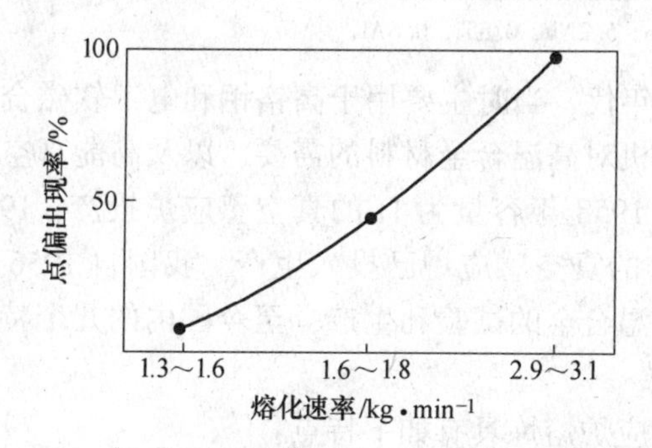

图4-54 GH4037合金重熔速率与点状偏析出现率的关系
（锭型ϕ230mm，渣系$CaF_2:Al_2O_3=70:30$）

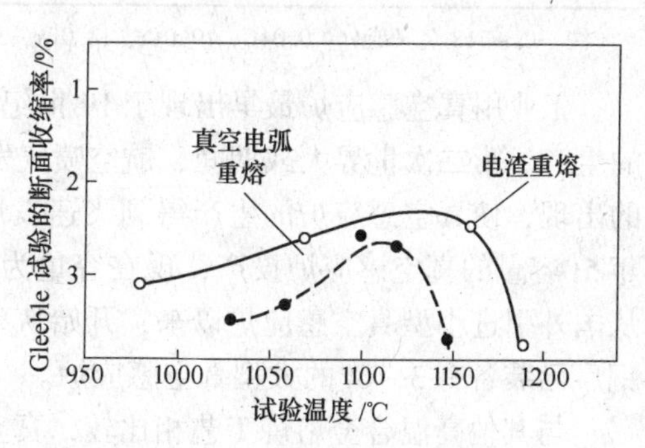

图4-55 高温下U700合金的变形能力（Gleeble试验）

对于难变形合金GH49，国外多采用热挤压或包套直接轧制进行热加工，我国采用真空感应炉+电渣重熔工艺生产不用包套，可直接轧制成材。

（3）提高合金的性能。合金经电渣重熔后，可不同程度提高各种性能，尤其是合金的中温拉伸塑性和高温持久寿命改善特别明显，表4-31列出了采用不同冶炼工艺生产的GH4037合金的性能对比数据。

表 4－31 各种冶炼工艺的 GH4037 合金力学性能

性能冶炼工艺	800℃拉伸			850℃ σ＝196MPa 持久寿命/h
	σ_b/MPa	δ/%	φ/%	
电渣重熔	720～820	5～20	9～25	70～170
电弧炉	740～800	4～15	8～18	60～80
非真空感应炉	690～780	4～8	8～10	50～120
技术条件要求指标	≥680	≥3	≥8	≥40

综上所述，电渣重熔工艺在我国高温合金生产领域得到了迅速的发展，目前已纳入国标的变形高温合金牌号共有 24 个，其中只有 3 个牌号的部分生产，仍采用电弧炉熔炼工艺、非真空感应炉熔炼工艺，其余均采用电渣重熔工艺生产。

4.5.5 真空感应炉熔炼

真空感应炉是真空熔炼的主要设备，熔炼温度、压力可以单独控制。通过电磁感应搅拌控制合金熔体的质量传输，使真空熔炼的合金成分（包括主要成分和各种杂质含量）得到精确控制，这在其他熔炼工艺中难以做到。100 炉的高温合金 IN－718 真空感应冶炼的分析统计结果见表 4－32。

表 4－32 100 炉 IN－718 合金（真空感应炉熔炼）化学成分的控制

化学成分	合格成分范围（质量分数）/%	实际成分范围（质量分数）/%	分析次数	分析精度/%
C	0.02～0.08	0.04～0.05	95	±0.003
Ti	0.80～1.15	0.90～1.10	97	±0.03
Nb	4.75～5.50	5.05～5.40	99	±0.08
Al	0.30～0.70	0.50～0.60	95	±0.02

注：IN－718 名义成分：0.04C，19.0Cr，18.0Cr，3.0Mo，5.2Nb，0.8Ti，0.6Al，余 Ni。

工业用真空感应炉最早出现于 19 世纪 20 年代，当时主要用于高铬钢和电工软磁合金的生产。第二次世界大战期间，航空喷气发动机对高温合金材料的需要，以及高能真空泵的出现，使真空感应炉的生产得到飞速发展。1958 年容量为 1t 的真空感应炉投产，1961 年 5t 容量的真空感应炉投产，现在容量为 60t 的真空感应炉已投入生产。我国自 1956 年从国外引进小型真空感应炉以来，开始从事高温合金的试验和生产，至今国内的几个特殊钢厂已装备有 3～6t 的大型真空感应炉。

与其他高温合金熔炼工艺相比较，真空感应炉熔炼具有如下特点：

（1）没有空气和炉渣的污染，冶炼的合金纯净。

（2）真空下冶炼，创造了良好的去气条件，熔炼的合金气体含量低。

（3）真空条件下金属不易氧化，可精确控制合金的化学成分，特别是可把含有与氧、氮亲和力强的活性元素（如 Al、Ti、B、Zr 等）控制在很窄的范围内。

（4）原材料带入的低熔点有害杂质（如 Pb、Sn、Bi、Sb、As 等）在真空下可部分蒸发去除，通过提高纯度可以提高材料的性能。

（5）真空条件下碳具有很强的脱氧能力，其脱氧产物 CO 不断被抽出炉外，没有因采用金属脱氧剂所带来的脱氧产物。

（6）炉内的气氛及气压可选择控制，由于氧化损失少，合金元素利用效率高。

（7）感应搅拌使熔体成分均匀，可加速熔体表面的反应，缩短熔炼周期。

（8）真空感应炉的不足之处主要有两方面：1）存在熔体与坩埚耐火材料的反应，污染熔体；2）合金锭的结晶组织与普通铸锭一样，晶粒粗大、不均匀、缩孔大、凝固偏析严重。

4.5.5.1　冶金反应

真空感应熔炼的主要冶金反应包括：脱氧、除气、杂质及组分的挥发、熔体－坩埚反应等。

A　脱氧

真空熔炼中碳脱氧是最主要的脱氧反应，碳氧反应的生成物是气体，有利于脱氧反应的进行，而且在合金锭中不存在非金属夹杂脱氧产物。

碳脱氧反应如下：

$$[C] + [O] = CO\uparrow \tag{4-33}$$

$$K = p_{CO}/a_C a_O = \frac{p_{CO}}{f_C \cdot w(C\%) \cdot f_O \cdot w(O\%)} \tag{4-34}$$

式中，K 为平衡常数；p_{CO} 为反应体系内 CO 分压力；a_C、a_O 分别为碳和氧的活度；f_C、f_O 分别为碳和氧的活度系数；$w(C\%)$、$w(O\%)$ 分别为碳和氧的浓度。

在铁和镍的熔体中，K 与温度 T 的关系为：

$$\lg K_{Fe} = \frac{548}{T} + 2.352 \tag{4-35}$$

$$\lg K_{Ni} = \frac{3230}{T} + 2.26 \tag{4-36}$$

式中，K_{Fe}、K_{Ni} 分别是铁液和镍液的平衡常数。

为了简化计算，根据稀溶液的原则，式（4－33）中 f_C 和 $f_O = 1$，则式（4－33）可写成：

$$K \approx \frac{p_{CO}}{w(C\%) \cdot w(O\%)}, \qquad 或\ w(O\%) \approx \frac{p_{CO}}{K \cdot w(C\%)} \tag{4-37}$$

由式（4－34）～式（4－36）可计算不同 CO 压力下碳的脱氧能力。例如，1600℃镍熔体与 0.1%C 平衡的氧浓度在 CO 压力为 1.01×10^5Pa 下为 1.05×10^{-3}%，而在 CO 压力为 0.1Pa 下为 1.05×10^{-9}%。平衡氧浓度几乎与 p_{CO} 成正比，这表明真空熔炼下碳是强有力的脱氧剂（碳在镍基合金中脱氧能力强于铁基合金中）。但高温合金熔体在实际真空感应熔炼后，其氧含量为：2×10^{-4}% ～ 3×10^{-3}%，与理论计算相差 4～5 个数量级，其原因为熔体与坩埚的相互作用。

CO 脱氧过程分为两阶段：

（1）沸腾期。CO 气泡在靠近熔池界面的坩埚壁上生核并形成气泡，穿过熔体造成沸腾。

（2）脱附期。熔体中碳和氧的浓度不断下降，当熔体中生成的 CO 压力不足以形成气泡核心时，CO 只在熔池表面生成，并脱附进入气相。

一旦气泡生核，即可长大，其长大速度与下述因素有关：真空度、熔体内CO气体的过饱和度、气泡在熔体内上升的液静压力，以及上升到达熔池表面所需的时间。真空条件下，上述诸因素中起控制作用的是液相内的扩散，即熔体中CO扩散到气泡－熔体界面及通过界面的扩散。当熔池中［C］比［O］高得多时，氧的扩散迁移是控制因素，按Fick第一定律：

$$-\frac{\mathrm{d}w(\mathrm{O}\%)}{\mathrm{d}t}=\frac{D_0}{\delta_0}\cdot\frac{F}{V}(w(\mathrm{O}\%)-w(\mathrm{O}_{平衡}\%)) \quad (4-38)$$

由式（4－37）积分可求得脱氧时间 t：

$$t=2.3\cdot\frac{V\cdot\delta_0}{F\cdot D_0}\lg\frac{w(\mathrm{O}_0\%)-w(\mathrm{O}_{平衡}\%)}{w(\mathrm{O}\%)-w(\mathrm{O}_{平衡}\%)} \quad (4-39)$$

式中，F 为熔池表面积；V 为熔池体积；δ_0 为边界扩散层的有效厚度；D_0 为氧在熔体内的扩散系数；$w(\mathrm{O}_{平衡}\%)$ 为与气相平衡的浓度，可以根据式（4－36）求出。

B　除气

氧、氮和氢是高温合金中主要气体杂质，真空熔炼主要目的之一就是去除这些气体。氧是活泼元素，可通过上述脱氧反应形成化合物而被排除。这里除气主要是脱氮和脱氢。

在1600℃，1atm下，氮和氢在镍中的溶解度为0.001%（氮在镍内）、0.0038%（氢在镍内）。

根据气体在溶液中的平方根定律：

$$[\mathrm{N}]=\frac{1}{2}\mathrm{N}_{2(气)},\quad 和[\mathrm{H}]=\frac{1}{2}\mathrm{H}_{2(气)} \quad (4-40)$$

$$a_\mathrm{N}=f_\mathrm{N}\cdot w(\mathrm{N}\%)=K_\mathrm{N}\sqrt{p_{\mathrm{N}_2}} \quad (4-41)$$

$$a_\mathrm{H}=f_\mathrm{H}\cdot w(\mathrm{H}\%)=K_\mathrm{H}\sqrt{p_{\mathrm{H}_2}} \quad (4-42)$$

N和H在熔体中浓度很小，$f_\mathrm{N}=1$，$f_\mathrm{H}=1$，故：$w(\mathrm{N}\%)=0.001\sqrt{p_{\mathrm{N}_2}}$（在镍液内），$w(\mathrm{H}\%)=0.0038\sqrt{p_{\mathrm{H}_2}}$（在镍液内）。如果Ni熔体表面的氮压力是 1.33×10^{-2} Pa，则1600℃达到平衡的氮、氢含量应为 $3.6\times10^{-7}\%$ 和 $1.37\times10^{-6}\%$。

高温合金中有10余种合金元素，某元素 i 对氮或氢活度系数的影响用相互作用系数 $e_\mathrm{N}^{(i)}$ 或 $e_\mathrm{H}^{(i)}$ 表示：

$$e_\mathrm{N}^{(i)}=\partial\lg f_\mathrm{N}/\partial w(i\%) \quad (4-43)$$

$$e_\mathrm{H}^{(i)}=\partial\lg f_\mathrm{H}/\partial w(i\%) \quad (4-44)$$

元素 j，k，l…的影响根据加和性原则：

$$\lg f_\mathrm{N}=e_\mathrm{N}^{(i)}w(i\%)+e_\mathrm{N}^{(j)}w(j\%)+e_\mathrm{N}^{(k)}w(k\%)+\cdots \quad (4-45)$$

$$\lg f_\mathrm{H}=e_\mathrm{H}^{(i)}w(i\%)+e_\mathrm{H}^{(j)}w(j\%)+e_\mathrm{H}^{(k)}w(k\%)+\cdots \quad (4-46)$$

如上所述，如果没有显著降低氮或氢活度系数的元素，镍基高温合金在真空感应熔炼条件下，除气很容易达到较完善的程度。实际上，真空感应炉熔炼高温合金含氮量一般为（10～30）$\times10^{-6}$N和（1～3）$\times10^{-6}$H。这主要归因于高温合金中Cr、V、Al、Ti、Nb等元素与N生成分解压力很低的稳定氮化物，可明显降低氮在合金熔体中的活度，特别是Al、Ti元素对残余氮量影响更大。

除真空度外，熔体温度及保持时间对除气有影响，熔体温度对GH2901合金真空感应除气效果的影响如图4－56所示，可以看出，随温度提高、精炼时间延长，脱氮效果提高，且氮量降低量与精炼时间呈渐近线的关系，精炼初期降低速率快，随后氮量降低速率越来越缓慢。

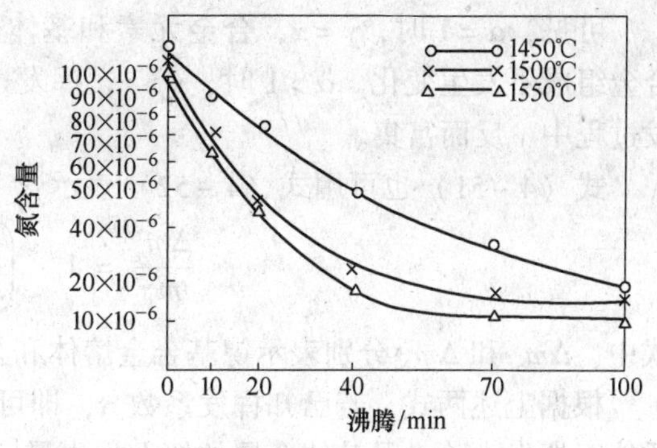

图4－56　CH901含氮量与精炼温度时间的关系

真空感应炉在精炼过程中的脱氮速度还与脱碳速度有关，随脱碳速度提高熔池沸腾，熔体中氮迅速向CO气泡扩散并被携带进入气相的速度增加，因而脱氮速度加快。

C　挥发

有害元素As、Sb、Sn…在高温合金中尽管含量很低，但会明显降低合金的性能。由于它们均具有较高的蒸气压，故有害元素可在真空熔炼中有效地挥发并去除。真空下有害元素在80Ni－20Cr合金熔体中的挥发速率如图4－57所示。

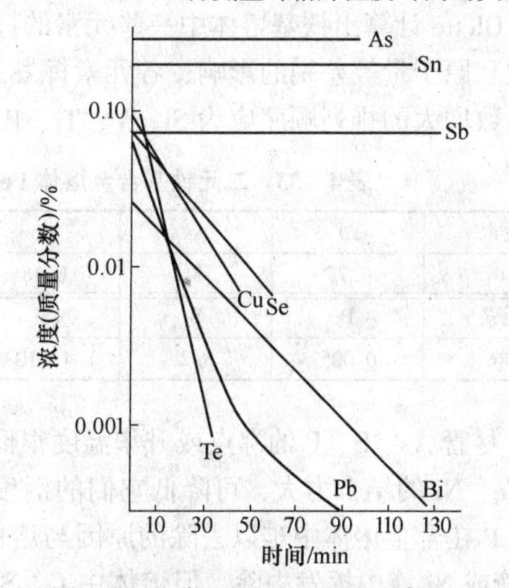

图4－57　真空下80Ni－20Cr合金熔体中有害元素的挥发

合金熔体中各组分的挥发与它的蒸气压、浓度、温度和炉内气压有关。Olette根据溶质、溶剂的相对挥发速率推导出合金熔体在真空条件下组成的变化规律。

物质i在$\mathrm{d}t$时间内从熔体中挥发损失的质量$\mathrm{d}m_i$按Hertz－Knudsen－Langmuir公式表示为：

$$\frac{\mathrm{d}m_i}{\mathrm{d}t} = L \cdot \varepsilon \cdot \gamma_i \cdot N_i \cdot p_i^0 \sqrt{\frac{M_i}{T}} \cdot S \tag{4-47}$$

式中，L为常数；ε为冷凝系数；γ_i为物质i的活度系数；N_i为物质i的物质量；p_i^0为物质i的蒸气压；M_i为物质i的原子量；T为温度，K；S为熔池表面积。

假定无限稀合金熔体含m_x克基体金属x和m_y克合金元素y，加热到T并抽真空，x和y的相对挥发速率$\mathrm{d}m_y/\mathrm{d}m_x$应与$m_y/m_x$成比例。

$$\frac{\mathrm{d}m_y}{\mathrm{d}m_x} = \gamma_y \cdot \frac{p_y^0}{p_x^0} \cdot \sqrt{\frac{M_x}{M_y}} \cdot \frac{m_y}{m_x} \tag{4-48}$$

式中的前三项称为挥发系数α，即：

$$\alpha = \gamma_y \frac{p_y^0}{p_x^0} \sqrt{\frac{M_x}{M_y}} \cdot \frac{m_y}{m_x} \tag{4-49}$$

$$\frac{\mathrm{d}m_y}{\mathrm{d}m_x} = \alpha \frac{m_y}{m_x} \tag{4-50}$$

移项、积分可得合金元素y和基体金属x挥发的百分数为：

$$Y = 100 - 100\left(1 - \frac{X}{100}\right)^{\alpha} \tag{4-51}$$

可见，$\alpha=1$ 时，$y=x$，合金元素和基体金属的挥发百分数相等。因此，挥发过程中合金组成不发生变化。$\alpha>1$ 时，$y>x$，挥发过程中 y 的浓度逐渐降低；反之 $\alpha<1$ 时，挥发过程中 y 反而富集。

式（4－51）也可用式（4－52）表示：

$$\frac{\Delta m_y}{m_y}=1-\left(1-\frac{\Delta m_{\mathrm{Ni}_i}}{m_{\mathrm{Ni}_i}}\right)^{\alpha_y} \tag{4-52}$$

式中，Δm_y 和 Δm_{Ni} 分别表示镍基合金熔体和合金元素 y 的挥发量，g。

根据上述两式，若已知挥发系数 α，即可推断真空感应炉熔炼期间合金元素或有害杂质能否挥发去除，及基体金属的挥发损失量。

Olette 计算出铁基熔体中一些元素的挥发系数 α，列于表 4－33。可以看出，由于活度系数和原子量等差别的影响，各元素挥发系数的顺序和蒸气压的顺序大有差别。元素按挥发系数增大的排列顺序应为 Si、V、Ti、P、Co、Ni、Al、Fe、As、S、Cr、Sn、Cu、Mn。

表 4－33　二元铁基合金熔体 Fe－y 中合金元素 y 的挥发系数 α_y 计算值

元素 y	Al	As	Co	Cr	Cu	Mn	Ni
α_y	0.77	3	0.18	3.5	100	960	0.3
元素 y	P	S	Si	Sn	Ti	V	
α_y	0.005	3.2	1.4×10^{-4}	33	3×10^{-3}	4×10^{-3}	

尽管 As、S、P 的沸点或升华温度很低，但在高于 1500℃时蒸气压极高，且由于它们与 Fe、Ni 的结合力大，可降低它们的活度及挥发系数，故在 Fe 基或 Ni 基熔体中不易去除。P 在合金熔体中难以去除的原因与熔体中含氧量有关，其行为与碳相似。S 也难以从 Fe 液或 Ni 液中挥发去除，但熔体中 C、Si 等元素的存在可使其形成 CS、CS_2 和 SiS 挥发去除，故真空熔炼有一定的脱 S 效果。

实际上，合金熔体中可生成不溶解的稳定硫化物（如 CaS、MgS、CeS 和 LaS_2 等）进入炉渣，达到脱 S 的目的，如加入生石灰 CaO 与 S 形成 CaS，可将 S 由 0.01% 脱除到 0.002%～0.004%，但这种方法不利于合金熔体的洁净度。目前，高温合金较多采用加入镁和稀土元素 La、Ce 或混合稀土的方法脱 S，镁和稀土元素的加入除脱 S 外，也可改善合金的组织和性能，但镁和稀土元素的加入量应严格控制。α_{Si} 的值只有 1.4×10^{-4}，其挥发系数最低，因此硅在真空熔炼时不可能挥发去除。

D　熔体－坩埚反应

真空感应熔炼中，坩埚由氧化镁（MgO）耐火材料制作，高温真空下 MgO 有一定的分解压，当坩埚与合金熔体（尤其是含有碳或其他活性元素的熔体）接触时可能被还原，影响合金的组成，特别对合金的含氧量有明显影响。

例如在 1600℃使用 MgO 坩埚熔化纯铁时可发生如下反应：

$$2\mathrm{MgO}_{(固)}=\!=\!=2\mathrm{Mg}_{(气)}+\mathrm{O}_{2(气)},\qquad \Delta F^0_{1600℃}=169500 \tag{4-53}$$

$$\mathrm{O}_{2(气)}=\!=\!=2\mathrm{O},\qquad \Delta F^0_{1600℃}=-57940 \tag{4-54}$$

由式（4－53）、式（4－54）得：

$$\mathrm{MgO}_{(固)}=\!=\!=\mathrm{Mg}_{(气)}+\mathrm{O},\qquad \Delta F^0_{1600℃}=55780 \tag{4-55}$$

计算出：$K=P_{\mathrm{Mg}}\times w\,(\mathrm{O}\%)=6.6\times10^{-7}$。真空感应熔炼的真空度设为 1.33Pa，可计

算出铁液中平衡含氧量为 0.066%。实践证明，铁液从坩埚吸氧的过程很缓慢，在 0.133Pa 压力下铁液保持 7h，含氧量仅由 0.002% 增加到 0.025%。

当高温合金熔体中含有碳时，碳与坩埚反应加剧，反应式为：

$$MgO_{(固)} = Mg_{(气)} + O, \quad \Delta F^0_{1600℃} = 55780 \tag{4-56}$$

$$C + O = CO_{(气)}, \quad \Delta F^0_{1600℃} = -22660 \tag{4-57}$$

由式（4-56）、式（4-57）得：

$$MgO_{(固)} + C = Mg_{(气)} + CO_{(气)}; \quad \Delta F^0_{1600℃} = 33120 \tag{4-58}$$

$$K_{1600℃} = \frac{p_{Mg} \cdot p_{CO}}{w(C\%)} = 1.35 \times 10^{-4} \tag{4-59}$$

反应中产生的 Mg 和 CO 分子数相等，故：

$$p_{Mg} = p_{CO}$$

$$p_{CO} = \sqrt{1.35 \times 10^{-4} \times w(C\%)} = 1.16 \times 10^{-2} \sqrt{w(C\%)}$$

$$p_{Mg} + p_{CO} = 2.32 \times 10^{-2} \sqrt{w(C\%)} \tag{4-60}$$

设铁液含 0.05% C，则 $p_{Mg} + p_{CO}$ 可达到 5.19×10^{-2}Pa，高于真空感应炉实际压力 1~2 个数量级，即此时铁液中的碳使 MgO 坩埚还原，形成 Mg 和 CO 气体，并使合金熔体脱碳。坩埚与合金熔体反应产生的供氧脱碳作用与熔池内的碳脱氧作用同时进行。由于碳脱氧反应速度快，因此，合金熔体中含碳量不断降低的同时，含氧量在熔炼初期下降，降到某一极值后，随熔炼进行含氧量反而提高。

真空感应炉冶炼 GH901 合金期间，碳、氧含量与温度、精炼时间的关系如图 4-58 所示。可以看出，随温度提高，碳含量降低速率加快，残余碳含量降低，同时，致使氧含量开始上升。残余碳含量越低，氧含量开始上升的时间越早，氧含量增加的幅度越大。在 1500℃ 碳量降至 0.001% 时，出现氧含量上升的拐点。显然，控制碳含量也是控制氧含量的关键。

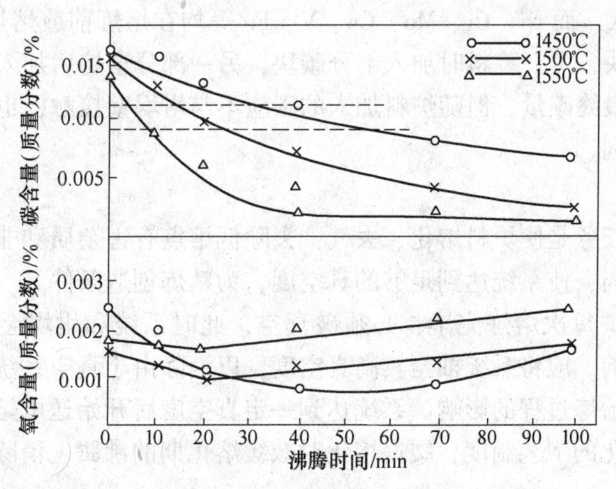

图 4-58 GH901 合金中 C、O 含量与精炼温度及沸腾时间的关系

4.5.5.2 熔炼工艺

A 冶炼前准备

(1) 设备检查。开炉前应对设备作全面检查，炉体、电器、机械、冷却水、测温、真

空、锭模等各系统均应正常，特别是真空系统，应对泵的状态、真空计和炉体的密封状况作认真检查。

（2）坩埚准备。坩埚耐火材料的质量和打结、烧结对冶炼合金含氧量有直接影响。由于普通焙烧的镁砂含 SiO_2、Al_2O_3 和 Fe_2O_3 等杂质较多，真空感应炉通常使用电熔镁砂或铝镁尖晶石打结烧结后的坩埚，应待高真空洗炉后方能正式冶炼。

（3）原材料准备。真空冶炼的合金通常对夹杂、气体及有害元素含量要求严格，因此，真空熔炼高温合金均应采用高纯度金属或合金为原材料，特别是对低熔点有色金属杂质含量要求更加严格。表 4－34 为美国 GE 公司对变形高温合金中有害元素的控制限量。

表 4－34 美国 GE 公司规定的高温合金中有害元素限量范围

元素	质量百分数最高值	元素	质量百分数最高值
铋 Bi	0.00003	硅 Si	0.35
铜 Cu	0.30	银 Ag	0.0005
铅 Pb	0.0005	硫 S	0.0020
氮 N	0.0100	碲 Te	0.00005
氧 O	0.0050	铊 Tl	0.0001
晒 Se	0.0003	锡 Sn	0.0050
磷 P	0.015	钙 Ca	0.005

B 装料

与非真空感应炉冶炼相类似，不同合金料应按其熔点、易氧化程度、密度、加入数量及挥发情况放置在炉内不同部位，并选择合适的加入时间。对于蒸气压很高的元素（如 Mn、Mg），为保证其回收率，应在浇注前一定压力的氩气下加入；Al、Ti、Nb、Ce、Zr、B 等应在精炼期加入，而 Ni、Cr、Mo、Co、V、Fe 等均在熔炼前或熔炼过程中装入坩埚；计算后的脱氧用碳块，可在装料时加入部分碳块，另一部分全熔后加入，既有利于碳沸腾脱氧，又易于控制最终碳量。但随炉料加入的碳应不与坩埚壁接触，也不应与铬块装在一起，以免对脱氧不利。

C 熔化

熔化期的主要任务是使炉料熔化、去气，去除低熔点有害杂质和非金属夹杂物，并使合金熔体的温度适当，使系统达到足够的真空度，为精炼创造条件。

单室真空感应炉每次熔炼完毕，必须破真空，此时系统和坩埚会吸收大量气体，因此，再次开炉送电前，应将系统抽至较高真空度，以消除由于真空系统、坩埚表面和炉料吸收的残留气体对冶炼过程的影响。系统达到一定真空度后开始送电熔化，一般采用逐步提升功率、较慢熔化的工艺制度，缓慢熔化对减缓熔化期的沸腾、消除喷溅、提高脱气效果有利。

在真空感应炉的熔化期炉料逐渐熔化，熔体的相对表面积很大，熔池深度较浅，故有利于去气，因此，绝大部分气体可在炉料熔化过程中被排除。图 4－59 所示为真空感应炉冶炼高温合金过程中电力制度与真空度的变化规律。在高真空下送电，随着送电功率不断增加，炉料升温熔化，炉内真空度不断降低，表明熔化期间有大量气体放出，直到炉料全熔后炉内真空度才得以迅速升高。因此，应结合真空泵能力，适当控制熔化期的送电功率。原则上讲，适当延长熔化期有利于气体的充分排除，若熔化速度过快，炉料熔清后仍继续释放出气体，真空度难以保证，而影响高温精炼效果。

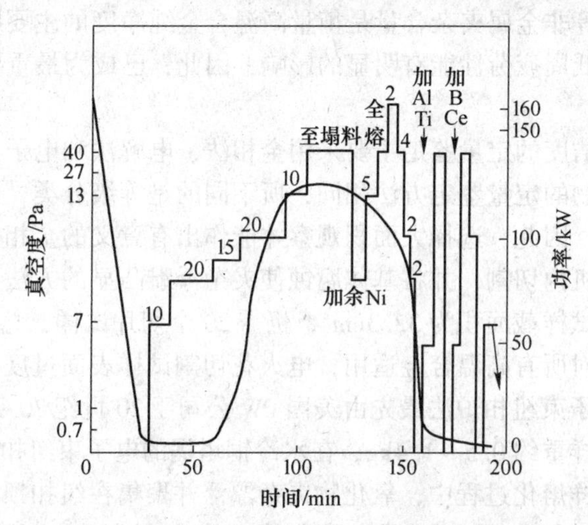

图4-59 冶炼过程的电力制度与真空度的变化

D 精炼

精炼期的主要任务是继续完成脱氧、去气，去除挥发有害杂质及纯净合金，调整合金成分，并使之均匀化。

精炼期的精炼温度、保持时间和真空度是真空感应熔炼中3个重要工艺参数。提高真空度有利于碳氧反应、减少金属熔体的氧化，有利于气体和非金属夹杂的排除，以及有害杂质的挥发去除。精炼温度高和保持时间长可保证碳氧反应完全，但温度过高或时间延长会加剧坩埚的供氧反应，使合金熔体中氧含量升高。

与脱氧反应不同，熔体脱氮是单纯的真空挥发效应，因此熔炼温度愈高，保持时间愈长，合金熔体中氮含量愈低。解决真空下脱氧和脱氮的矛盾，以获得氮、氧含量都低的合金，必须根据具体合金的要求，合理控制精炼期温度、时间和真空度3个重要参数。

E 合金化

在合金熔体脱氧、脱氮良好的情况下，可以进行合金化操作，由于加入的合金元素都与氧、氮有很大的亲和力，合金元素的先后加入顺序应根据金属与氧亲和力大小和易挥发的程度而定。Al、Ti在合金化的同时会发生脱氧反应，可放出大量的热量，使熔体温度提高，因此，以较低温度加入Al、Ti为宜；同时，较低温度加入这些元素有利于钢液的进一步脱氧。B、Ce、Zr一般在出钢前加入。由于Mn、Mg的蒸气压高（如1600℃时Mn的蒸气压约为3.32×10^3Pa，Mg则大于1.01×10^5Pa），高真空加入会使其挥发和损失量增加，因此，应在出钢前一定压力的氩气气氛保护下加入。

F 浇注

熔炼好的合金在真空或氩气气氛下进行浇注，可以直接浇注成钢锭或浇注成重熔电极棒。浇注温度及浇注速度应随钢种和锭型而异，浇注时应以中等功率继续供电，将氧化膜推向坩埚后壁，而不至于混入锭中。浇注时均采用中间漏斗，中间漏斗内放有挡渣坝，以阻止氧化物进入锭模中。近年来为了进一步纯净钢液，国内外多采用陶瓷过滤器对熔体进行过滤。

4.5.5.3 合金的纯净化

氧化物、氮化物等非金属夹杂含量是衡量高温合金纯净度的主要指标，其数量、尺寸和形态分布对合金的低周疲劳性能有明显的影响，因此，已成为最重要的质量问题而得到重视。

高温合金锭坯纯洁度的定量鉴定主要采用金相法、电解法和电子束纽扣炉法。金相法与钢铁内非金属夹杂物的定量鉴定方法相同，所不同的是等级分类，由于高温合金真空冶炼后夹杂量相对较少，因此，选择大面积观察才能作出有意义的金相等级鉴定。电解法是将试样在电火花切割机内切割，并将基体腐蚀使夹杂浮雕凸显的方法；试样截面积比金相法大得多，即使每个试样截面积为32.3cm^2，仍需20个切片试样，总计645cm^2观察面积，但是这种方法并不能对所有高温合金适用，电火花切割试样表面过度，会使试样表面形貌无法鉴别夹杂物。电子束纽扣炉法最先由美国PW公司于20世纪70年代末使用，其后GE公司进行了改进，试样重约0.5~1.4kg，在水冷铜坩埚的电子束纽扣炉内熔化，并凝固成半球体纽扣试样。试样熔化过程中，氧化物夹杂漂浮并聚集在纽扣顶部中心。控制熔炼参数，减少氧化物挥发，并在凝固后集成一聚集体，采用扫描电镜-能谱仪-图像分析仪对该聚集体进行分析测定，即可鉴定该试样氧化物夹杂的数量、组成和大小。当然夹杂物聚集体也可以采用化学电解萃取称重的方法，测定夹杂的含量。

生产洁净合金锭，减少夹杂的含量应注意如下操作工序：

(1) 采用纯净的合金料，并经喷砂、酸洗或碱洗来洁净表面。合金料应在装炉前经适当烘烤，废料及返回料在进入真空感应炉之前，最好经电炉及真空脱气处理。

(2) 炉体及坩埚和锭模使用前必须清理干净，以免外来夹杂混入合金熔体；另外在熔炼过程中，应尽量缩短熔炼时间，减少熔体与坩埚的反应。

(3) 采用陶瓷过滤器。目前，高温合金浇注均采用陶瓷过滤器净化，陶瓷过滤器的净化机理是阻挡、沉淀和吸附夹杂物。陶瓷过滤器采用$ZrO_2-Al_2O_3$、$3Al_2O_3-2SiO_2$、高纯莫来石和氧化铝等制作，这些材料具有良好且稳定的高温强度。过滤器的孔隙率为：10~20平均孔隙数/in（1in=0.0254m）。使用陶瓷过滤器不仅可提高高温合金锭或铸件的纯洁度，而且为高温合金返回料的使用提供了可靠保证，多种牌号的高温合金返回料熔化，并经陶瓷过滤器净化后达到或接近新料水平。

4.5.6 真空电弧炉重熔

真空电弧炉重熔是为生产钛、锆等活泼金属和钨、钽、钼等难熔金属而发展起来的一种熔炼方法。20世纪50年代初国外开始用来重熔高温合金，采用真空电弧炉重熔的高温合金牌号已有几十种。真空电弧炉的容量达7~10t，用于重熔高温合金锭坯的结晶器最大直径已达508mm，锭重达3~4t。

4.5.6.1 重熔工艺

真空电弧炉重熔是通过电极合金棒（阳极）与置于铜结晶器（阴极）底部的合金块料起弧使棒料熔化的过程。电弧电流达到上万安培，电压一般为20~45V，电弧放出的热量除加热熔化电极棒之外，还使流入铜结晶器内的熔滴形成一定深度的熔池。随着电极棒的熔化，功率逐渐加大，直至达到所需熔化速率的功率水平。结晶器内的金属液体形成熔池的同时，开始由下而上凝固结晶。合金牌号和合金锭尺寸不同，熔化速率和合金锭凝固速率不同。熔化临近结束，功率逐渐减小，使合金锭顶端保温，消除或减少缩孔尺寸，熔炼结束，合金锭经适当冷却后移出水冷结晶器。

电极和结晶器或熔池之间，电弧间隙的控制和保持是真空电弧重熔工艺的重要环节，电弧间隙对热量损失、熔池形状和铸锭表面有显著影响。一般电弧间隙在熔炼过程中控制在19mm以内。由于电弧间隙小，难免产生金属液滴在电极和熔池之间搭桥，导致电压降落，即所谓“液滴短路”。

真空电弧重熔过程中必须控制电极熔化速率与磁场效应，熔化速率通过熔池形状和深浅影响合金锭的结晶质量。通过控制电极移动速度和电流强度来控制熔化速率还不可靠，最好采用测力传感器直接测量电极重量的变化来控制。大直流电源产生的强磁场与熔池中的电流发生作用，造成熔池内金属液体流动，可影响电弧稳定性，并产生铸锭的凝固缺陷。减小这种磁场效应只能通过炉子结构设计，使电流同轴分布，以减小磁场来实现。

为了使锭坯成分更加均匀、组织细化、减少偏析，常常在结晶器附加一个磁场，使熔池做周期性的换向旋转，磁场线圈的匝数、磁场电流和换向间隔时间应根据熔化工艺确定。

4.5.6.2 熔炼特点

真空电弧炉熔炼也具有脱气、脱氧和低熔点有害杂质挥发去除的特点。脱气是在被加热的电极形成熔滴及熔池内进行，特别是氢在真空和电弧高温下大部分被脱除，可降低到$(1\sim2)\times10^{-6}$。脱氧效果主要取决于碳脱氧及氧化物夹杂的上浮。高温合金中的氮以氮化物形态存在，而真空电弧熔炼速率又较高，因此，脱氮效果不如真空感应炉。电弧炉熔炼GH132合金锭坯经真空电弧炉重熔次数后，锭坯中气体含量、有害杂质的相对含量列于表4-35。

表4-35 电弧炉熔炼的电极棒经真空电弧炉重熔后，气体及有害杂质含量的变化

项目	H_2	O_2	N_2	Pb	Ag	As	Sn	Sb
电极	7.8×10^{-6}	19×10^{-6}	40×10^{-6}	1.4×10^{-6}	0.38×10^{-6}	58×10^{-6}	47×10^{-6}	24×10^{-6}
一次真空自耗	1.1×10^{-6}	18×10^{-6}	42×10^{-6}	0.3×10^{-6}	0.1×10^{-6}	56×10^{-6}	46×10^{-6}	6×10^{-6}
二次真空自耗	1.05×10^{-6}	17×10^{-6}	42×10^{-6}	0.28×10^{-6}	0.12×10^{-6}	54×10^{-6}	46×10^{-6}	7×10^{-6}
三次真空自耗	1.0×10^{-6}	9×10^{-6}	42×10^{-6}	0.22×10^{-6}	0.13×10^{-6}	42×10^{-6}	42×10^{-6}	7×10^{-6}

经真空电弧炉重熔后，高温合金中主要元素含量变化很小或没有影响，活性元素Al、Ti及少量Si、S、P等元素也无太大变化，从而保证了成分控制的准确性和均匀性。锰的熔损较大，随钢种、凝固条件和真空度而变，一般锰的损失为5%~30%。

真空电弧炉重熔是在水冷铜结晶器内进行，没有耐火材料的污染，一些不稳定非金属夹杂物在高温电弧作用下可分解，一些较稳定的氧化物、氮化物等夹杂在电弧作用下破碎、细化或上浮，因此电弧炉重熔后的合金锭纯洁度得到显著改善。在真空电弧炉内液态金属在真空和高温下暴露时间较短，大部分氧化物及氮化物夹杂不是靠分解被去除，而是在熔池表面被去除，漂浮的夹杂被电弧排斥到熔池边缘，并结垢于结晶器壁，影响合金锭的表面质量。尽管真空电弧重熔能提高合金纯净度，但是改善的程度与初始电极棒的纯度有关。

真空电弧炉重熔是在水冷铜结晶器内进行的，熔融金属在高度冷却条件下，由结晶器底部向上逐渐凝固结晶，从而减少了中心疏松，防止了合金元素和夹杂物的偏析。合金锭头部可以充分加热，完全避免缩孔，得到组织均匀、无缩孔和组织致密的合金锭，显著改善了合金的热加工性能。许多难变形高温合金（如A286、Waspalloy、M－252等）经真空电弧重熔后，由于热加工性能得到显著改善，得以锻造成材。

4.5.6.3　缺点及存在问题

真空电弧重熔存在的主要问题是合金锭表面质量和偏析。由于熔池中的漂浮夹杂被驱除到结晶器壁，而低熔点有害杂质也挥发冷凝在结晶器壁，因此凝固后的合金锭表面富集这些杂质，即在热加工之前合金锭表面必须切削或打磨去除。

与真空感应炉熔铸相比，真空电弧炉熔铸合金锭的宏观及微观组织偏析有了很大改善，但偏析问题没有完全克服，仍有两类偏析存在，即斑点偏析和白点偏析。斑点偏析是合金熔体中高熔点溶质元素偏聚形成的成分偏析区，它源于熔体液－固粥状区域中流体流动产生的偏析通道，如熔池中电弧不稳定引起金属液体的突然运动，或者由单向熔池旋转等。固－液相线温差愈大的合金，斑点偏析愈明显，如GH4169合金。为此必须严格控制熔化速率并使之稳定，尽可能形成较大的热梯度和较小的外磁场。白点偏析区富含碳化物、碳氮化物或氧化物，对合金的大应力低周疲劳性能有较大影响，其形成原因可能是结晶器壁的冷凝物和熔池边缘的氧化物夹杂被凝固金属包裹，在电弧的作用下它们进入熔池，在未被重熔或漂浮出熔池之前已存在于凝固区域内。

4.5.7　镍基合金的定向凝固

4.5.7.1　定向凝固炉

定向凝固炉是在真空感应熔炼基础上附加定向结晶器组成，如图4－60所示。炉料由真空感应炉熔化，熔毕立即注入具有定向凝固功能的型壳或结晶器内，使铸件沿固定取向凝固和结晶。

在型壳中建立特定方向的温度梯度，使合金熔体沿着与热流相反方向定向结晶的一种铸造工艺，称为定向凝固。自1965年美国普拉特·惠特尼航空公司采用高温合金定向凝固技术以来，定向凝固已经在许多国家得到应用。采用定向凝固技术可以生产具有优良的抗热冲击性能、较长的疲劳寿命、较好的蠕变抗力和中温塑性的薄壁空心涡轮叶片；应用这种技术可大幅度提高涡轮叶片的使用温度，从而提高航空发动机的推力和可靠性，并延长使用寿命。

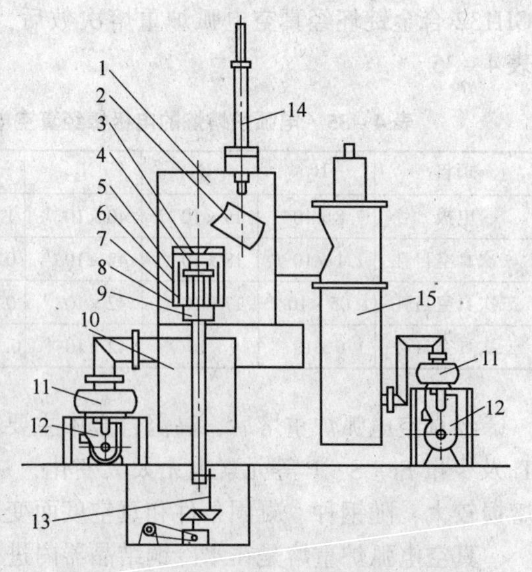

图4－60　真空定向凝固炉结构简图

1—熔化室；2—坩埚；3—浇口杯；4—模壳；5—上区加热器；6—热电偶；7—隔热板；8—下区加热器；9—水冷盘；10—铸模室；11—真空泵；12—机械泵；13—抽拉系统；14—加料杆；15—扩散泵

4.5.7.2 定向凝固原理

铸件选取定向凝固需要两个条件：(1) 热流向单一方向流动，并与生长中的固－液界面垂直；(2) 晶体生长前方的熔液中无稳定的结晶核心。为此，工艺上必须采取措施避免侧向散热，同时在近固－液界面的熔液中需要形成较大的温度梯度。这是保证定向凝固柱晶和单晶生长、取向正确的基本要素。以提高合金的温度梯度为出发点，定向凝固技术可采用功率降低法、快速凝固法和液态金属冷却法控制晶体生长。

根据成分过冷理论，要实现定向凝固，必须满足固－液界面前方无过冷的要求，即：

$$G_L \geqslant \left.\frac{dT_L(x)}{dx}\right|_{x=0} \tag{4-61}$$

在满足 Tiller 公式前提下：

$$\frac{G_L}{R} \geqslant \frac{mC_0(1-K_0)}{K_0}\frac{1}{D_L} \tag{4-62}$$

从式（4－62）可见，若固－液界面以单向平面生长方式定向凝固前移，需要满足 G_L/R 足够大的条件（G_L 为晶体生长前沿液相的温度梯度，R 为界面的生长速度）。因此，需要采取如下措施：

(1) 严格的单向散热。为使凝固条件始终处于柱状晶生长方向的正温度梯度作用之下，要绝对阻止侧向散热，以避免界面前方型壁及其附近的生核和长大。

(2) 避免熔体内形核。要减小熔体的非均质生核能力，以避免界面前方的生核现象，即要提高熔体的纯净度。

(3) 防止晶粒游离。要避免液态金属的对流、搅动和振动，以阻止界面前方的晶粒游离；对晶粒密度大于液态金属的合金，避免自然对流的最好方法就是自下而上地进行单向结晶。

一般来讲，可用成分过冷理论判断界面的稳定性，但该理论没有考虑：(1) 固－液界面引入局部曲率改变时的系统自由能变化；(2) 没有说明界面形态改变的机制等问题。在凝固研究领域，还提出了许多新的理论，如绝对稳定理论（又称 MS 理论）对定向凝固、快速凝固等凝固新技术方面的理论问题有较好的描述。

4.5.7.3 定向凝固工艺

根据成分过冷理论，定向凝固合金要获得平面凝固组织主要取决于合金的性质和工艺参数的选择。前者包括溶质质量、液相线斜率和溶质在液相中的扩散参数；后者包括温度梯度、凝固速度。在合金成分确定的前提下，可依靠工艺参数的选择来控制凝固组织，其中，固－液界面液相一侧的温度梯度至关重要，因此，通过控制温度梯度可达到调整凝固组织的目的。可以说，定向凝固技术的发展历史是不断提高设备温度梯度的历史。大的温度梯度一方面可以得到理想的合金组织和性能；另一方面又可以允许加快凝固速度，提高设备的产出率。下面介绍几种定向凝固的工艺方法。

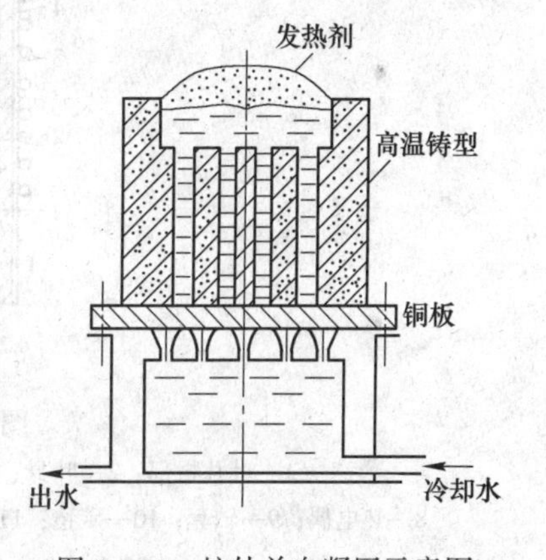

图 4－61 炉外单向凝固示意图

A 炉外结晶法

炉外结晶法示意图如图 4－61 所示，将铸型加热到高温后，迅速取出放置于激冷板（水冷铜板）立即浇注，冒口上方盖以发热剂，在金属液和已凝固金属中建立起一个温度单向由高至低的温度场，使铸件自下而上进行结晶，由此可实现单向凝固。但这种方法所获得的温度梯度不大，并且难以控制，致使凝固组织粗大、铸件性能差。因此，该法不适于大型、优质铸件的生产。但其工艺简单、成本低，可用于制造小批量零件。

B　炉内结晶法

炉内单向凝固是使铸件在加热器内浇注和冷却的方法，由于可以调节炉内温度梯度及对结晶过程实现不同程度的控制，因此，可以获得较高质量的复杂铸件。其具体的工艺方法可分为以下几种。

a　功率降低法（PD 法）

如图 4－62 所示，其工艺过程如下：铸型加热感应圈分两段，铸件在凝固过程中不移动，其底部采用水冷激冷板。当型壳被预热到一定过热温度时，向型壳内浇入过热合金液，切断下部电源，上部继续加热，金属自下而上逐渐凝固。通过选择合适的加热器件可以获得较大的冷却速度。但由于其散热条件无明显改善，因此其组织仍不理想，所获得的柱状晶区较短。该工艺可达到的最小温度梯度为 10K/cm 左右。与发热剂法相比，功率降低法虽然在控制单向热流及获得组织方面有所改善，但其设备比较复杂、能耗较大，故应用并不广泛。

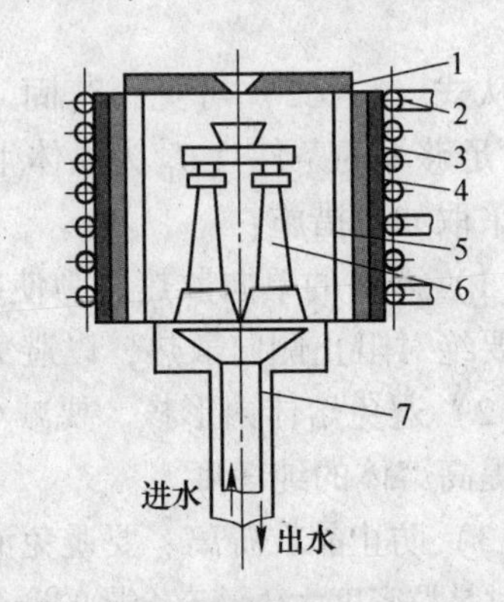

图 4－62　功率降低法装置示意图
1—保温盖；2—感应线圈；3—玻璃布；4—保温层；5—石墨套；6—模壳；7—结晶器

图 4－63 是另一种定向凝固功率降低法配置示意图，把一个开底的模壳放在水冷底盘上，石墨感应发热器放在分上下两部分的感应圈内。加热时上下两部分的感应圈均通电，在模壳内建立起所要求的温度场，然后铸入过热的合金溶液。此时下部感应圈停

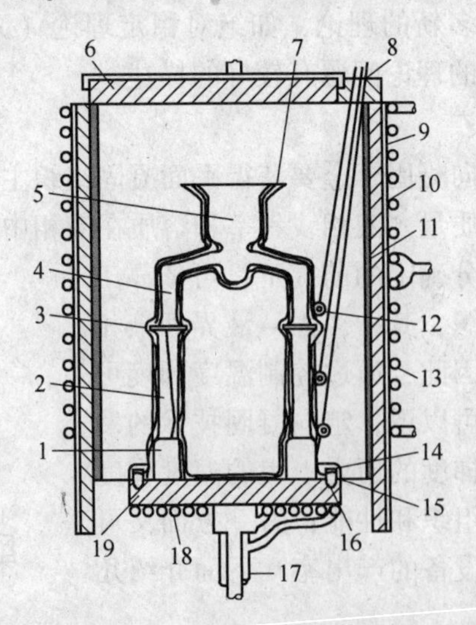

图 4－63　功率降低法装置图
1—叶片根部；2—叶身；3—叶冠；4—浇道；5—浇口杯；6—模盖；7—模壳；8—热电偶；9—轴套；10—碳毡；11—石墨感受器；12—Al_2O_3 管；13—感应圈；14—Al_2O_3 管泥封；15—模壳圆盘；16—螺丝；17—轴；18—冷却水管；19—铜座

电，通过调节输入上部感应圈的功率，使之产生一个轴向温度梯度。在功率降低法中，热量主要通过已凝固部分及冷却底盘由冷却水带走。图4-64为功率降低法定向Mar-M200合金叶片铸造过程不同高度的温度分布。这种工艺可达到的温度梯度最小，在10℃/cm左右，因此，制出的合金叶片其长度受到限制，并且柱状晶之间的平行度差，甚至产生放射形凝固组织。合金的显微组织在不同的部位差异较大，目前一般不采用此工艺。

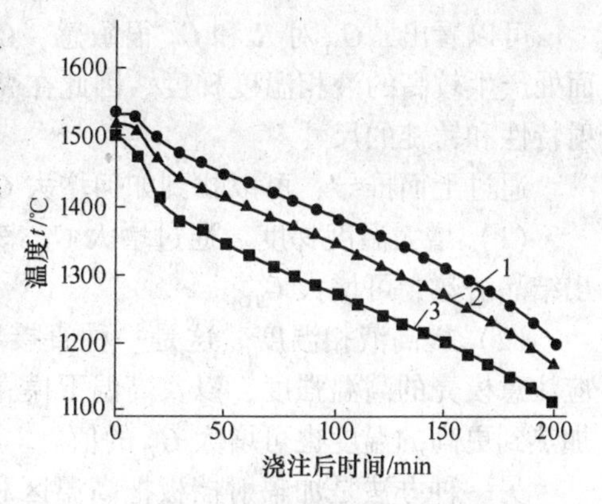

图4-64　功率降低法铸造Mar-M200合金叶片不同高度的温度分布
1—叶片顶部；2—叶片中部；3—叶片底部

b　高速凝固法（HRS法）

功率降低法的缺点在于其热传导能力随着离结晶器底座距离的增加而明显下降。为了改善热传导条件，又发展了高速凝固法。其装置和功率降低法相近，仅增加一个拉锭机构，可使模壳按一定速度向下移动。采用移动模壳（或移动加热器）方式加强散热条件，将底部开口的模壳置于水冷底座处，并置于石墨加热器中，加热模壳后注入过热的合金熔液，浇注后保持几分钟，使达到热稳定及开始在冷却底座表面生成一薄层固态金属；然后，模壳以预定速度经过感应器底部的辐射挡板从加热器中移出。为得到最好的效果，在移动模壳时凝固面应保持在挡板附近。图4-65为高速凝固法装置图。

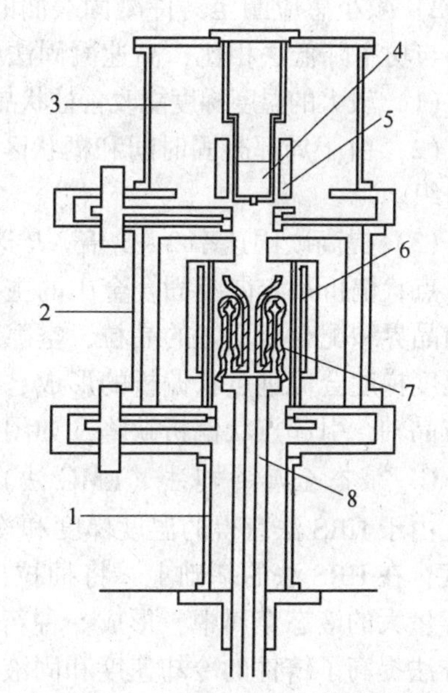

图4-65　高速凝固法装置图
1—拉模室；2—模室；3—熔室；4—坩埚；5—水冷感应圈；6—石墨加热器；7—模壳；8—水冷升降杆

在前凝固阶段，散热以通过水冷底座的对流传热为主，离开结晶器一定距离后对流传热方式减小，转为以辐射传热为主，这样可使凝固仍以较快速度进行。两种传热方式用h_{co}和h_{rb}两种等效热交换系数来表示，则散热热流密度为：

$$q = (h_{co} + h_{ra})(T - T_0) \tag{4-63}$$

式中，h_{co}为对流传热的等效热交换系数；h_{ra}为辐射传热的等效热交换系数；T为温度；T_0为冷却底座温度。

开始凝固时，$h_{co} \gg h_{ra}$，当凝固至离冷却底座一定距离时，h_{co}等于h_{ra}。此后可认为已建立起稳态凝固。利用热平衡边界条件，则：

$$G_{TL} = \frac{1}{\lambda_L}[\lambda_S G_{TS} - \rho_S \Delta h R] \tag{4-64}$$

式中，λ_L、λ_S分别为液相和固相的热导率；G_{TL}、G_{TS}为液相和固相的温度梯度；Δh为凝固潜热；ρ_S为固相密度；R为凝固速率。

可以看出，G_{TL}对 R 和 G_{TS}很敏感，G_{TS}随铸锭半径减小而减小，所以慢速凝固可在界面处产生较高的液相温度梯度。因此在高速凝固法中，最大稳态凝固的温度梯度取决于辐射特性和铸锭的尺寸。

通过上面推导，可以找到如何增大 G_{TL}的途径：

（1）增大温度梯度。通过增大 G_{TL}来加强固相的散热强度。采用热容量大的冷却剂导出结晶潜热，可增大 G_{TL}。

（2）提高液相温度。这是一种直接增大 G_{TL}的办法，但液相温度不能无限度地提高，应注意模壳的高温强度，以及高温下模壳和液态金属的反应。把靠近凝固前沿的熔体局部加热到更高的温度也可增大 G_{TL}的值。

另一种办法是加辐射挡板把高温区和低温区分开，从而加大界面附近的 G_{TL}，挡板能起到以下两个作用：

1）模壳移动可使辐射热损失降至最小，以维持加热器内相对均匀的温度场。

2）减小感应圈至铸件凝固表面的辐射距离，可加强传热。

与功率降低法相比，高速凝固法的优点如下：

（1）较大的温度梯度能改善柱状晶质量和补缩条件，在约300mm 高度内可全是柱状晶。

（2）由于局部凝固时间和糊状区均变小，使显微组织致密，减小偏析，从而改善了合金组织。

（3）提高凝固速率 2 ~ 3 倍，R 达到 300mm/h。

点状偏析是定向凝固合金中的主要缺陷之一，经常出现在铸件的外层。这种缺陷造成横向晶界和配合度不好的晶粒，空隙度大、偏析严重，易析出有害相。低的生长速率和小的温度梯度会促进点状偏析的形成。树枝间因局部熔液存在密度差，可引起熔液对流、熔断枝晶轴，引起点状偏析缺陷，如图 4 - 66 所示。

C　液态金属冷却法（LMC 法）

由于 HRS 法获得的温度梯度和冷却速度都很有限，为了获得更高的温度梯度和生长速度，在 HRS 法的基础上，将抽拉出的铸件部分浸入具有高热导率的高沸点、低熔点、热容量大的液态金属中，形成一种新的定向凝固技术，即液态金属冷却法（LMC 法）。这种方法提高了铸件的冷却速度和固液界面的温度梯度，而且在较大的生长速度范围内可使界面前沿的温度保持稳定，结晶在相对稳态条件下进行，可获得较长的单向柱晶。液态金属冷却法以液态金属代替水作为模壳的冷却介质，模壳直接浸入液态金属冷却剂中，可大幅度提高散热能力，并使感应器底部迅速发生热平衡，此时提高 G_{TL}值可不依赖浸入速度。液态金属冷却法的装置如图 4 - 67 所示。冷却剂的温度、模壳传热性、厚度和形状、挡板位置、熔液温度等因素都会影响温度梯度。

液态金属冷却剂的选择条件如下：

（1）有低的蒸气压，可在真空中使用。

（2）熔点低、热容量大、热导率高。

（3）不溶解于合金中。

（4）价格便宜。

工艺过程与高速凝固法相似，当金属熔液浇注入模壳后，按预定速度将模壳逐渐浸入液态金属液中，使液面保持在合金凝固面附近，并保持在一定的温度范围内，使传热不因凝固的进行而变小，也不受模壳形状的影响。液态金属液可以是静止的或流动的。

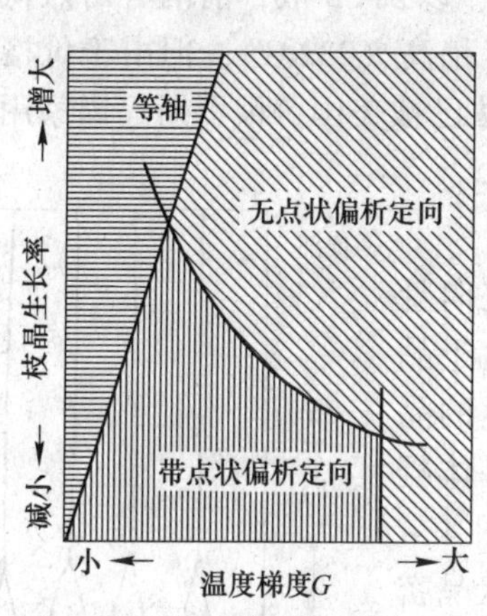

图4－66 温度梯度和凝固速率对点状偏析的影响

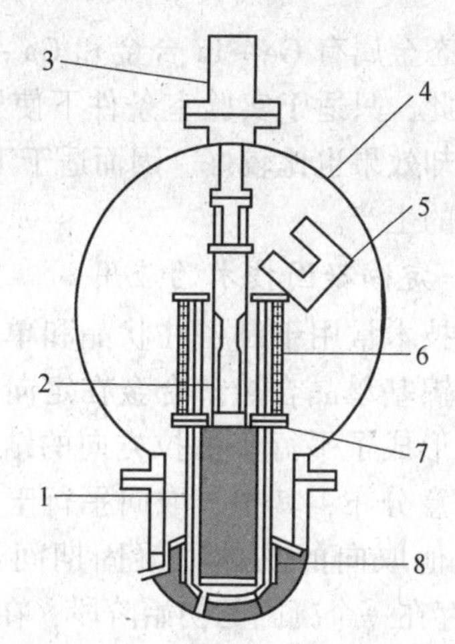

图4－67 液态金属冷却法装置

1—液态金属；2—模壳；3—浸入机构；4—真空室；5—坩埚；6—炉高温区；7—挡板；8—加热线圈

液态金属冷却法中局部凝固时间和糊状区宽度均最小，而功率降低法的最大，高速凝固法介于其间，具体比较列于表4－36中。很明显液态金属冷却法的G_{TL}和R，以及冷却速率均是最大，特别是局部凝固时间和糊状区宽度最小（图4－68），因此，采用液态金属冷却法定向凝固制备的高温合金，其显微组织比较理想。

表4－36 生产Mar－M200合金的三种定向凝固工艺比较

工艺参数	功率降低法	高速凝固法	液态金属冷却法
过热度/℃	120	120	140
循环周期/min	170	45	15
模子直径/cm	3.2	3.2	1.43
G_{TL}/℃·cm^{-1}	7～11	26～30	73～103
R/cm·h^{-1}	3～12	23～30	53～61
糊状区宽度/cm	10～15	3.8～5.6	1.5～2.5
局部凝固时间/min	85～88	8～12	1.2～1.6
冷却速率/℃·h^{-1}	90	700	4700

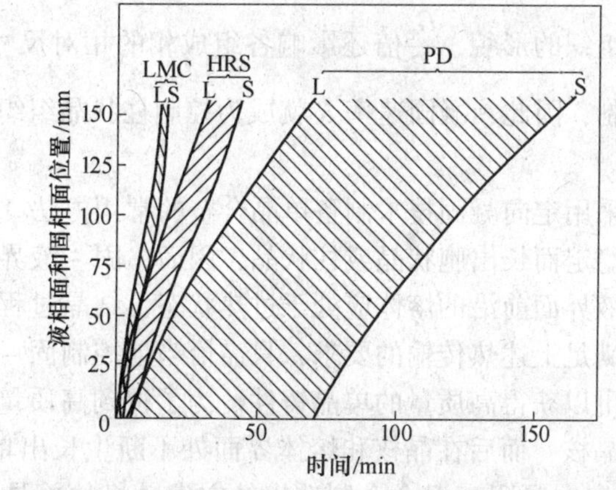

图4－68 不同定向凝固方法制备Mar－M200合金的固相面和液相面的位置

L—液相面；S—固相面；PD—功率降低法；HRS—高速凝固法；LMC—液态金属冷却法

常用的液态金属有 Ga－In 合金和 Ga－In－Sn 合金，以及 Sn 液，前两者熔点低，但价格昂贵，因此，只适于实验室条件下使用。Sn 液熔点稍高（232℃），但由于价格相对比较便宜，冷却效果也比较好，因而适于工业应用。该法已被美国、俄罗斯等国家用于航空发动机叶片的生产。

4.5.7.4 定向凝固技术的应用

定向凝固技术常用于制备柱状晶和单晶合金，如定向凝固镍基合金和镍基单晶合金。合金在定向凝固过程中由于晶粒的竞争生长形成了平行于抽拉方向的结构，最初产生的晶体的取向呈任意分布，其中，取向平行于凝固方向的晶体凝固较快，而其他取向的晶体在凝固期间逐渐消失（图 4－69），因此，存在一个凝固的初始阶段，在这个阶段柱状晶密度大，随着晶体的生长，柱状晶密度趋于稳定。故任何定向凝固铸件都有必要设置可以切去的结晶起始区，以便在零件本体开始凝固前就建立起所需的晶体取向结构。若在铸型中设置一段缩颈过道（晶粒选择器），在铸件上部选择一个单晶体，就可以制取单晶零件，如涡轮叶片等。

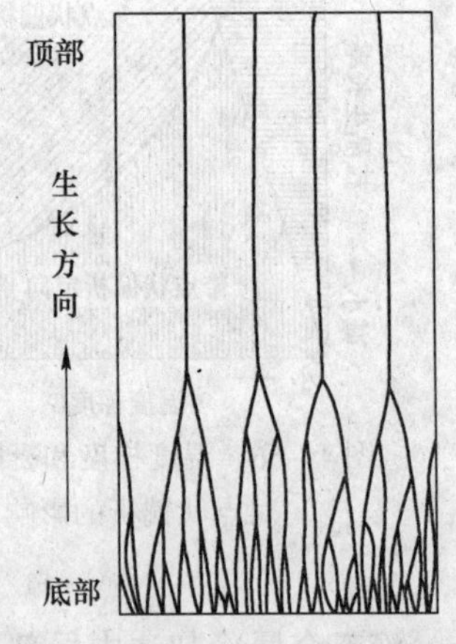

图 4－69　定向凝固晶粒组织沿长度方向的变化示意图

A 柱状晶的生长

柱状晶包括柱状树枝晶和胞状柱状晶。通常采用定向凝固工艺，使晶体有控制地向着与热流方向相反的方向生长，减少偏析、疏松等，形成取向平行于主应力轴的晶粒。因此，可基本消除垂直于应力轴的横向晶界，大幅度改善合金的高温强度、蠕变和热疲劳性能。

获得定向凝固柱状晶的基本条件是：（1）合金凝固时热流方向必须定向；（2）在固－液界面前沿应有足够高的温度梯度；（3）避免在凝固界面的前沿出现成分过冷或外来核心，使柱状晶横向生长受到限制；另外，还应该保证定向散热，绝对避免侧面型壁生核长大，长出横向新晶体。因此，要尽量抑制液态合金的形核能力，其中，提高液态合金的纯洁度，减少氧化、吸气所形成的杂质污染是抑制形核能力的有效措施；另外，还可以通过添加适当的元素或添加剂使形核剂失效。

$\frac{G_L}{R}$值决定合金凝固组织的形貌，$\frac{G_L}{R}$值还影响各组成相的相对尺寸。由于 G_L 在很大程度上受到设备条件的限制，因此，凝固速率 R 就成为控制柱状晶组织的主要参数。

B 单晶生长

选晶法和籽晶法是采用定向凝固技术制备单晶合金的常用方法。单晶在生长过程中要绝对避免固－热界面不稳定而长出胞状晶或柱状晶，因而，固－液界面前沿不允许有温度过冷和成分过冷。固－液界面前沿的熔体应处于过热状态，结晶过程的潜热只能通过生长的晶体导出。定向凝固满足上述热传输的要求，只需恰当地控制固－液界面前沿熔体的温度和晶体生长速率，就可以获得高质量的单晶铸件。为了得到高质量的单晶体，首先要在金属熔体中形成一个单晶核，而后在晶核和熔体界面处不断生长出单晶体。20 世纪 60 年代初，美国普惠公司用定向凝固高温合金制造出航空发动机的单晶涡轮叶片，与定向柱状晶相比，在使用温度、抗热疲劳强度、蠕变强度和抗热腐蚀性等方面都具有更为良好的性能。图 4－70 示出了单晶铸件的制备工艺过程。

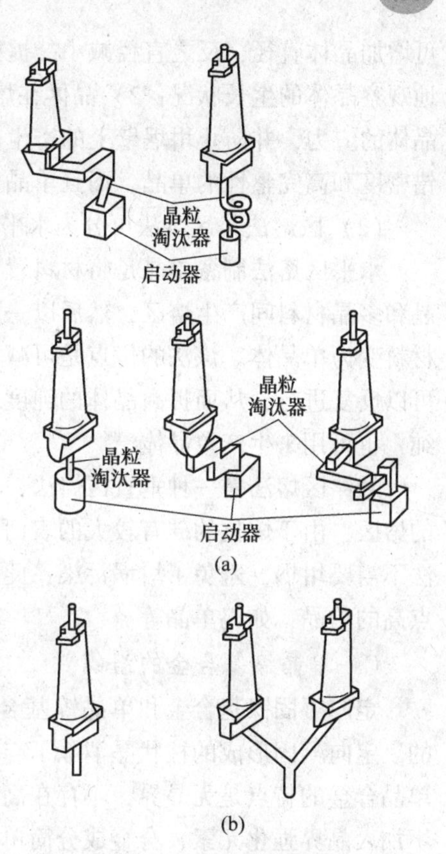

图 4－70 单晶体铸件制备工艺
(a) 各种选晶法示意图；(b) 籽晶法示意图

单晶体生长于液相中，按其成分和晶体特征可以分为三种：

（1）晶体和熔体成分相同。纯元素和化合物属于这一种。

（2）晶体和熔体成分不同。为了改善单晶材料的电学性质，通常要在单晶中掺入一定含量的杂质，使其这类材料变为二元或多元系。这类材料要得到成分均匀的单晶体困难较大，在固－液界面上会出现溶质再分配。因此，熔体中溶质的扩散和对流对晶体中杂质的分布有重要作用。

（3）有第二相或出现共晶的晶体。高温合金的铸造单晶组织不仅含有大量基体相和沉淀析出的强化相，还有共晶组织析出于枝晶之间。整个零件由一个晶粒组成，晶粒内有若干柱状枝晶，枝晶是“十”字形花瓣状，枝晶干均匀，二次枝晶干互相平行，具有相同的取向。纵截面上是互相平行排列的一次枝晶干，这些枝晶干同属一个晶体，不存在晶界。严格地说，这是一种“准单晶”组织，不同于晶体学上严格的单晶体。由于采用定向凝固技术制备单晶体，故凝固过程中会产生成分偏析、显微疏松及柱状晶间的小角度取向差（2°～3°）等，这些都会不同程度地损害晶体的完整性，但是单晶体内的缺陷比多晶及柱状晶界对力学性能的影响要小得多。

根据熔区的特点，单晶生长的方法可以分为正常凝固法和区熔法。

（1）正常凝固法。正常凝固法可采用坩埚移动、炉体移动及晶体提拉等方法制备单晶体。

坩埚移动或炉体移动定向凝固法的凝固过程均由坩埚的一端开始。坩埚可以垂直放置在炉内，熔体自下而上凝固或自上而下凝固；也可以水平放置。最常用的是将尖底坩埚垂直沿炉体逐渐下降，单晶体从尖底部位缓慢向上生长；也可以将“籽晶”放在坩埚底部，当坩埚向下移动时，“籽晶”处开始结晶，随着固－液界面移动，单晶不断长大。这类方法的主要缺点是晶体和坩埚壁接触，容易产生应力或寄生成核，因此，在生产高完整性的单晶体时很少采用。

晶体提拉是一种常用的晶体生长方法，它能在较短时间里生长出大而无错位的晶体。将欲生长的材料放在坩埚里熔化，之后将籽晶插入熔体中，在适当的温度下籽晶既不溶掉，也不长大；然后，缓慢向上提拉和转动晶杆。旋转的作用：一方面是为了获得好的晶体热对称性，另一方面也搅拌熔体。用这种方法生长高质量的晶体，要求提拉和旋转速度平稳、熔体温度控制精确。单晶体的直径取决于熔体温度和拉速；减少功率和降低拉速，可增加晶体直径，反之直径减小。提拉法的主要优点是：1）在晶体生长过程中可以方便地观察晶体的生长状况；2）晶体在熔体的自由表面处生长，而不与坩埚接触，显著减少晶体的应力，并防止坩埚壁上的寄生成核；3）可以以较快的速度生长，制备出具有低位错密度和高完整性的单晶，而且单晶直径可以控制。

（2）区熔法。区熔法可分为水平区熔法和悬浮区熔法。

水平区熔法制备单晶是将材料置于水平舟内，通过加热器加热，首先在舟端放置的籽晶和多晶材料间产生熔区，然后以一定的速度移动熔区，熔区从一端移至另一端，使多晶材料变为单晶体。该法的优点是可减少坩埚对熔体的污染，降低加热功率，另外区熔过程可以反复进行，从而提高晶体的纯度或使掺杂均匀化。水平区熔法主要用于材料的物理提纯，也可用来生产单晶体。

悬浮区熔法是一种垂直区熔法，它是依靠表面张力支持正在生长的单晶和多相棒之间的熔区，由于熔化的硅有较大的表面张力和小的密度，所以是生产硅单晶的优良方法。该法不需要坩埚，避免了坩埚污染；此外，由于加热温度不受坩埚熔点限制，可用来生长熔点高的单晶，如钨单晶等。

C　单晶镍基合金的组织

定向凝固镍基合金和单晶镍基合金是在普通铸造和定向凝固工艺的基础上发展起来的。定向凝固形成的柱状晶消除了与主应力轴垂直的晶界，可提高合金的热疲劳性能；而单晶合金的特点是无晶界，不存在高温晶界弱化、纵向晶界裂纹等问题，其合金化特点是不加入晶界强化元素，合金成分简单，大大提高了合金的初熔温度；可采用更高的固溶处理温度；有效地调整 γ' 强化相的形貌、体积分数和尺寸；与铸造和定向凝固合金比较，单晶合金具有更高的抗热疲劳、机械疲劳、抗氧化和抗蠕变性能，可显著提高合金的工作温度，是航空发动机叶片部件的最佳使用材料。

采用选晶法制备的［001］取向单晶镍基合金横、纵截面的枝晶形貌如图 4－71 所示，在横截面呈现整齐的“+”字花样，“+”花样生长的二次枝晶方向分别为［100］和［010］，一次和二次枝晶臂间距分别为 250～320μm 和 60～120μm。

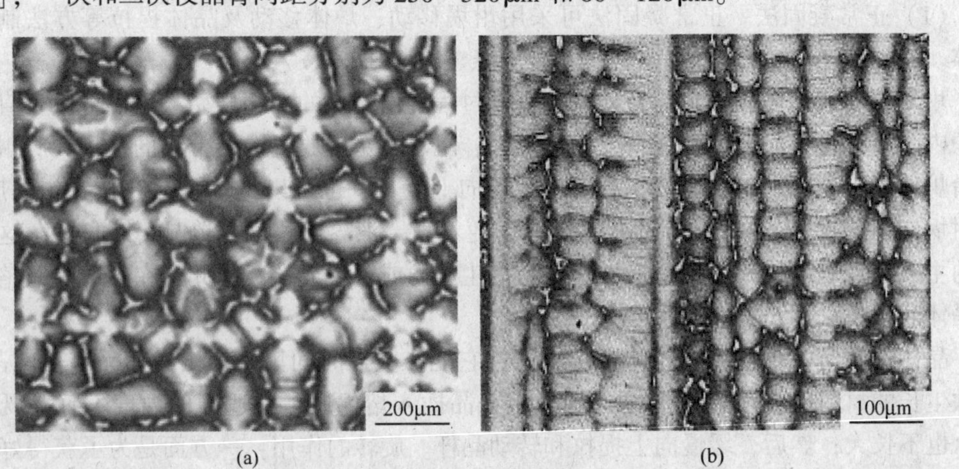

图 4－71　铸态单晶合金的枝晶形貌
（a）横截面；（b）纵截面

由于枝晶臂/间的凝固条件不同，枝晶臂/间区域的 γ′相有不同的形态和尺寸，如图4-72所示。图4-72(a) 中示出［100］、［010］二次枝晶的生长方向，枝晶臂区域的 γ′相尺寸较小，约为0.8μm，枝晶间区域的 γ′相尺寸较大，如图中区域A所示，凝固期间析出的 γ′相为类球形不规则形态，如图4-72(b) 所示。

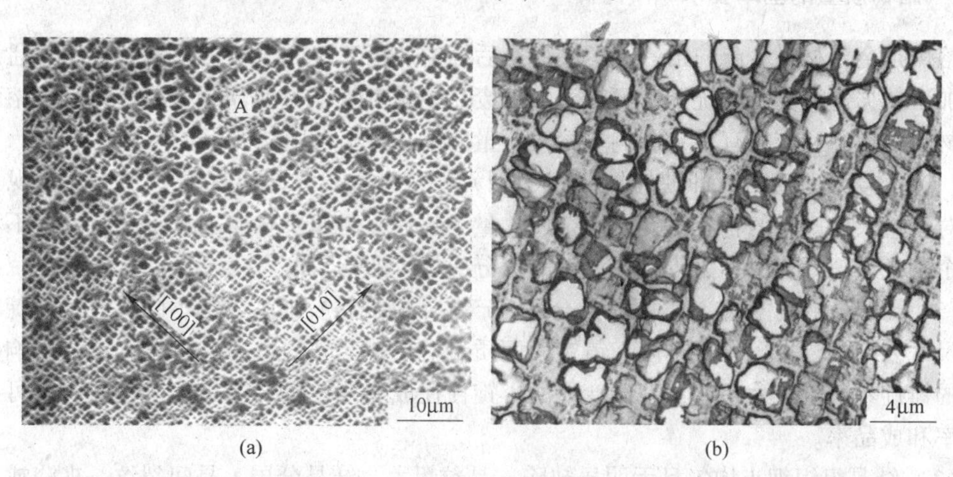

(a)　　(b)

图4-72　铸态单晶合金（001）晶面枝晶臂/间的 γ′相形态及尺寸分布

(a) 低倍形貌；(b) 枝晶间形貌

铸态合金经不同工艺热处理后的组织形貌如图4-73所示，经1310℃、4h固溶处理后，合金中的共晶组织和 γ′相完全溶入 γ 基体中，同时促进元素的充分扩散，提高合金成分的均匀化程度，随后快速空冷，使合金中过饱和元素Al、Ta等以立方 γ′相形式自 γ 基体中析出，如图4-73(a) 所示。此时，细小、弥散的立方 γ′相为120~150nm，且均匀分布于合金的 γ 基体中；再经1080℃、4h的一次时效处理，立方 γ′相明显长大至380~450nm，尺寸均匀且沿 <001> 方向规则排列，如图4-73(b) 所示；合金经870℃、24h二次时效处理后，γ′相尺寸基本不变，但立方度增加，排列更加规则，如图4-73(c) 所示。

(a)　　(b)　　(c)

图4-73　单晶镍基合金经不同阶段热处理后的组织形貌

(a) 1310℃固溶处理；(b) 1080℃一次时效处理；(c) 870℃二次时效处理

4.6 熔铸合金的质量控制

4.6.1 熔铸质量的基本要求

熔铸是金属材料生产的第一道工序，为后续的加工工序提供质量合格的锭坯。通过对压力加工数据进行分析与统计，可得出加工废品中约70%与熔铸质量有关。可见，熔铸质量对材料的成本和应用有重要影响。熔铸质量的基本要求可归纳如下：

（1）化学成分合格。即使铸锭中仅个别元素或微量杂质超出标准要求，也被视为废品。对微量杂质敏感的合金铸锭即使杂质总量不超标，但如果对加工和使用性能有不利影响的个别杂质超标，也称为废品，铸锭的成分应尽可能均匀。

（2）形状、尺寸公差及表面质量合格。产品不同规格及加工方法不同，对所需锭坯形状及尺寸公差的要求也有所不同。铸锭表面质量对热轧产品的边裂及横裂有重要影响。尺寸大的铸锭易产生尺寸超差；翘曲变形的小锭往往成型性较差。提高铸锭表面质量可提高收得率和成品率。

（3）结晶组织细小均匀且无明显缺陷。晶粒粗大、结晶分层、晶间裂纹、夹渣或易熔杂质偏聚晶间等均不利于均匀变形，易于热轧开裂。分散性针孔、缩松及夹渣等小缺陷是产生板、带材表面起皮、起泡、分层及棒材层状断口的重要根源。由于这类缺陷尺寸小且分散，不易发现，多是在加工率较高时才暴露出来，常造成大量废品和浪费。显然，获得致密细匀的内部组织非常重要。

控制熔铸质量非常重要，一是控制熔体中的气体、微量杂质及夹渣的含量；二是控制大规格铸锭中的缩松、裂纹、偏析及组织不均匀性；同时，也需要控制表面气孔、夹渣、冷隔及化学成分不合格等问题。这些熔铸质量问题归根结底与金属的性质及熔铸工艺条件等密切相关。金属本性是内因，工艺条件是外因。在合金成分一定时，熔铸工艺条件是决定熔铸质量的关键因素。因此，确定熔铸工艺时应从实际的工艺条件出发，针对产品使用性能的要求和合金的熔铸技术特性，采取预防措施，并制定出较合理且切实可行的熔铸工艺。对已制定的工艺，进行一段时间的试生产后，可在总结经验的基础上，修订出更好的熔铸工艺规程。当然，熔铸工艺规程要考虑到实际条件和人为因素的影响，应留有余地和补充措施。

4.6.2 合金成分的控制

为使合金元素及杂质含量得到控制，除了合理地选用炉料及正确进行配料计算外，还需根据合金的使用性能、加工性能、炉料性状、氧化和挥发熔损、加料顺序、熔炼温度及时间等情况，综合考虑来确定合金成分。对于炉衬、熔剂及操作工具等污染源，应作出估计，并在熔炼后期进行炉前分析，以便确定是否进行补充合金化操作。

有时合金成分及杂质含量均在国家标准范围以内，但铸锭中有少量针状或粗大金属间化合物，或易产生冷热裂纹、区域偏析等缺陷。为此，有必要借助相图了解溶质元素的溶解度变化、溶质的平衡分配系数、形成多元化合物或非平衡共晶的可能性，在分析产生上述缺陷的基础上，便可在国家标准范围内，调整某些元素的含量，辅以某些工艺参数的调配，或加入变质剂以细化晶粒，改善化合物夹杂的形态及低熔点相的分布，以达到消除缺陷的目的。

此外，在不降低使用性能和加工性能的条件下，确定配料成分时应注意节约较贵重的有色金属。如H62的铜含量为60.5%～63.5%，按偏下限成分61%计算时，每熔铸1000t H62，比含63%铜时可节约20t铜。尽可能少用或不用中间合金，可节省燃料和原材料单耗。杂质限量大的合金多配入一些废料及低品位新料，可降低成本。

4.6.3 熔体中含气量及夹渣量控制

铸锭易于产生气孔和缩松，一般与熔体中的含气量有关，原因在于铸锭固液相区内气体溶解度变化较大。当凝固速度小且固液相区宽时，溶解度变化大的气体可以在固－液界面析出，界面处金属凝固收缩形成的缩松也利于气体的析出；气体在缩松中析出并长大为气泡，阻碍缩松的补缩，使缩松扩展。熔体中气体的主要来源是炉料本身的含气量（尤其是电解阴极金属及含油、水的碎屑废料），还与炉气组成及性质、熔炼温度及时间、熔剂及操作工具的清洁干燥程度、去气和去渣精炼好坏等有关。此外，一些能分解出水及氧化膜吸附水分的元素，或与基体金属可形成共晶及降低气体溶解度的元素，均有增加熔体含气量及促进产生气孔的倾向。熔体在转注过程中还可与流槽、漏斗涂料及润滑剂作用而吸收气体。易挥发金属的蒸汽也能使铸锭产生皮下及表面气孔。控制熔体含气量的关键在于加强精炼去气，并防止在转注时吸收或裹入气体。

熔体中的夹渣主要来源于炉料表面的氧化膜、熔体的残渣、尘埃、炉气中的烟灰、炉衬碎屑、熔剂、元素间相互作用形成的化合物夹杂等。它们在熔体中的分布状态与其密度、尺寸、形态及是否为熔体润湿等有关。如Al_2O_3多成薄膜状悬浮于熔体表面，搅拌成碎片时可混入熔体内部；MgO及ZnO等多为疏松的块、粒状，虽可浮于熔体表面，但无保护作用；Cu_2O、NiO可分别溶解于铜及镍熔体中；氧化熔体中氧位更低的其他合金元素，易生成分散度大且不溶解的氧化物夹渣。这些夹渣留在金属中就成为板、带材起皮、分层及起泡的根源，降低塑性并损伤模具。对于轻合金来说，炉内去渣效果很有限，现已研究出多种炉外熔体过滤法，不少青铜锭坯也易产生夹渣，故过滤法是值得推广的一种技术。

4.6.4 偏析、缩松及裂纹的控制

固、液相线间水平距离大的合金，其平衡分配系数大于或小于1的元素易于形成偏析。溶解度小且密度差别大的元素，元素间相互作用形成密度不同的化合物初晶，也易于造成偏析。结晶温度范围大，或固液相区宽的合金，常易形成枝晶较发达的柱状晶。在铸锭凝壳与锭模间形成气隙后，锭面温度回升、体收缩系数较大的合金，有利于反偏析瘤的发展。当合金成分一定时，冷却强度和结晶速度对各类偏析起决定性作用。过渡带大小、固液两相的流动、枝晶的熔断、元素的扩散系数及平衡分配系数等对成分偏析也有重要影响。在半连续铸造时，中注管宜浅埋，结晶器要短，加大二次水却冷强度，使液穴浅平，过渡带窄小，有利于减小成分偏析。加入少量元素细化晶粒也能收到较好的效果。

缩松是青铜及轻合金铸锭中最常见的缺陷之一。凡结晶温度范围或凝固过渡带较大的合金，或凝固收缩率大、比热容较大、结晶潜热大、冷却强度不够大时，铸锭中常形成缩松。含气量和夹渣较多的轻合金形成缩松的倾向更大。成分较复杂且导热性较差的锡、

锌、铅、青铜等，即使加大冷却强度，铸锭中部也难免产生缩松。只有在液穴浅平以轴向顺序结晶的铸造条件下，才能有效地降低铸锭中部产生缩松的倾向。缩松是铸造致密大锭坯必须解决的难题之一。

裂纹是强度较高的复杂黄铜、青铜及硬铝系合金半连续铸造时常见的缺陷。合金成分复杂，一般其导热性较差、铸锭断面温度梯度和热应力较大，加上某些非平衡易熔共晶分布于晶间，降低合金的高温强度和塑性，当三向收缩应力大于铸锭局部区域的强度，或收缩率及变形量大于合金的最大伸长率时，都会形成晶间热裂纹。晶间裂纹沿晶扩展可导致整个铸锭热裂。半连续铸锭中部、平模铸锭表面、立模铸锭表面及头部浇口附近均易出现大量晶间裂纹。紫铜及纯铝锭在表面冷却强度较大时，由于收缩速率大、模壁有摩擦阻力，也常产生表面晶间微裂纹。控制热裂的主要措施是注意控制那些易于形成非平衡共晶的元素量。另外，调整铸造工艺和冷却强度时，还需注意熔体的保护和模壁润滑，并防止二次氧化生渣。

冷裂多见于强度或弹性高而塑性较差的合金大锭。当铸锭冷却不匀且冷却强度大时，因合金导热性较差，铸锭断面温度梯度及收缩率较大，故热应力较大；当平衡这种热应力的拉伸变形率大于铸锭的最大伸长率时，便可出现冷裂；在遇到振动或表面切削加工时，也可突然断裂，半连续铸造的硬铝扁锭最易产生冷裂；甚至在吊运和存放过程中也会崩裂。也有可能先是热裂，而后冷裂的综合性劈裂；半连铸的复杂铝、黄铜及 LC4 圆锭都是从中心热裂纹开始，而后沿径向发展为劈裂。硬铝扁锭的 4 个棱一旦产生热裂，往往易于扩展为横向张开式冷裂纹。

为防止热裂和冷裂，必须从合金成分及铸造条件两方面去控制，因为，合金的强度、弹性模量、收缩系数、塑性、导热性及铸锭断面的温度梯度主要取决于合金成分及杂质含量；而热应力或收缩阻力则与铸锭的冷却强度、均匀性及收缩速率、浇注速度、锭模涂料、二次氧化渣等密切相关。

参考文献

[1] 王振东，等．感应炉熔炼［M］．北京：冶金工业出版社，1986.
[2] 傅杰，等．特种冶炼［M］．北京：冶金工业出版社，1982.
[3] 轻金属材料加工手册编写组．轻金属材料加工手册（下册）［M］．北京：冶金工业出版社，1980.
[4] Winkler D. 真空冶金学［M］．康显澄，等译．上海：上海科技出版社，1982.
[5] 稀有金属材料加工手册编写组．稀有金属材料加工手册［M］．北京：冶金工业出版社，1984.
[6] 常鹏北．有衬炉电渣冶金［M］．昆明：云南人民出版社，1979.
[7] 田沛然．铜加工专集［M］．北京：中国有色金属加工协会出版，1986.
[8] Pond R B，等．金属材料加工处理新技术［M］．姚守谌，等译．上海：上海科技出版社，1982.
[9] 刘星珉．国外有色金属加工［J］，1979，34：57.
[10] 王金华．悬浮铸造［M］．北京：国防工业出版社，1982.
[11] 陈嵩生，等．半固态铸造［M］．北京：国防工业出版社，1978.
[12] 呼延春．特种铸造及有色合金［J］，1983（3）：1.
[13] Singer A R E. The Inter. J. P/M and P/Techn.，1985，21（3）：219.
[14] Singer A R E. 国外金属材料．杨家媛，等译．1981，21（1）：51.

[15] 马国良．铝带坯连续铸轧生产［M］．长沙：中南工业大学出版社，1992.
[16] Gell M，Dujl D N，Giamei A F. The development of single crystal superalloy turbine blades［M］．Superalloys 1980，Edited by：J. K. Tien，et al. American Sciety Metals，205－214.
[17] 田素贵．单晶镍基合金的组织演化与蠕变行为［D］．沈阳：东北大学，1998.
[18] 闵乃本．晶体生长的物理基础［M］．上海：上海科学出版社，1982.
[19] 胡汉起．金属凝固［M］．北京：冶金工业出版社，1985.
[20] Flemings M C. 凝固过程［M］．关玉龙，等译．北京：冶金工业出版社，1981.
[21] 盖格 G H，波伊里尔 D R. 冶金中的传热传质现象［M］．俞景禄，等译．北京：冶金工业出版社，1981.
[22] 李庆春，等．铸件形成理论基础［M］．北京：机械工业出版社，1982.
[23] Mrris L R，Winegard W C. Crystal Growth［J］，1969，5（361）．
[24] 高桥恒夫，等．轻金属［J］，1971，21（7）：463.
[25] Radhakrishna K，Seshan S，Sehard M R. AFS，Transaction［J］，1980，1：8.
[26] 大野笃美．金属凝固学［M］．唐彦斌，等译．北京：机械工业出版社，1983.
[27] Cole G S，Boiling S G F. Trans Met Soc，AIME，1967，239：1824.
[28] Stephen H Davis. Theory of Solidification［M］．Cambridge University Press，2001.
[29] Jackson K A，Hunt J D，Uhlmann D R，Seward T P. Trans Met，1966，236：149.
[30] Smallman R E. 现代物理冶金学［M］．张人佶，译．北京：冶金工业出版社，2002.
[31] Granger D A，Liu John. J Metals，1983.
[32] Monodolfo L P. Aluminium Alloys：Structure and Properties［M］．London，1976.
[33] 卡恩 R W，哈森 P，克雷默．金属与合金工艺［M］．北京：科学出版社，1999.
[34] 陈新明．火法冶金过程物理化学［M］．北京：冶金工业出版社，1984.
[35] 傅崇说．有色冶金原理［M］．北京：冶金工业出版社，1984.
[36] 曲英．炼钢学原理［M］．北京：冶金工业出版社，1980.
[37] 魏寿昆．冶金过程热力学［M］．上海：上海科学技术出版社，1980.
[38] 韩其勇，等．冶金过程动力学［M］．北京：冶金工业出版社，1983.
[39] 雷水泉．铸造过程物理化学［M］．北京：新时代出版社，1982.
[40] 李洪桂，等．稀有金属冶金原理及工艺［M］．北京：冶金工业出版社，1981.
[41] 董若璟．冶金原理［M］．北京：机械工业出版社，1980.
[42] Smallman R E. Modern Physical Metallurgy［M］．2Ed. London：Butterworths，1963.
[43] 陆枝荪，等．有色铸造合金及熔炼［M］．北京：国防工业出版社，1983.
[44] Sohn H Y，Wadsworth M E. Rate Processes of Extractive Metallurgy［M］．Plenum Press，1979.
[45] Kubaschewski O，Hopkins B E. Oxidation of Metals and Alloys［M］．2Ed. London：Butterworth Co，1962.
[46] 张国志，辛启斌，张辉．关于液态金属电磁净化的探讨［J］．材料与冶金学报，2002，1（1）：31－35.
[47] 陈存中．有色金属熔炼与铸锭［M］．北京：冶金工业出版社，1988.
[48] 薛文林，译．有色金属加工，1993（6）：19.
[49] 窦永庆．钛及钛合金铸锭熔炼［J］．钛工业进展，1997：43.
[50] 李献军．钛铸锭现代熔炼技术［J］．钛工业进展，1999，2：12.
[51] 张国才．钛合金的溶化、铸造及锻造问题［J］．钛合金信息，1999（3）：6～8.
[52] 张国才．钛合金溶化和准备铸造的现代工艺过程［J］．钛工业进展，1994（2）：6～8.
[53] 周彦邦．钛合金铸造概论［M］．北京：航空工业出版社，2000.
[54] 宁兴龙．钛合金铸件生产新工艺［J］．材料与工艺，1997（8）：7.

[55] 陆树荪，顾开道，郑来苏．有色铸造合金及熔炼 [M]．北京：国防工业出版社，1983.
[56] 虞莲莲．实用有色金属材料手册 [M]．北京：机械工业出版社，2002.
[57] 周廉，赵永庆，王向东，等．中国钛合金材料及应用发展战略研究 [M]．北京：化学工业出版社，2012.
[58] 许国栋，王桂生，莫畏．钛材生产、加工与应用 [M]．北京：化学工业出版社，2011.
[59] [德] Leyens C，Peters M. 钛与钛合金 [M]．陈振华，等译．北京：化学工业出版社，2005.
[60] 严炎祥，姚敏．用 SF_6 混合气体保护镁合金溶液 [J]．特种铸造及有色冶金，1996 (4)：41.
[61] 张诗昌，段汉桥，等．镁合金的熔炼工艺现状及发展趋势 [J]．特种铸造及有色冶金，2001 (6)：51.
[62] 黄晓峰，周宏，何镇明．镁合金的防燃研究及其进展 [J]．中国有色金属学报，2000 (增1)：271.
[63] You B S，Park W W，Chung I S. Effect of calcium additions on the oxidation behavior in magnesium alloy [J]. Scripta Materialia，2000，42：1089 - 1094.
[64] Zeng X Q，Wang Q D，Liu Y Z，et al. Kinetic study on the surface oxidation of the molten Mg - 9Al - 0. 5Zn - 0. 3Be alloy [J]. Journal of Materials Science，2001，36：2499 - 2504.
[65] Pettersen G，Ovrelid E，Tranell G，et al. Characterisation of the surface films formed on molten magnesium in different protective atmospheres [J]. Mater Sci Eng，2002，A332：285 - 294.
[66] Dahle A K，Lee Y C，Nave M D，et al. Development of the as - cast microstructure in magnesiun - aluminium alloys [J]. Journal of Light Metals，2001，1 (1)：61 - 72.
[67] Tamura T，Kono N，Motegi T，et al. Grain refining mechanism and casting structure of Mg - Zr alloy [J]. Journal of Japan Institute of Light Metals，1998，48：185.
[68] Qian M，StJohn D H，Frost M T. Effect of soluble and insoluble zirconium on the grain refinement of magnesium alloys [J]. Materials Science Forum，2003：419 - 422，593 - 598.
[69] 萨马林 A M. 真空冶金学 [M]．北京：中国工业出版社，1965.
[70] Pridgeon J W，et al. Superalloys Source Book. ASM，1984：201 - 216.
[71] 戴永年，杨斌，马文会，等．有色金属真空冶金进展 [M]．冶金工业出版社，2009.
[72] Shamblen C E，Chang D P，Corrado J A. Superalloys，1984：509 - 520.
[73] Apelian D，Sutton W H. Superalloys，1984：423 - 434.
[74] 肖永明．铸造高温合金论文集 [C]．北京：中国科学技术出版社，1993：222 - 230.
[75] 黄乾尧，李汉康，等．高温合金 [M]．北京：冶金工业出版社，2000.
[76] 耿浩然，滕新营，王艳，等．铸造铝、镁合金 [M]．北京：化学工业出版社，2006.
[77] 刘培兴，刘晓瑭，等．铸造合金熔炼 [M]．北京：化学工业出版社，2009.

5 合金成分设计

5.1 钢铁材料的成分设计

5.1.1 绪论

金属是人类生产与生活中使用的重要材料之一。在过去漫长的岁月中，金属材料的研制与设计，主要采用凭借经验设计及尝试法。一种新材料的诞生需要进行反复的经验设计和性能试验，从中选出最佳方案，才能进行生产应用。如一个新的钢种从研制到正式生产，一般需要5~10年。显然，这种方法不能适应社会及经济迅速发展的需要。

20世纪50年代以来，由于量子物理、量子化学、固体物理、材料科学、材料工程等基础学科和技术的长足进步，对于材料组织结构与性能之间的关系有了深入了解，并对材料在生产、加工过程中的组织结构变化规律也有了全面认识，这些都为材料从经验设计时期进入科学设计与选用时期奠定了基础。人类在材料研制与使用过程中积累了大量的经验和结果，特别是采用计算机辅助设计等先进手段以来，对大量分散的数据进行归纳、整理，为材料的设计、选用与预测提供了资料和方法。材料加工手段的不断更新，新技术、新工艺不断涌现，均为新材料的诞生创造了有利条件。

金属材料的种类繁多，其中，制作机械零件及工程结构用件的数量最大、品种最多。结构金属材料应具有足够的力学性能、良好的工艺性能，以及低廉的价格。本章主要讨论结构金属材料的化学成分、组织结构、力学性能的设计、选用与预测。为金属结构材料进入科学设计时代添砖加瓦。

5.1.2 材料设计与选用依据

材料设计主要依据产品的使用性能，且来自已有的试验结果和产品运行中积累的经验。

5.1.2.1 按产品使用性能设计与选用材料

结构材料的使用性能主要是力学性能。零部件在使用过程中承受各种形式的外力作用，要求材料在规定期限内不超过允许的变形度或不破断。材料的力学性能与其他物理、化学性能不同，且与材料的组织结构有密切关系，所以，材料设计时应考虑材料的力学性能，以及与力学性能有关的原子与分子效应，如晶体结构、缺陷及微观组织等。

强度是材料的基本力学性能。传统的零部件主要依据材料的强度设计，不考虑或很少考虑材料的塑性、韧度，直至引起一些灾难性事故后方引起人们在设计时，既要考虑以强度为主，也要注意材料的塑性、韧度等综合力学性能。

以强度作为零部件设计依据时，应按零部件实际要求选用材料，例如，轧钢机机架在具有足够强度的条件下，还要满足特定尺寸、形状和足够的重量等要求，以保持设备的稳定性。所以这类材料可采用中低强度材料。而航天、航空及交通运输等领域应尽量缩小零件尺寸、降低重量，故应以采用高强度材料为准则。

承受拉伸载荷的零部件，表层及心部应力分布均匀，材料应具有均一的组织和性能，故所选用的材料应有良好的淬透性。承受弯曲及扭转载荷的零部件，表层及心部应力相差较大，为提高表层强度，可选用淬透性较低的钢，故可对材料进行表面热处理或化学热处理。

承受交变载荷的零部件，除要求材料具有高的疲劳极限外，缺口敏感性十分重要。高温下工作的零部件，应注意材料的组织稳定性。低温下工作的零部件，抗蚀能力、氢脆敏感性、应力腐蚀开裂倾向、腐蚀疲劳强度等都是材料设计需要考虑的重要内容。

5.1.2.2　运用实验结果与数据

目前，许多国家都公布了大量的试验结果与数据，为材料设计与选用创造了方便条件。但这些技术资料和数据都是在规定的试验条件下获取的，与实际零部件的服役条件相差很大。利用同一种材料制备不同的零件，其尺寸和形状相差越大，性能相差也越大。如图 5－1 所示的缺口圆柱试样的抗拉强度（σ_b）、断面收缩率（ψ）与试样直径（d）的关系曲线表明，随试样尺寸增大性能显著降低。

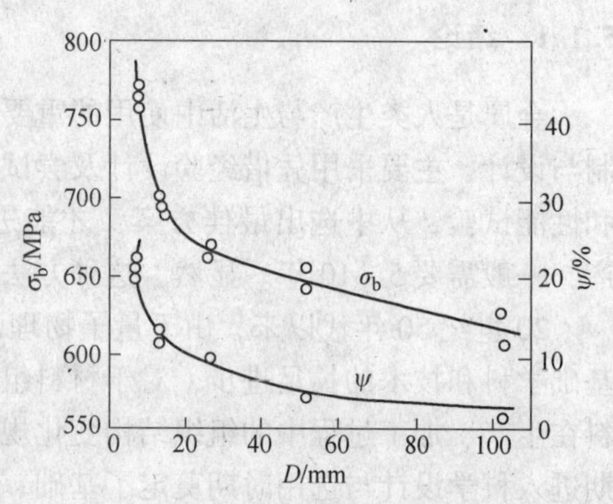

图 5－1　缺口圆柱试样，试样直径与 σ_b 及断面收缩率 ψ 的关系

金属材料在冶金、压力加工、热处理等生产过程中，不可避免地会出现化学成分波动、温度波动等，这些因素对同一材料可带来不同的结果。图 5－2 所示是 1035 钢的化学成分波动与 σ_b、σ_s 及 δ 之间的关系。

金属材料经压力加工后，存在力学性能的各向异性，图 5－3 所示是 1050 钢锻造车轮毛坯的各向异性特征。材料经 843℃淬火、538℃回火后，进行性能测试的结果表明，材料在切向、径向及轴向等不同取向性能相差很大。

5.1.2.3　产品信息反馈（失效分析、备件消耗、市场信息）

各种机械零件的使用寿命主要受两大因素影响：（1）设计制造因素；（2）运行维修因素。尽管很多零部件已进行了合理的结构设计，但在制造加工过程中，仍然存在影响零件质量的问题。如铸造产生的偏析、疏松和夹渣；压力加工期间可产生夹层、开裂；焊接时产生焊透；热处理可产生变形、开裂、氧化、脱碳；以及磨削期间产生磨裂等缺陷，都直接影响零件的质量与寿命。

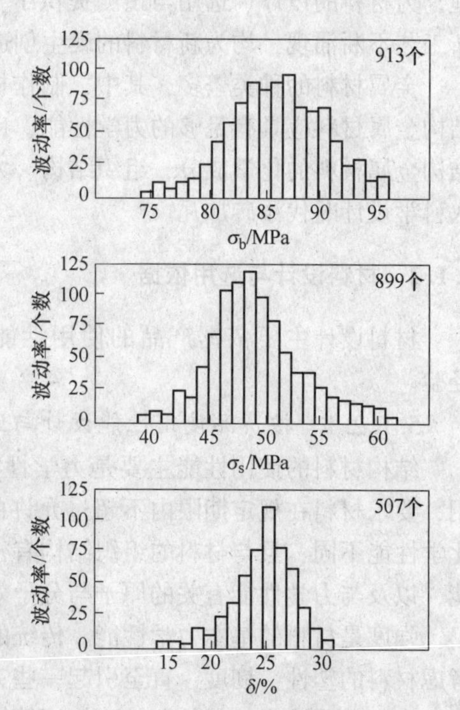

图 5－2　1035 钢化学成分波动与 σ_b、σ_s 和 δ 之间的关系

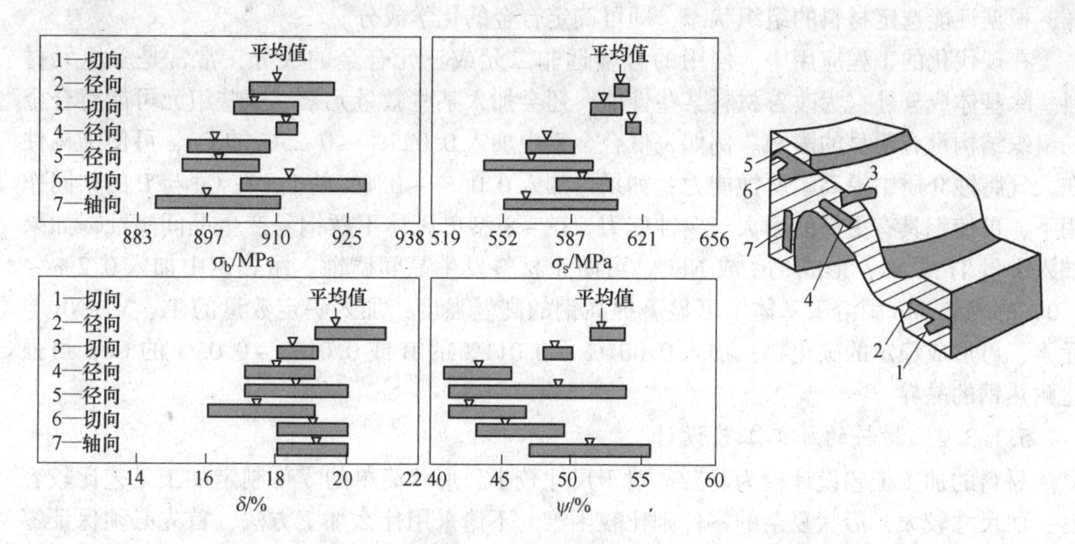

图5-3 1050钢锻造毛坯（车轮）的力学性能各向异性

例如，某企业生产的轧钢机大功率减速轴，传动功率近3000kW，设计寿命为15年，采用调质处理的40Cr钢加工，但运行2年时发生断轴事故。失效分析发现，轴的断口为疲劳断裂，约50mm宽的外圈存在裂纹扩展区，ϕ300mm以内区域为瞬断区，其校核设计的疲劳强度远高于实际运行强度。对40Cr钢进行化学分析后，成分均在规定范围之内。从断轴的不同截面取样，拉伸试验及金相检验结果表明，脆性夹杂物为3.5级及4级，超过规定标准，金相组织为（10%~20%）体积分数的铁素体+珠光体，未达到全部索氏体组织；且低倍组织检验结果表明在横截面上存在大量疏松，在轴的（3/4）R处疏松密集，形成50mm宽的疏松带。这表明，早期断轴的原因为材料冶金质量和淬透性不足。所以，材料设计与选用时应当重视产品的实际情况。

5.1.3 材料设计与选用原则

材料设计主要包括化学成分及组织结构设计、加工工艺设计、经济成本分析。

5.1.3.1 化学成分及组织结构设计

金属材料的化学成分、组织结构与性能之间的关系已积累了大量的试验数据及使用结果，为材料设计与选用提供了条件。材料的化学成分与组织结构之间的关系是建立在合金热力学、动力学、固体结构等基础理论之上的。根据这些基本理论，改变化学成分，组成相的数量、尺寸、形状和分布等，可以改变材料的性能。因此材料的化学成分与组织设计是材料设计的核心。

材料的化学成分决定了零部件的使用性能，但是仅凭材料的化学成分还不能完全控制材料的性能，因为组织结构起到了更直接的作用，所以，应用组织结构与性能之间的关系，可以更有效地预测材料的性能。组织结构与性能之间的关系包括材料的强化方法，如沉淀强化、组织细化等。

合金相图是确定材料成分与组织结构关系的依据。由于合金成分与组织结构之间互为因果关系，所以根据材料的使用性能可以选定合金成分，从而可确定材料的组织状态；同样，根据性能选定材料的组织状态，即可确定合金的化学成分。

在现代化的工程应用中，使用的合金远非二元或三元合金的成分，常常是多组元材料。除基体成分外，为改善材料某些性能，还会加入某些微量元素，这些组元可能对合金的组织结构没有明显的影响。例如，低合金钢中加入0.025%～0.25%的Cu，可使结构件在大气腐蚀介质中提高耐腐蚀能力；如果再加入0.06%～0.1%的P，在Cu与P的共同作用下，可使钢具有更好的耐大气腐蚀能力。18－8型奥氏体不锈钢易产生晶间腐蚀，如果加入少量Ti或Nb，形成TiC或NbC，可防止材料发生晶间腐蚀。耐热钢中加入0.2%～1.0%的Mo，Mo固溶于基体中可显著提高钢的高温强度；加入一定数量的Ti、V、Nb等元素，可形成稳定的碳化物；加入0.004%～0.011%的B或0.01%～0.05%的Ce，可强化耐热钢的晶界。

5.1.3.2 材料的加工工艺设计

材料的加工工艺设计较为复杂。对于尺寸较小、形状简单的零件制定加工工艺比较容易；而尺寸较大，形状复杂的零件则比较困难。不论采用什么加工方法，首先必须保证零件所要求的使用性能；其次是完成规定的生产效率；最后是经济成本低。

齿轮可以用棒料切削加工，也可以采用精密铸造，还可以用模锻坯切削加工而成。采用哪种加工方法应从零件的产量考虑。大批量生产时采用模锻齿轮既能达到性能要求，又可保证产品质量，并能提高生产效率和降低成本。

零件的加工制造方法可能有多种选择，而每种加工方法又有其特殊的加工对象。例如，铸铁材料只能采用铸造工艺；陶瓷材料只能采用粉末冶金方法；高碳钢采用热压力加工；形变铝合金可采用形变强化或时效强化。

材料的性能取决于化学成分和组织结构，且加工过程材料的组织可发生变化，因此，控制加工工艺可控制组织结构，并提高材料的性能。例如，控制浇注工艺可以改变晶粒尺寸、形状与分布；控制轧制或冷却，可以显著提高钢材的性能；采用定向凝固技术可以提高叶片的高温强度。

材料加工工艺设计除考虑产品性能外，还应考虑产品的形状、尺寸、重量，特别是零件的产量等重要内容。机械零件的质量包括材料质量与加工质量，两者既有差别，又有联系。零件的产量不同，采用的生产手段也不同，小批量生产可用简易设备，投资较少，操作技术较简单，但是产量低，单件产品成本高，产品质量稳定性较差；若大批量生产零部件，应采用机械化、自动化程度高的设备，虽然投资大、技术复杂，但是产品质量稳定、单件成本低。

零部件尺寸与重量是确定材料加工工艺的重要因素。例如，铸件不受尺寸及形状的限制，大型铸钢件重量可达250t，最小的铸件只有十几克。锻造工艺的选择则有一定局限性，例如，交流发电机转子大锻钢件重量可达200t，铝合金飞机骨架最大锻件可达2t，但形状复杂零件、重量在100g以下的零件，则很难采用锻造方法加工制造。许多钢铁零件可用热处理方法提高性能，但是否需要进行热处理，除受零件尺寸、重量等因素限制外，产品的成本是不能忽视的重要因素。

5.1.4 材料的经济成本分析

一种材料或产品能否得到应用，取决于如下两种因素：（1）性能优劣，寿命长短；

(2) 成本高低。材料设计或选用时，在达到使用性能的条件下，主要从成本考虑是否选用高级材料或普通材料。当以产品的性能和安全可靠性为主时，例如，航天、航空领域的结构件最主要应考虑安全可靠性，而成本是次要的，故可选用高级材料。小汽车、家电等产品应当追求低成本，其价格成本则成为能否被社会接受的主要原因，同时还要考虑产品性能可满足使用要求的规定期限，例如，小汽车的使用寿命为16年，彩电的使用性能为8～10年。

5.1.4.1 材料的成本

材料成本是为达到特定性能所必须支付的代价。优良的设计应将成本降低到最低程度，而不损害其使用性能。为防止零部件出现突然脆断，应从材料和结构两方面考虑，例如，采用高性能材料，必然增加成本，如果采用普通材料，改进零部件结构，其成本将显著降低。

生产成本主要由原材料成本和占用资金的情况组成，后者包括制作最终产品时的中间工序费用。因此，有许多因素影响结构零件的生产成本。

5.1.4.2 影响材料成本的因素

(1) 影响材料生产的因素。金属矿石品位高低、储量多少、冶金难易程度对材料的生产成本有影响。例如，金矿石中含Au仅为0.0001%～0.001%，铜矿石中含Cu为1.0%～1.5%，而铁矿石（富矿）含Fe为60%～65%，铝的原料是铝矾土（Al_2O_3），需要电解还原加工，因此铝材成本高于钢铁材料。

(2) 冶金过程复杂性对材料成本的影响。对纯金属而言，纯度越高，成本越高。合金的成本与基体成分及加入元素有关，加入元素越贵重，合金成本越高。除加入元素价格高低外，合金化的复合程度对生产成本也有影响。例如，5083（原LF_4）与7A04（原LC_4）超高强度铝合金相比，后者是多组元材料，生产工艺复杂，因此其成本较前者高25%。

(3) 产品需求关系的影响。按照市场商品交换规律，供大于求时，价格降低；供不应求时价格升高。例如，新材料刚刚问世，最初只能少量生产，故价格较高，随需求量增加产量增大后，价格自然降低。

5.1.5 材料设计方法

5.1.5.1 多学科合作

材料设计有别于结构设计，应首先确定控制材料使用性能的主要内部过程和因素，例如，量子效应、电子效应、原子及分子效应、微观组织或细观组织效应等，以及外部条件对这些过程的影响。这些不同层次的效应属于不同层次学科的研究对象，它们分属于基础科学和技术科学两大领域，各有特点，彼此间又密切联系。

材料设计程序应先提出设计原则和具体内容，进行可行性试验、中间试验，最后应用于生产实际，检验设计的正确程度。一项成功的设计应是理论与实际的良好结合，仅凭理论计算进行材料设计不能在工程中得到应用。

5.1.5.2 计算机辅助设计

采用计算机进行材料设计应采用如下步骤，并具备以下条件。

A　建立数据库、知识库

将材料的实验数据、文献资料等集中后，建立规模不等的数据库。在大型计算机中可以输入、储存与材料设计有关的信息和资料，例如，元素的物理化学数据、合金相图、合金性能、经验公式和材料用途等。

利用计算机进行材料设计时可按图 5－4 的程序进行。

第一步，输入对材料性能的要求；

第二步，检索信息，查询资料；

第三步，计算所要求的性能；

第四步，确定最佳方案；

第五步，修正或改进初选方案；

第六步，最终确定材料。

B　建立智能库

在数据库基础上利用经验公式推算材料未知性能，将估算结果与数据库连接，形成智能库，对材料进行预测。

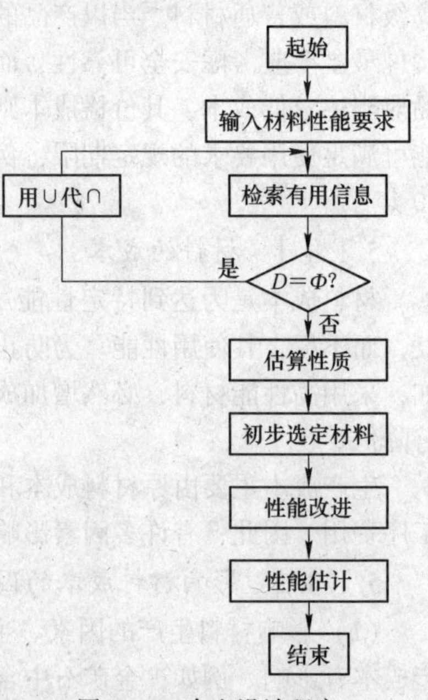

图 5－4　合金设计程序

C　化学模式识别

材料设计的最终目的是确定材料的化学成分、加工制备工艺，以及可获得何种组织结构和性能。运用计算机模式识别技术（特别是多维空间图形）与化学理论相结合，从杂乱无序的数据中找出经验或半经验规律，预报未知材料中的合金相。

D　计算机模拟

计算机模拟是材料设计中经常采用的工具之一，可以模拟晶界结构与相界结构，模拟连续介质中的输运过程，如形变、相变等；模拟超高压、超低温、超细晶粒、薄膜等极限状态下的材料行为。

E　计算机设计中的材料举例

汤川夏夫等根据分子轨道法（DV－Xa 集群）提出合金相预测和合金的成分设计方法。过去的合金化理论是依据金属的价电子浓度、电子空位数、原子半径、电负性；新的合金化理论是依据基体金属（M）与加入元素（N）的 d 层电子能量（M_d）、结合程度（Bond order）（用 B_o 表示）和 DV－Xa 集群等，以前两者为主。B_o 值越大，基体原子与加入元素原子间的结合强度越大，过渡族金属的 M_d 最大。用此法设计合金的化学成分，可大大缩短新合金的研制周期。

钛合金常常用于制作发动机的涡轮叶片和壳体材料，为了选择最佳成分，过去主要采用“试探法”，汤川等采用计算机辅助设计出最佳成分范围。例如，英国采用尝试法研制出的 IMI－839 合金，β 相的转变温度为 1034℃；而汤川设计出的 AP26 合金，β 相的转变温度为 1054℃。英国将钛合金使用温度从 580℃（IMI－829）提高到 590℃（IMI－839）花了 8 年时间，而汤川等用较短时间就得到所需要的结果。上述两种方法研制的钛合金化学成分及相变温度见表 5－1。

表 5-1 实验法与计算机设计得到的钛合金比较

合金牌号	研制方法	α 相转变温度/℃	β 相转变温度/℃	合金化学成分
IMI-829	实验法	1021	1030	Ti-Al5.5%-Sn3.5%-Zr3%-Mo0.3%-Nb1%-S0.3%
IMI-839	实验法	1032	1034	Ti-Al5.5%-Sn4%-Zr4%-Mo0.3%-Nb1%-Si0.5%
AN-15	计算机设计	1025	1044	Ti-Al-Sn-Mo-Zr
AQ-26	计算机设计	1035	1048	Ti-Al-Sn-Mo-Zr-Nb-Si
AP-26	计算机设计	1039	1054	Ti-Al-Sn-Mo-Zr-Ta-Si

注：α 相转变温度是指（α+β）-α 的转变；β 相的转变温度是指 β-（α+β）的转变。

预测相图中相界位置也是计算机进行材料设计所取得的成果。例如，Ni-Co-Cr 系、Ni-Cr-Mo 系、Co-Ni-Mo 系等三元合金中，除 γ 相外常常存在 δ 相、μ 相等脆性相（称为 TCP 相），为了确定 γ 相与其他相的交界，即 γ-（γ+δ），γ-（γ+μ），用实验方法难度较大，如果采用热力学理论计算则很方便，也较准确，如图 5-5 所示。

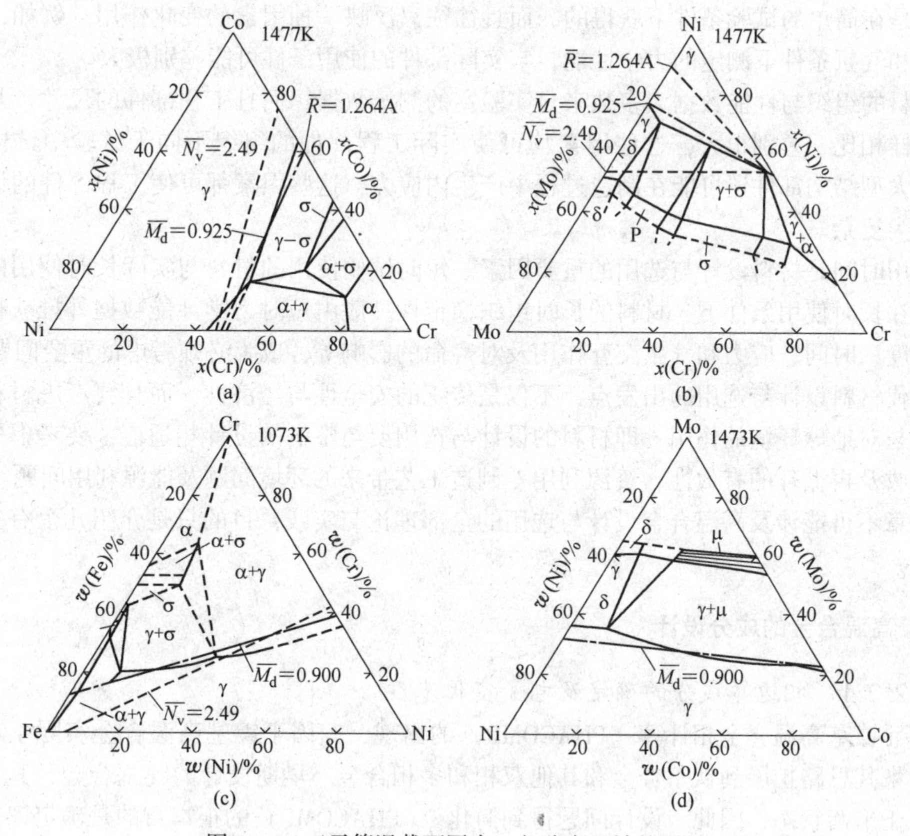

图 5-5 三元等温截面图中 γ 相稳定区域的预测

（a）Ni-Co-Cr 系；（b）Ni-Cr-Mo 系；（c）Fe-Ni-Cr 系；（d）Co-Ni-Mo 系

采用平均原子半径（R）计算或用电子空位浓度（N_V）计算与实验结果偏离较大，采用 Md 法计算时与实验结果很接近。

综上所述，采用计算机进行材料设计需要建立数据库、智能库、计算机专家系统等，其建立的数据库系统可以具有不同的规模和不同的水平，也可以是积木式，即所需数据为试验数据的积累。材料设计需要先进的基础理论、丰富准确的资料和数据，这些工作需要物理学家、化学家、材料学家、计算机专家的共同努力、互相配合，才能取得成功。

5.2 高温合金的设计与选用

5.2.1 概论

高温条件下使用的工程部件，其设计和材料的选择比较复杂，因为高温下材料的各种退化过程都被加速，导致部件的可使用性逐步降低。这些退化过程主要包括三方面：(1) 合金组织在使用过程中发生变化，即组织不稳定性增加；(2) 在温度和应力作用下发生的变形程度大，易于裂纹的萌生和扩展；(3) 部件表面发生化学反应，其氧化和腐蚀的过程加剧。正是由于这三方面因素的相互作用，使材料的退化过程更加复杂化。为了合理地进行材料设计和选择材料，必须具有大量的材料性能数据。一般情况下，这些性能数据大多是在简单的试验条件下获得的，而且往往只反映一种因素的变化作用。例如，在一定温度和气氛条件下测定的力学性能，与实际部件的使用条件可能差别极大。

材料的组织与性能数据大多数来自实验室的测试数据，而且工程部件的尺寸、几何形状与试样相比，差别很大，这些因素均可使实际工程部件的组织不同于试验中试样的组织，且大型结构部件还可能在制造过程中产生内应力，这些因素都可使工程部件的设计与选用更为复杂。

使用时间是材料设计与选用的重要因素。短时试验使用的材料与实际长时使用的材料不同，在长时使用条件下，材料的长时组织稳定性一般由短时力学性能数据外推获得，因此，温度、时间、应力和气氛交互作用及对寿命的影响等，成为必须考虑的重要问题。

现代材料设计与选用的出发点，不仅是传统的安全性与经济性，而且要考虑材料的循环使用与对地球环境的作用，即材料的设计与选用要与整机的设计相适应，要考虑失效部件的回收及再循环的有效性，资源利用、制造工艺带来的环境问题及能源利用问题等。

本章不可能涉及高温合金设计与选用的全部理论与实践，目的只是介绍几个有关的基本问题。

5.2.2 高温合金的成分设计

5.2.2.1 相边界成分的确定及电子空位浓度

多元镍基高温合金相计算（PHACOMP）的出现，归因于镍基高温合金实际生产的需要，后来其思路扩展到钛基合金和其他双相和多相合金。早期设计的镍基合金，其使用状态接近于平衡状态，因此，设计问题得到简化。(PHACOMP) 的根本目的是确定镍基合金的成分，使选择的合金成分能够在使用中不会因出现拓扑密堆相（TCP，topologically close packed phase）而脆化。拓扑密堆相的配位数很高，结构复杂、滑移系少、脆性大，其拓扑密堆相有多种结构类型，例如：

σ 相。$(Cr,Mo)_x(Ni,Co)_y$，$x:y$ 接近于 1:1，x 和 y 的取值范围是 1～7，原子间尺寸差较小。

μ 相。$(Cr,Mo)_x(Ni,Co)_y$，x 和 y 的比例与 σ 相接近，原子间尺寸差较大。

Laves 相。为 A_2B 型化合物，原子比严格，原子间尺寸差别较大。

拓扑密堆相的析出与母相的平均电子空位浓度有密切关系。元素的电子空位浓度定义为：

$$N_V = 10.66 - N_0 \tag{5-1}$$

式中，10.66 是过渡族元素的 d 和 s 电子层实际可填入的轨道总数，N_0 为过渡族元素的 d 和 s 电子总数。过渡族元素的电子空位浓度列于表 5-2。

表 5-2 第 4，5，6 周期过渡族元素的电子空位浓度

元　素	Ni	Co	Rh，Ir	Fe，Ru，Os	Mn，Te，Re	Cr，Mo，W	V，Nb，Ta，	Zr，Hf，Ti，Si	Al
电子空位数 N_V	0.61	1.71	1.66	2.66	3.66	4.66	5.66	6.66	7.66

图 5-6 是以 Cr、Mo、W 为中心的极坐标相图，相当于 3 组以 Cr、Mo、W 为顶点的 5 个并排连接起来的三元相图等温截面。Cr 组为 750℃左右，Mo 组为 1100℃左右，W 组为 1000℃左右。

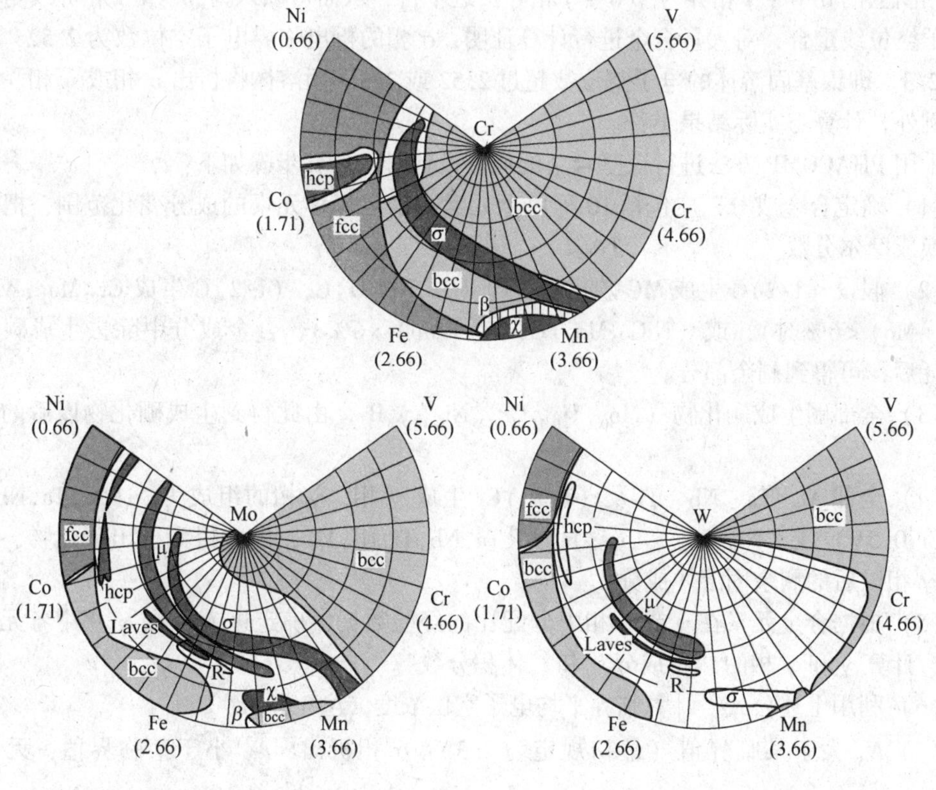

图 5-6　Cr-，Mo-，W-（Ni，Co，Fe，Mn，V）系极坐标相图

由 3 组极坐标相图可以得到如下规律：

（1）σ 相、μ 相、Laves 相和 R 相等拓扑密堆相的出现有一定的成分范围，单相区呈带状，Cr、Mo、W 三个组元在拓扑密堆相中的成分范围较窄。

（2）图中标明了各元素的电子空位浓度，各单相区内应引入固溶体平均电子空位浓度的概念。

(3) 相对于极坐标中心（Cr、Mo、W），拓扑密堆相的成分带呈螺旋线走向，说明对于 Cr、Mo、W 基合金，出现拓扑密堆相的合金元素（Ni、Co、Fe、Mn）含量随平均电子空位浓度的提高而增加。

(4) 相对于 Ni、Co、Fe 基合金，出现拓扑密堆相的合金元素（Cr、Mo、W、Mn）含量随平均电子空位浓度的提高而降低，$\gamma/\gamma+\mathrm{TCP}$ 边界成分向低浓度化转移。

Beck 等根据大量二元、三元相图的研究，提出了存在一个由 γ 相中析出 TCP 相的临界平均电子空位浓度，即 $\gamma/\gamma+\mathrm{TCP}$ 边界对应一个等 N_V 线。n 个元素固溶体平均电子空位浓度 N_V 定义为：

$$\overline{N}_V = \sum_{i=1}^{n} (N_V)_i X_i \tag{5-2}$$

式中，$(N_V)_i$ 为固溶体中第 i 组元的电子空位浓度；X_i 为第 i 组元的原子分数或摩尔分数。

对许多不同的二元及三元系相图中 σ 相区的电子空位数进行计算，其结果表明，等电子空位数线与相图上的 $\sigma/\sigma+\gamma$ 相界线比较一致，$\overline{N}_V$ 值为 3.35～3.68，平均值约为 3.61。假定相图上的 $\sigma/\sigma+\gamma$ 相界与 $\gamma/\sigma+\gamma$ 相界接近平行，从而可以认为 $\gamma/\gamma+\sigma$ 相界线与某一等电子空位线重合，对大量合金进行计算证明，σ 相的析出临界电子空位数为 2.52，μ 相则为 2.3。即镍基固溶体的电子空位数超过 2.52 或 2.3，固溶体将析出 σ 相或 μ 相。但有一些例外，计算与实际结果不符。

采用 PHACOMP 方法进行镍基合金的成分设计时，计算步骤如下：

(1) 确定合金成分，应包括 10 种以上元素，确定每种元素的成分变化范围，把合金成分换成摩尔分数。

(2) 假设 (1/2)C 生成 MC 碳化物，即 (Ta,Nb,Ti)C，(1/2)C 生成 $Cr_{21}Mo_{1.5}W_{0.5}C_6$ ((W+Mo)<6% 时)，或 $(NiCo_2Mo_3)C$ ((W+Mo)>6%)，合金成分中除去生成碳化物的消耗后，可得到剩余部分。

(3) 全部硼生成硼化物 $(Mo_{0.5}Ti_{0.15}Cr_{0.25}Ni_{0.10})_3B_2$，由此得到生成硼化物以后的剩余成分。

(4) 全部 Al、Ta、Nb、Ti 及 (1/10)Cr 生成 γ′相，γ′相的组成为 Ni(Al,Ta,Nb,Ti,0.03Cr,0.5V) 或 $(Ni_{0.88}Co_{0.08}Cr_{0.04})_3$(Al,Ta,Nb,Ti,Hf,V)，由此得到析出碳化物、硼化物及 γ′相以后的剩余固溶体成分。

(5) 根据合金元素在 γ 或 γ′相中分配比的经验数据，确定进入 γ 和 γ′相中各元素的数量，计算 γ 和 γ′相的“相成分”和“体积分数”。

(6) 利用上述公式，计算临界平均电子空位浓度 ($\overline{N}_V$)。

(7) $\overline{N}_V$ 大于某临界值（最初规定为 2.3）；σ 相析出，$\overline{N}_V$ 小于某临界值，无 σ 相析出。

钴基合金相计算方法与上述基本相同，但是它的主要析出相是碳化物，而没有 γ′相析出。因此，它在计算剩余固溶体成分时，主要是减去生成碳化物的消耗。一般假设，当合金成分中 Mo+(1/2)W 量不足 6.1%（质量分数）时，一半碳量生成 MC，一半生成 $Cr_{21}(MoW)_2C_6$。当 Mo+(1/2)W 量大于 6.1% 时，一半碳生成 MC，一半生成 $(Mo,W)_3Co_3C$。当 $\overline{N}_V$ 大于 2.70 时生成 σ 相。

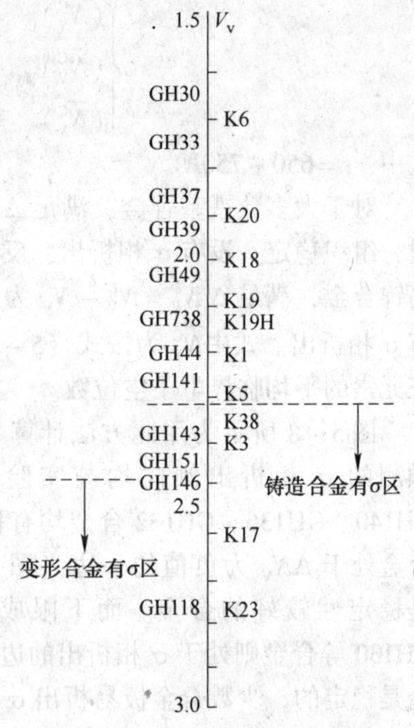

图5-7 镍基合金电子空位数 $\overline{N}_V$ 与σ相析出关系

图5-7列出各种镍基合金中析出相的计算结果。可以看出，变形合金一般符合较好，当 $\overline{N}_V>2.45\sim2.50$ 即可析出σ相，对于铸造合金，由于偏析的影响，析出σ相的临界电子空位数略低。但对于无钴的Ni-Cr-Mo镍基合金（如InCo713C，K18等）不符合这一规律。对此，应作出若干修正，包括修改计算剩余固溶体的方法，修正元素的电子空位数值，确定合理的临界电子空位数值等。

铁基高温合金有强烈的析出TCP相倾向，铁基合金中析出的σ相基本是FeCr型，除个别高镍高钼合金例外，Cr、W、Mo视为是σ相形成元素（A类元素），Fe、Ni、Co、Mn是形成基体的元素（B类元素），而其他B类元素，如Al、Ti、Si、V等溶于基体，起减小σ相固溶度的作用。仔细分析Fe-Cr-Ni三元相图中 $\gamma/\gamma+\sigma$ 相界线与 $\overline{N}_V$ 值关系可以看出，临界电子空位数与B类元素成分相关，$\gamma/\gamma+\sigma$ 相界线可以用B类元素平均电子空位数 $\overline{N}_V^B$ 的函数表示。

基体合金相的计算方法如下：

（1）计算剩余固溶体成分：

1）全部碳生成TiC，个别高镍高钼合金有 $M_{23}C_6$。

2）全部硼生成硼化物 M_3B_2。Fe-15Cr-25Ni合金中为（$Cr_{0.84}Fe_{0.8}Mo_{0.64}Ti_{0.57}$）。高镍高钼合金中为（$Cr_{0.8}Fe_{0.4}Ni_{0.2}Ti_{0.6}Mo_{1.0}$）$B_2$。

3）Fe-15Cr-25Ni合金的 $w(Si\%)>0.4$ 时生成G相，分子式为 $Ni_{9.7}Fe_{2.3}Cr_{0.8}Ti_{4.3}Mo_{0.8}Si_7$。G相中 $w(Si\%)=(2/7)(w(Si\%)-0.79\%)$。

4）γ′相的组成依合金中Al/Ti之比而变化。

$$\begin{cases} \text{Ti/Al} & \gamma'\text{分子式} \\ \geqslant 5 & Ni_{2.8}Fe_{0.2}Ti_{0.9}Al_{0.1} \\ 3\sim5 & Ni_{2.8}Fe_{0.2}Ti_{0.75}Al_{0.25} \\ 1.5\sim3 & Ni_{2.8}Fe_{0.2}Ti_{0.6}Al_{0.4} \\ \leqslant 1.5 & Ni_{2.8}Fe_{0.2}Ti_{0.4}Al_{0.6} \end{cases} \tag{5-3}$$

Fe-15Cr-25Ni合金中Ti的溶解度为0.54%。Fe-15Cr-35Ni合金中Ti的溶解度为0.30%。

5）从合金成分中扣除生成碳化物、硼化物、γ′相、G相的消耗，既可获得剩余固溶体的成分。

（2）根据公式计算剩余固溶体的平均电子空位数 $\overline{N}_V$。

（3）计算析出σ相的临界电子空位数 N_V^C

1）用公式（5-2）计算剩余固溶体中B类元素的平均电子空位数 $\overline{N}_V^B$。

2）用式（5-4）计算A类元素临界电子空位数：

$$\begin{cases}(N_V^C)_{Cr} = 0.23\,\overline{N}_V^B + 0.0002t + 2.047 \\ (\overline{N}_V^C)_{Mo} = 0.60\,\overline{N}_V^B + 0.0005t + 0.6291 \\ (\overline{N}_V^C)_W = 0.66\,\overline{N}_V^B + 0.0001t + 0.8111\end{cases} \tag{5-4}$$

式中，$t=650\sim750$℃。

对于大多数铁基合金，满足 $\Delta N_V=(N_V^C)-\overline{N}_V$ 为正值时，组织稳定，没有σ相析出，反之亦然。对少量含高钼高镍合金，满足 $\Delta\overline{N}_V=N_V^C-\overline{N}_V$ 为正值时，组织稳定，没有σ相析出。式中 $\overline{N}_V^C$ 为按式（5－2）计算的 Cr、Mo、W 三元素的平均临界电子空位数。

图5－8所示为用此方法计算各铁基合金的结果，其预测的σ相析出倾向均与实验结果相符合。GH315、GH140、GH136、GH132 合金均有析出σ相的倾向，这些合金处于 ΔN_V 为负值的一边（图5－8），GH901、GH78 是稳定性较好的合金。而下限成分的 GH302、GH38A、GH130 等合金则处于σ相析出的边缘，看来，少数铁基合金是稳定的，少数合金极易析出σ相，而大多数铁基合金处于σ相析出边缘，必须严格控制合金成分才能防止σ相的析出。图5－8中列出了国外 PE－7、PE－11 两个容易析出σ相的合金，经调整成分得到组织稳定的 PE－16、PE－17 合金，其中 ΔN_V 值也相应由负值变为正值。

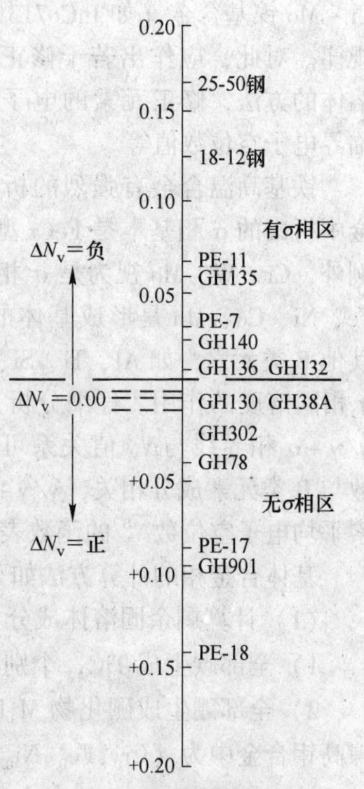

图5－8 铁基合金的电子空位数与σ相析出关系

5.2.2.2 以相计算为基础的高温合金设计与选用

计算机辅助高温合金设计的顺序如下：首先，选定合金类型，再根据此类合金的组织与性能之间的关系决定对组织的要求及其限制；其次，根据成分与组织的定量关系，确定合金的化学成分范围，经过上述步骤，可以从 5×10^8 个合金中筛选出十万分之一的候选合金，再从中按最好的条件选出少量合金进行试验验证，并最终选定合金成分。

具体设计方法的基本思路都是以 PHACOMP 方法计算元素在γ′及γ相中的分配比为基础，进行相计算。再根据一些限制条件来筛选合金，给定合金设定的成分范围及选择合金的限制条件。计算γ′及γ两相的错配度的方程为：

$$\begin{cases}\alpha_\gamma = 3.524 + 0.130w(\mathrm{Cr}) + 0.024w(\mathrm{Co}) + 0.421w(\mathrm{Mo+W}) + 0.183w(\mathrm{Al}) + 0.360w(\mathrm{Ti}) \\ \alpha_{\gamma'} = 3.567 + 0.756w(\mathrm{Ti}) + 0.372w(\mathrm{Nb+Ta}) + 0.248w(\mathrm{Mo+W})\end{cases} \tag{5-5}$$

A 由合金成分计算γ′量及γ和γ′组成的方法

（1）把合金化学成分从质量分数转换成摩尔分数。

（2）除去生成的碳化物。假定 C 含量一半形成 MC 型碳化物，而 MC 型碳化物的一般形式为 $Ti_{0.5}(Nb+Ta)_{0.5}C$，当合金不含 Nb 也不含 Ta 时为 TiC，当合金不含 Ti 时则为 $(Nb+Ta)C$；合金含 C 量的另一半组成 $M_{23}C_6$，其组成为 $Cr_{21}(Mo+W)_2C_6$。

（3）除去生成的硼化物。假定全部含 B 量形成 M_3B_2，其组成一般为 $(Mo+W)_{1.5}Ti_{0.45}Cr_{0.75}Ni_{0.3}B_2$，当合金不含 Ti 时，以（Ta＋Nb）替换 Ti。

(4) 计算 γ′的临时量。假定全部 Al、Ti、Nb 和 Ta 组成 γ′相，其组成为 $Ni_3(Al, Ti, Nb, Ta)$，而其他元素全部组成 γ。

(5) 把每个元素分配到 γ′和 γ 相中（按 γ′的临时量计算）。假定在 γ 和 γ′相中每个元素的浓度比如表 5－3 所示，假定 γ′相的组成是 $(Ni, Co, Fe, Cr)_3(Al, Ti, Nb, Ta, Cr, Mo, W)$，其中 γ′含 Cr 量的一半置换 Ni 的位置，另一半置换 Al 的位置。

表 5－3　元素在 γ′、γ 两相中的浓度比

元素	Cr	Co	Mo	W	Al	Ti	Nb	Ta	Zr
γ	1	1	1	1	0.246	0.097	0	0	1
γ′	0.133	0.345	0.314	0.833	1	1	1	1	0

(6) 计算 γ′相的真实量。也就是 γ′相组成原子的总数与 γ 和 γ′相的组成原子总数之和的比率。

(7) 计算 γ 和 γ′相的化学组成。

B　化学成分的计算条件

(1) 选取的化学成分范围见表 5－4。

表 5－4　选取的化学成分范围（质量分数）　　（%）

C	Cr	Co	Mo	W	Al	Ti	Nb	Ta	B	Zr	Ni
0.15	6～30	0～30	0～25	0～40	1.0～10	0～15	0～12	0～24	0.015	0.05	Bal.

不同元素的取值可取固定值或变动值，其中，Ti + Nb + Ta = 0 的情况除外。

(2) 选用的条件：

1) $25\% \leqslant w(\gamma'相) \leqslant 75\%$。

2) 当 $w(\gamma'相) \leqslant 50\%$ 时，$w(Cr) \geqslant 12\%$。

3) $\dfrac{C_{Cr}}{0.40} + \dfrac{C_{Mo}}{0.17} + \dfrac{C_W}{0.13} \leqslant 1$，式中 C_{Cr}、C_{Mo} 和 C_W 分别代表 Cr、Mo、W 在 γ 相中的浓度。

4) $\dfrac{C'_{Ti}}{0.15} + \dfrac{C'_{Nb} + C'_{Ta}}{0.07} \leqslant 1$，式中 C'_{Ti}、C'_{Nb} 和 C'_{Ta} 分别代表 Ti、Nb、Ta 在 γ′相中的浓度。

5) 当 $w(Cr) \geqslant 12\%$ 时，$\alpha_\gamma \geqslant 0.36nm$，$\alpha_{\gamma'} \geqslant 0.36nm$；当 $w(Cr) \leqslant 12\%$ 时，$\alpha_\gamma \geqslant 0.359nm$，$\alpha_{\gamma'} \geqslant 0.359nm$。

6) 则错配度 $|\delta| \leqslant 0.0007nm$。

7) $N_V \leqslant 2.25$，$N'_V \leqslant 2.31$。

山崎道夫发展的设计方法，其步骤是先设计 γ′相的成分，使之得到最大可能的固溶度，经过 $Ni_3Al - X_i$ 系的详细研究，对各种合金元素在 Ni_3Al 中的溶解度都已有相当了解，以设置的 γ′相中的 Ni 元素量除以 $Ni_3Al - X_i$ 系中 X_i 的溶解度，就得到固溶度指数 S_i。所有固溶元素之和就是 γ′相的固溶度指数，一般可以达到 1.3～1.4。同时根据多元系中 γ′相的界面方程：

$$w(\mathrm{Al}) = 29.203 - 1.096w(\mathrm{Cr}) - 1.195w(\mathrm{W}) - 1.220w(\mathrm{Ti}) - 1.066w(\mathrm{Ta}) - 1.44w(\mathrm{Nb}) \quad (5-6)$$

计算出γ′相中的含铝量。γ′相中的含镍量，即为100%减去所有固溶元素的含量。进一步，根据元素在γ和γ′相中的分配比，来计算γ相组成。γ/γ′分配比R值为：

$$\left.\begin{aligned}
&R_{\mathrm{Cr}} = 0.1811 + 0.0070w(\mathrm{Co}) - 0.0095w(\mathrm{Ti}) \quad (\text{均为}\gamma'\text{相中的浓度})\\
&R_{\mathrm{Co}} = 0.0836 + 0.0177w(\mathrm{Co}) + 0.0209w(\mathrm{Al}) + 0.0492w(\mathrm{W})\\
&R_{\mathrm{Mo}} = 0.1877 + 0.1129w(\mathrm{Mo})\\
&R_{\mathrm{Al}} = 0.4104 - 0.0219w(\mathrm{W}) - 0.0212w(\mathrm{Ti}) - 0.0239w(\mathrm{Nb}) - 0.0551w(\mathrm{Ta})\\
&R_{\mathrm{W}} = 0.6753,\quad R_{\mathrm{Ti}} = 0.1017,\quad R_{\mathrm{Nb}} = 0.2145\\
&R_{\mathrm{Ta}} = 0.261,\quad R_{\mathrm{Hf}} = 0.10
\end{aligned}\right\} \quad (5-7)$$

γ相组成的计算式为：

$$\left.\begin{aligned}
&(X_i)_\gamma = R_i(X_i)_{\gamma'} \quad (i = \mathrm{Al,Ti,Nb,Ta,Hf})\\
&(X_i)_\gamma = (X_i)_{\gamma'}/R_i \quad (i = \mathrm{Co,Cr,Mo,W})\\
&(X_{\mathrm{Ni}})_\gamma = 100 - \sum (X_i)_\gamma
\end{aligned}\right\} \quad (5-8)$$

通过回归分析得到成分与持久强度的关系如下。

$$\left.\begin{aligned}
&816℃、1000\mathrm{h}\text{持久强度：}\\
&\sigma = 17.18 + 0.1371w(\mathrm{Co}) + 2.352w(\mathrm{W}) + 1.785w(\mathrm{Mo}) + 0.1870\\
&982℃、100\mathrm{h}\text{持久强度：}\\
&\sigma = 13.32 - 0.4357w(\mathrm{Al}) - 0.2382w(\mathrm{Cr}) + 0.9946w(\mathrm{W}) + 0.762w(\mathrm{Mo}) + 0.1236\\
&982℃、1000\mathrm{h}\text{持久强度：}\\
&\sigma = -0.46 + 0.9944w(\mathrm{W}) + 0.6408w(\mathrm{Mo}) + 0.1401
\end{aligned}\right\} \quad (5-9)$$

利用式（5－5）~式（5－8），按图5－9的步骤进行设计，并进行试验精选，最终可以得到理想的合金，Harada等人用类似的方法进行了合金设计。但采用的回归式不同于式（5－5）~式（5－8）。

5.2.2.3　d电子能级法合金成分设计

PHACOMP相平衡成分设计在镍基高温合金的成分设计中发挥了重要作用，但仍存在如下问题：（1）对钴基、铁基合金的适用性不佳；（2）难于应用于铸造合金；（3）拓扑密堆相中μ相和Laves相预测准确性较差。

为了探索相区边界的形成规律，针对上述方法存在的问题，提出了一种利用γ相的平均电子能级作为TCP相析出的判据，即过渡金属d电子能级法，简称“Md法”。

d电子能级理论是以DV－Xa分子轨道计算为理论基础，定义两个物理参量M_d和B_o。其中合金元素d轨道能称为M_d值。由图5－10可见，参量M_d作为过渡元素M的d轨道能与电荷转移相关，当M和N两个原子结合成分子时，出现结合与反结合两个能级，能级较高的原子M因给出电子而表现出较小的负电性，而能级较低的原子N因获得电子表现出较大的负电性。这样在原来费密能之上引入了新的能级，这种由于M元素加入产生的新能级，即为M－d能级，其平均值定义为M元素（对N基体）的M_d值。

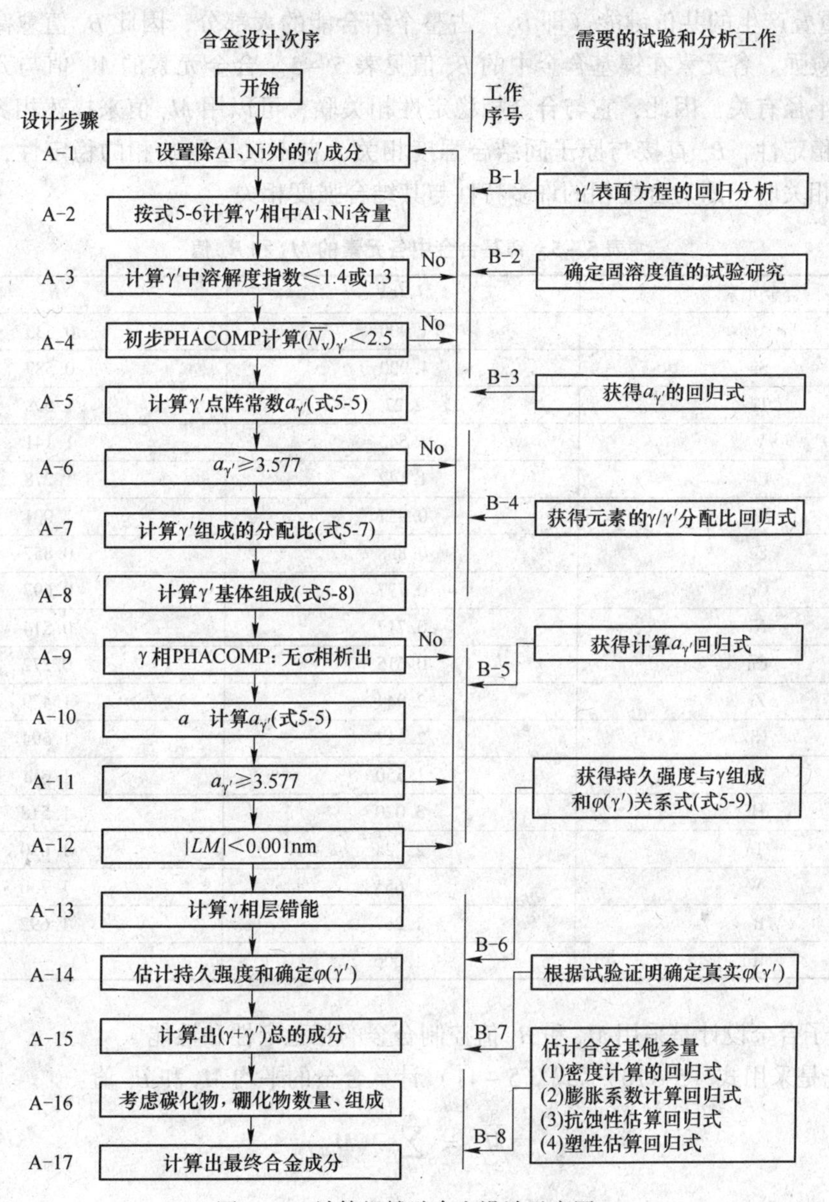

图5-9 计算机辅助合金设计示意图

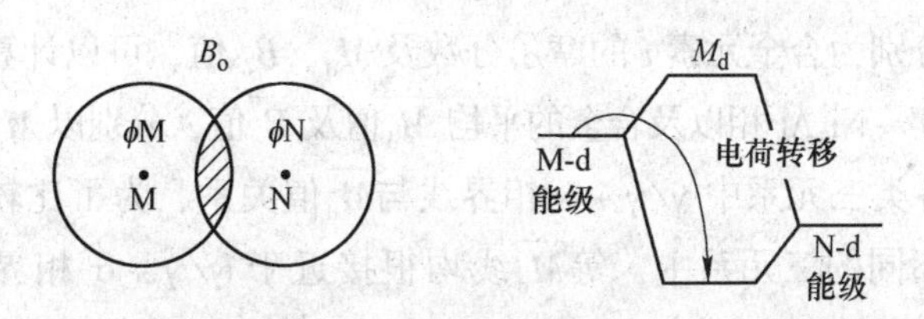

图5-10 d电子合金设计的电子结构参量 B_o 和 M_d 示意图

B_o—结合次数，M和N间共价结合强度；M_d—合金元素M的d轨道能

表5-5列出镍基合金中各合金元素的 M_d 值。B_o 称为结合次数，它表征原子之间电子云的重叠，是原子间共价键强度的度量，对于具有不成对d轨道电子的过渡族元素，由

d 电子云重叠产生的共价键能（即 B_o）占整个结合能的大部分，因此 B_o 值愈高，原子之间结合就愈强。各元素在镍基合金中的 B_o 值见表 5－5。合金元素的 M_d 值与元素的负电性和原子半径有关，因此，它与合金相稳定性相关联，可以用 M_d 值来描述相界线，从而预测相的稳定性，B_o 直接与原子间结合强度相关，它不仅会影响相的稳定性，还可以与相的特性相关联，因为合金相的许多特性与其结合强度相关。

表 5－5　镍基合金中各元素的 M_d 和 B_o 值

合金元素	M_d/eV	B_o
Al	1.900	0.533
Si	1.900	0.589
Ti	2.27	1.098
V	1.543	1.141
Cr	1.142	1.278
Mn	0.957	1.001
Fe	0.858	0.857
Co	0.777	0.697
Ni	0.717	0.514
Cu	0.615	0.272
Zr	2.944	1.479
Nb	2.117	1.594
Mo	1.550	1.611
Hf	3.020	1.518
Ta	2.224	1.670
W	1.655	1.730
Re	1.267	1.692
Ru	1.006	—

d 电子合金设计是采用 M_d 和 B_o 值控制合金的相稳定性和性能。

首先是采用式（5－10）、式（5－11）计算合金的平均 M_d 和 B_o 值：

$$\overline{M}_d = \sum_{i=1}^{n} x_i (M_{di}) \tag{5-10}$$

$$\overline{B}_o = \sum_{i=1}^{n} x_i (B_{oi}) \tag{5-11}$$

式中，x_i、M_{di}、B_{oi} 分别为合金元素 i 的摩尔分数及 M_d、B_o 值，可以计算 γ 固溶体的平均 $\overline{M}_d$ 及 $\overline{B}_o$，也可以计算 $\gamma'-Ni_3Al$ 相以及合金的平均 $\overline{M}_d$ 值及 $\overline{B}_o$ 值，分别以 $M_{d\gamma}$、$M_{d\gamma'}$ 和 M_{dt} 表示。

图 5－11 表示各类三元系中 $\gamma/\gamma+\sigma$ 相界线与 $\overline{M}_d$ 值关系，为了比较图中也给出 $\overline{N}_V$ 计算值，可以看出，在不同的三元系中，等 $\overline{M}_d$ 线均很接近于 $\gamma/\gamma+\sigma$ 相界线，在 Ni－Cr－Co 系 1477K 下约为 $\overline{M}_d=0.925$ 线，对于 Ni－Cr－Mo 系也是这个数值，对于 Fe－Cr－Ni 系 1073K 下临界 M_d 值为 0.900。$\gamma/\gamma+\mu$ 相界的临界 $\overline{M}_d$ 值为 0.900，小于 $\gamma/\gamma+\sigma$ 相界 $\overline{M}_d$ 值，图 5－11(e) 和图 5－11(f) 是 $\gamma/\gamma+\gamma'$ 和 $\gamma/\gamma+\eta$ 相界，由于两者结构的相似性，相界 $\overline{M}_d$ 值均为 0.865。此外，对于 Ni－Fe－Al 系中 $\gamma/\gamma+NiAl$ 相界相当于 $\overline{M}_d=0.930$。临界 $\overline{M}_d$ 值

与温度的关系为：

$$\left.\begin{aligned}&\text{对}\,\sigma\,\text{相：}\quad \text{临界}\ \overline{M}_{d} = 6.25\times10^{-5}T + 0.834\ (T = K)\\&\text{对}\,\gamma'\,\text{相：}\quad \text{临界}\ \overline{M}_{d} = 1.41\times10^{-4}T + 0.727\end{aligned}\right\}\tag{5-12}$$

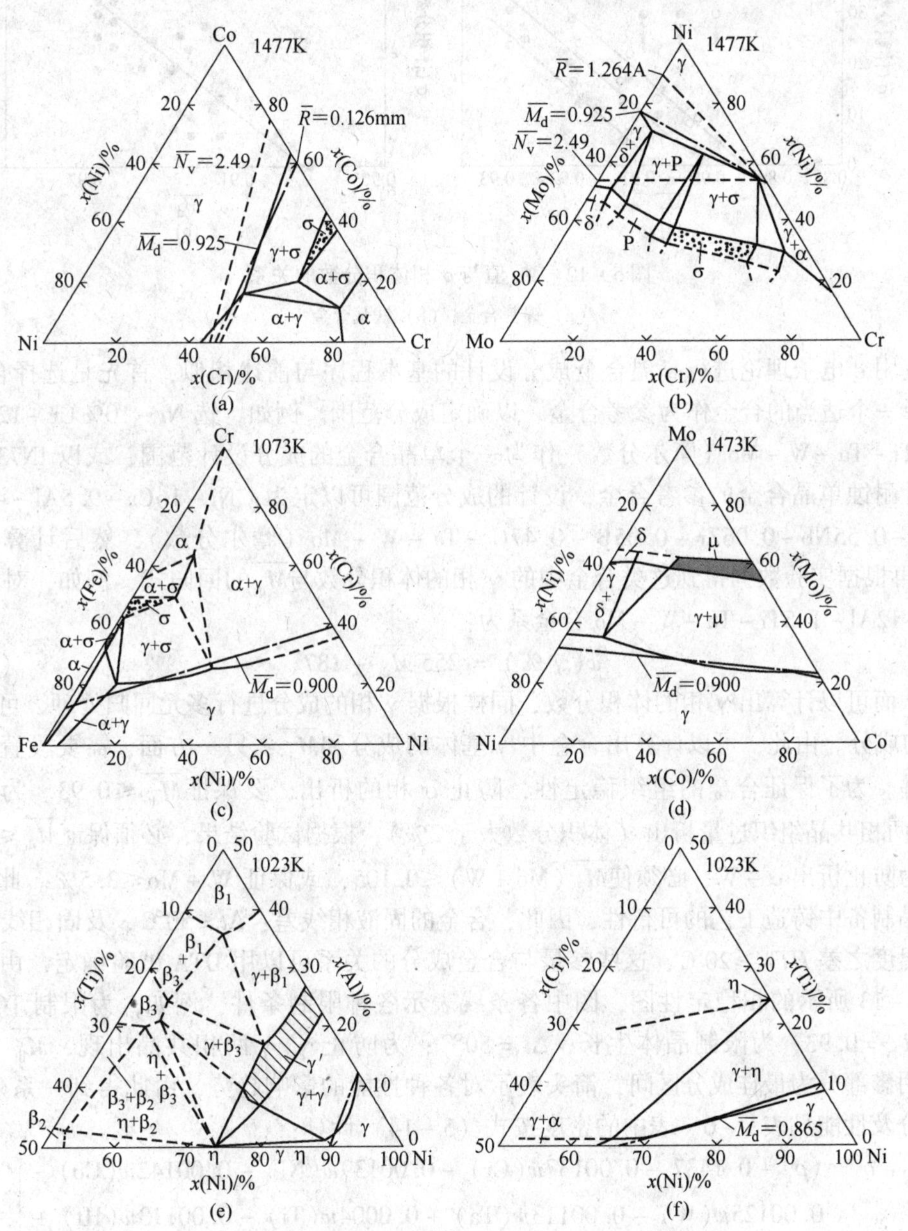

图5-11　三元相图中等$\overline{M}_d$线、等$\overline{N}_V$线与γ/γ+σ相界限

(a) Ni-Cr-Co；(b) Ni-Cr-Mo；(c) Fe-Ni-Cr；

(d) Co-Ni-Mo；(e) Ni-Al-Ti；(f) Ni-Cr-Ti

应用临界$\overline{M}_d$值可以预测高温合金中σ相的析出倾向，如该方法可以较好地预测镍基和钴基合金中σ相的析出倾向，其效果优于电子空位数$\overline{N}_V$方法。此外，$\overline{M}_{d\gamma'}$值愈大，析出σ相数量愈多（图5-12）。

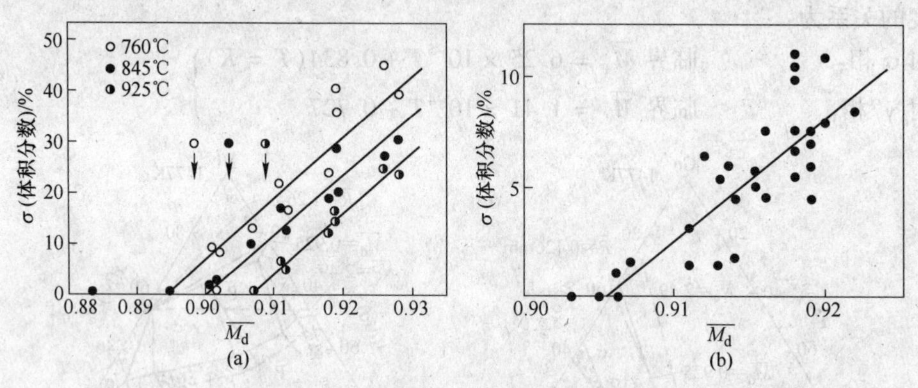

图 5－12　M_d 值与 σ 相体积分数的关系

（a）镍基合金；（b）铁基合金

应用 d 电子理论进行高温合金成分设计的基本程序与前述相似，首先是选择合金系，如选择一个适当的合金作为参考合金，以确定成分范围。例如，选 Ni－10% Cr－12% Al－1.5% Ti－Ta－W－Mo（摩尔分数）作为一个单晶合金的成分设计范围，或以 IN738LC 作为设计耐蚀单晶合金的参考合金，设计的成分范围可以定为：Ni－16Cr－9.5Al－4.0Ti－8.0Co－0.55Nb－0.06Zr－0.05B－0.47C－Ta－W－Mo（摩尔分数），然后计算合金的 $\overline{M_{dt}}$，再根据实验数据得到这类合金中的 γ′相的体积分数与 $\overline{M_{dt}}$ 的回归式，例如，对于 Ni－10Cr－12Al－1.5Ti－Ta－W－Mo 合金系为：

$$\varphi(\gamma'\%) = 255\ \overline{M_{dt}} - 187 \tag{5-13}$$

从而可以计算出 γ′相的体积分数，同样根据 γ′相的成分进行多元回归处理，可以得到 γ′相的成分。由此，可以计算出合金中 γ 基体的成分和 $\overline{M_{d\gamma}}$，另一方面，需要设置各种限制条件。为了保证合金的组织稳定性，防止 σ 相的析出，要保证 $\overline{M_{d\gamma}} \leqslant 0.93$。为了防止 γ－γ′两相共晶组织过量析出（体积分数大于 2%），根据试验结果，必须保证 $\overline{M_{dt}} \leqslant 0.985$，同理为防止析出 α－W，必须使 $\overline{M_{d\gamma}}(Mo + W) \leqslant 0.105$，或保证 $W + Mo \leqslant 3.5\%$。此外，需要单晶制备中铸造工艺的可行性，因此，合金的固液相线差：$\Delta t \leqslant 50℃$，及固相线与 γ′相溶解温度之差 $HTW \geqslant 20℃$，这些参量与合金成分的关系可以用 DTA 试验确定，由此得到如图5－13 所示的相稳定性图，图中各条线表示各种限制条件，例如，为限制 TCP 相析出，$\overline{M_{d\gamma}} = 0.93$；为限制晶体生长，$\Delta t = 50℃$；为防止 γ′/γ 两相共晶出现，$\overline{M_{dt}} = 0.988$ 等，阴影部分为最佳成分区间，箭头表示对各种性能的影响趋势，由此得到一系列合金，其成分及性能见表 5－6。表中的密度按式（5－14）计算：

$$\left.\begin{aligned}
\rho &= (\rho_1 + 0.1437 - 0.00137w(\mathrm{Cr}) - 0.00139w(\mathrm{Ni}) - 0.00142w(\mathrm{Co}) - \\
&\quad 0.00125w(\mathrm{W}) - 0.00113w(\mathrm{Ta}) + 0.0004w(\mathrm{Ti}) - 0.00113w(\mathrm{Hf}) + \\
&\quad 0.0000187(w(\mathrm{Mo}))^2 - 0.0000506(w(\mathrm{Co})w(\mathrm{Ti})) \times 27.68 \\
\rho_1 &= 100/\rho_2(\mathrm{g/cm^3}) \\
\rho_2 &= w(\mathrm{Ni})/0.322 + w(\mathrm{Al})/0.0975 + w(\mathrm{Cr})/0.26 + w(\mathrm{Co})/0.322 + \\
&\quad w(\mathrm{Ti})/0.163 + w(\mathrm{Re})/0.76 + w(\mathrm{Ta})/0.6 + w(\mathrm{W})/0.697 + \\
&\quad w(\mathrm{Mo})/0.369 + w(\mathrm{Hf})/0.48
\end{aligned}\right\} \tag{5-14}$$

表 5－6 中的价格按合金中各元素的单价计算。

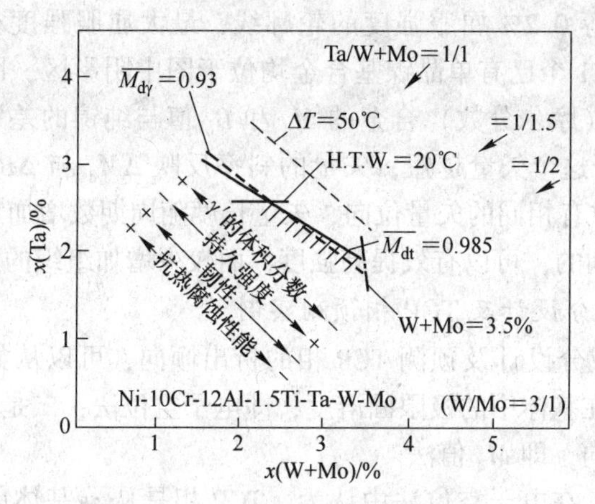

图 5-13 单晶高温合金相的稳定性

表 5-6 设计合金的成分与性能

合金	成分（质量分数）/%								W + Mo mol%	Ta/ W + Mo	密度 /g·cm⁻³	成本 /元·g⁻¹	持久性能寿命/h
	Ni	Cr	Al	Ti	Ta	W	Mo	Re					
TUT 11	Bal.	8.6	5.4	1.0	8.1	6.2	1.1		2.7	1/1	8.60	3.9	282
TUT 31	Bal.	8.6	5.4	1.0	7.9	6.0	1.0	0.8	2.6	1/1	8.65	4.6	1700
TUT 321①	Bal.	8.6	5.4	1.0	7.7	5.9	1.0	1.5	2.6	1/1	8.71	5.3	674
TUT 22	Bal.	8.7	5.4	1.2	7.5	5.7	1.0	0.2	2.5	1/1	8.56	3.8	219
TUT 52	Bal.	8.7	5.4	1.2	6.9	6.5	1.1	0.2	2.7	1/1.25	8.57	3.7	574
TUT 82	Bal.	8.7	5.4	1.2	6.3	7.2	1.3	0.2	3.1	1/1.5	8.58	3.5	652

①时效及蠕变试验后发现 α-W 相和 μ 相。

应用 B_o-M_d 图及合金矢量可以表示合金的发展趋势。图 5-14 中的数字代表各个合

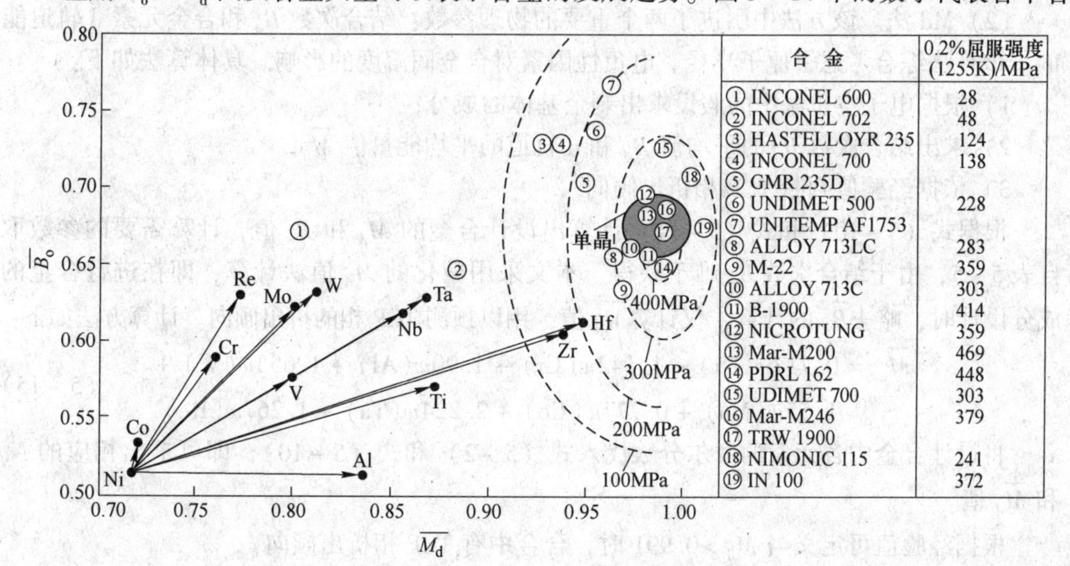

图 5-14 B_o-M_d 图

（图中给出 19 个合金的位置，虚线是 0.2% 屈服强度线，箭头代表 10% M（摩尔分数）合金的位置）

金，虚线是 1255K 下等 0.2% 屈服强度的轮廓线，最大屈服强度相当于 $M_d = 0.98eV$ 和 $B_o = 0.67$ 处，经计算 21 个已有单晶镍基合金均位于图中阴影区，图中箭头线代表合金矢量，表示 Ni－10% M_i（摩尔分数）合金的 M_d 和 B_o 值与纯镍的差别。合金元素 M_i 的 M_d 与 B_o 值与 Ni 越相近，这个矢量越短，矢量的斜率反映 ΔM_d 与 ΔB_o 的相对大小。可以看出，同一族的元素大致有相同的矢量位向，矢量长度随周期数增加。显然，加入 ΔB_o 大而 ΔM_d 值小的元素是有利的，可以有效提高强度，而较少增加组织的不稳定性。

5.2.2.4　合金成分设计及 TCP 相预测实例

对单晶合金进行成分设计及预测 TCP 相的析出倾向，可以从如下两方面考虑开展工作，一是计算 TCP 相在基体中的极限固溶度，即电子空位法；二是通过热力学方法确定合金中的 TCP 相析出倾向，即 M_d 值法。

（1）电子空位法。在电子空位法中认为，TCP 相是从 γ 基体中析出的一种电子化合物，因此根据 γ 基体的成分可计算出 γ 单相固溶体的平均电子空位数（N_V），并以此来表征合金中 TCP 相的析出倾向。

为了便于计算，采用电子空位法进行合金成分设计时假设：

1）TCP 相是 γ 基体中析出的电子化合物；

2）假设合金中的碳化物和硼化物组成和含量一定；

3）根据大量的相分析测试结果，确定各种元素在 γ 和 γ′中的分配比。

根据电子空位理论（相分计算法）的公式（5－2），计算出合金的电子空位数，计算需要的参数取自表 5－2，具体计算步骤如下：

1）求出剩余基体的成分；

2）计算出剩余基体的平均电子空位数及各元素的电子空位数；

3）依据下列经验值，判断 TCP 相的析出倾向。并认为对于镍基高温合金，当 $\overline{N}_V > 2.49$ 时，有 σ 相析出，当 $\overline{N}_V > 2.3$ 时有 μ 和 Laves 相析出。

（2）Md 法。该方法中引进了两个重要的物理参数：结合次数 B_o 和合金元素 d 轨道能 M_d。该算法综合考虑了原子半径、电负性因素对合金固溶度的影响。具体算法如下：

1）根据电子空位法中的假设求出剩余基体的成分；

2）求出结合次数 B_o 的平均值 $\overline{B}_o$ 和 d 轨道的平均能量值 $\overline{M}_d$；

3）依据经验值判断 TCP 相析出倾向。

根据式（5－10）和式（5－11）计算出设计合金的 $\overline{M}_d$ 和 $\overline{B}_o$ 值，计算需要的参数取自表 5－5，由于结合次数 B_o 难于获得，本文采用简化的 M_d 值法计算，即在进行合金的成分设计时，略去 $\overline{B}_o$ 的计算，仅计算 $\overline{M}_d$ 值，用以预测 TCP 相的析出倾向。计算方法如下：

$$\begin{aligned}\overline{M}_d = {} & 0.717w(\mathrm{Ni}) + 1.142w(\mathrm{Cr}) + 1.90w(\mathrm{Al}) + 1.655w(\mathrm{W}) + \\ & 1.55w(\mathrm{Mo}) + 0.777w(\mathrm{Co}) + 2.224w(\mathrm{Ta}) + 1.267w(\mathrm{Re})\end{aligned} \tag{5-15}$$

将设计合金中各元素的摩尔分数代入式（5－2）和式（5－10），即可求出相应的 N_V 和 $\overline{M}_d$ 值。

根据经验值可定义当 $\overline{M}_d > 0.991$ 时，合金中有 TCP 相析出倾向。

采用电子空位法和 M_d 法进行不同 Re 含量的镍基合金成分设计时，所设计合金在尽量保证其他元素含量一定的前提下，调整合金中元素 Re 的含量，以比较元素 Re 对镍基合金中 TCP 相析出倾向的影响规律。所设计的合金成分如表 5－7 所示。

根据上述方法，设计 6 种不同成分的合金，并计算出各自合金的 $\overline{M}_d$ 值和 $\overline{N}_V$ 值，列于表 5－7 的右侧。从表中数据可以看出，设计合金中含有不同的 Re 含量，其他元素含量相同，随着元素 Re 含量的增加，TCP 相的析出倾向增大。表明元素 Re 可强烈促进 TCP 相的析出。4 号合金 Re 含量达到 4.2%，但是其 $\overline{M}_d$ 和 $\overline{N}_V$ 值却较小，表明元素含量的合理调整可减少和防止 TCP 相的析出。根据表 5－7 的计算结果，可预测 6 号合金中有 TCP 相析出。

表 5－7 设计合金的化学成分及 $\overline{M}_d$ 值和 $\overline{N}_V$ 值

编号	Cr	Co	Mo	W	Ta	Re	Al	Ni	$\overline{M}_d \geq 0.991$	$\overline{N}_V \geq 2.3$
1 号	5.0	8.0	3.0	4.0	8.0	0	6.0	Bal	0.9682	1.810
2 号	5.0	8.0	3.0	4.0	8.0	2.0	6.0	Bal	0.9754	1.961
3 号	5.0	9.0	1.5	4.0	9.0	3.0	6.0	Bal	0.9796	2.086
4 号	5.0	8.6	3.0	4.0	8.0	4.2	6.0	Bal	0.9768	2.081
5 号	5.0	9.0	3.0	4.0	8.0	4.5	6.0	Bal	0.9842	2.193
6 号	5.0	8.0	3.0	4.0	8.0	6.0	6.0	Bal	0.9990	2.370

5.2.3 接近使用条件下的蠕变性能与寿命

高温部件的设计与选用方法可以分为两类：(1) 静态载荷下的设计，只考虑载荷作用下的蠕变断裂，用平均的蠕变和持久强度数据估算许用应力，不考虑其他因素引起的时间相关失效模型。此时，估算剩余寿命非常重要。(2) 非静态设计，部件承受一个载荷谱的作用，必须考虑蠕变疲劳的交互作用，即必须考虑基本应力和二次应力的作用，以及它们的交互作用。基本应力来自于部件所受的基本机械载荷，这里指蠕变应力。当发动机由启动到稳定运行时，部件承受的应力、应变、温度均发生变化，可产生二次应力，在此条件下，需要考虑蠕变－疲劳的交互作用进行设计和选择材料。

通常为了保证部件的安全可靠性，采用静态和非静态设计和选用，主要目标均是为了防止突发性失效，在非静态条件下，由于材料在使用过程中发生组织结构变化、损伤积累、脆化以及突然的外载荷等，均可导致突发性失效的发生。

5.2.3.1 不同蠕变载荷下的寿命

在实际服役条件下，部件承受的温度和载荷可能发生变化，却要保持相当的时间，因此，可把服役条件简化为计算不同蠕变载荷下的寿命问题。

通常采用简单的积累损伤原则来处理，其表达式为：

$$\sum_i \frac{t_i}{t_{ri}} = 1 \text{ 或 } L_m \quad (L_m < 1) \tag{5-16}$$

式中，t_i 和 t_{ri} 为在 i 应力（或温度）下的工作及断裂时间。当采用线性损伤积累法则时，各种不同载荷下蠕变损伤之总和为 1 时发生断裂，当考虑各阶段蠕变之间的交互作用时，其损伤之和小于 1，设为 L_m 值。其值随材料及试验条件而变化。

在变化载荷条件下的总蠕变曲线，可以视为由各个蠕变载荷作用下的蠕变曲线合成。图 5－15 和图 5－16 表示两种不同的合成方法，前者为时间硬化规律，后者为应变硬化规律，分别用 Bailey – Norton 式表示。

时间硬化率：
$$\dot{\varepsilon}_t = A\sigma^m nt^{n-1} \quad (5-17)$$

应变硬化率：
$$\dot{\varepsilon}_t = A^{1/n} n\sigma^{m/n}(\varepsilon_t)^{\frac{n-1}{n}} \quad (5-18)$$

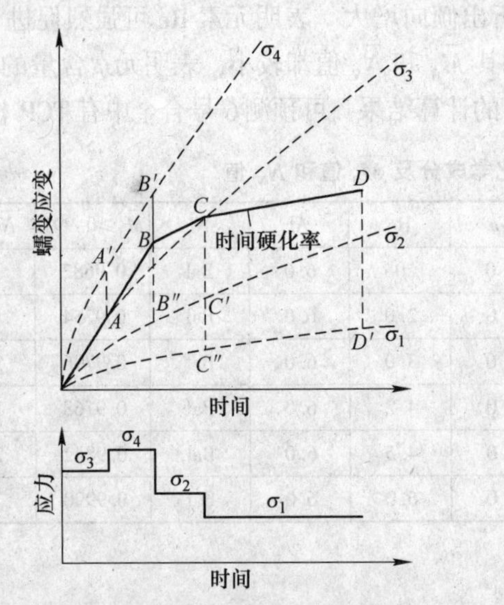

图 5 – 15　根据时间硬化率预测的应变曲线

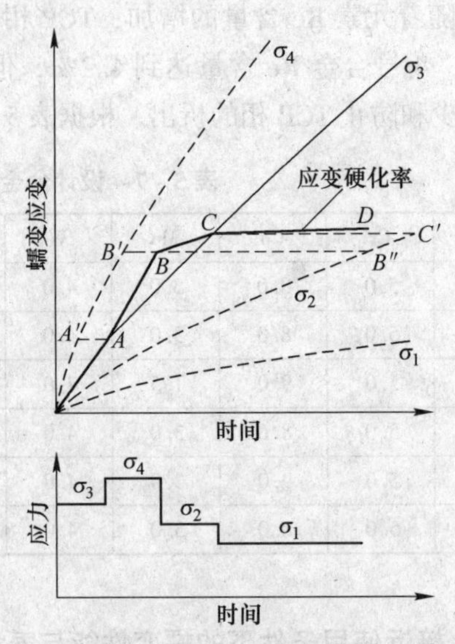

图 5 – 16　根据应变硬化率预测的应变曲线

时间硬化率以时间作为蠕变行为发生变化的量度，应变硬化率以应变值作为蠕变行为发生变化的量度。由此，可得到不同形状的总蠕变变形曲线。试验证明，应变硬化规律的预测曲线更接近实际的蠕变曲线，且式（5 – 17）、式（5 – 18）可转化为：

$$\dot{\varepsilon}_t = n(A\sigma^m)^2 t^{2n-1}/\varepsilon_t \quad (5-19)$$

这样可以取应变速率等于应变硬化率和时间硬化率的中间值，得到居于两者之间的蠕变曲线。

由于蠕变过程对材料的影响不能简单地用时间或应变反映，所以上述方法均不反映实际情况。但可以用一个与状态有关的量来反映前一蠕变过程对状态的影响，例如，用损伤量表示，或用内摩擦力表示，以相同的状态量作为蠕变行为发生变化起始位置的量度，这样可得到更精确的预测。

再则，可采用寿命消耗规律计算法，即根据静态蠕变强度来估算变动温度和应力条件下的寿命，该法假设材料在某一蠕变条件下耗去其在总蠕变寿命中的某一分数，这个寿命消耗分数仅仅取决于此阶段的蠕变应力和温度，而与其他蠕变条件下消耗率无关。其中，蠕变应力（σ_0）、温度（T_0）与断裂时间（t_{r0}）的关系可表示为：

$$t_{r0} = C\sigma_0^{-m}\exp(-qT_0) \quad (5-20)$$

式中，C、m、q 为常数。在一个变动蠕变应力和温度的试验中，各个不同蠕变条件占有的时间分数为 f_i（$f_i<1$），应力为 σ_i 和温度为 T_i，设总的实际变动蠕变试验的断裂时间为 t_r，则寿命的变化比率为：

$$t_{r0}/t_r = (1-\sum_i f_i) + \sum_i [f_i(\sigma_i/\sigma_0)^p \exp(q(T_i-T_0))]$$

或

$$\frac{t_{r0}}{t_r} = (1-\sum_i f_i) + \sum_i \left(f_i \cdot \frac{t_{r0}}{t_{ri}}\right) \quad (5-21)$$

式中，t_{ri}为蠕变应力 σ_i 及温度 T_i 下的断裂时间。采用此式可方便地预测已知载荷下的寿命。

5.2.3.2 疲劳蠕变交互作用与寿命

高温部件在发动机启动到稳定运行的服役期间，会引起由热循环造成应变控制的疲劳及应力疲劳。因此，必须考虑疲劳－蠕变的交互作用。

按照发生断裂的模式，可以把蠕变－疲劳的交互作用分为3个不同区域，如图5－17所示。

（1）疲劳损伤和破断为主的交互作用区（F区）。

（2）蠕变损伤和破断为主的交互作用区（C区）。

（3）疲劳和蠕变损伤共同发展区（FC区）。

图5－17为疲劳－蠕变交互作用断裂特征图。它是在恒定最大应力条件下取不同最小应力做一系列交互作用试验的结果。图中表明了F区、C区和FC区，按照裂纹形核和扩展，又可分为疲劳裂纹形核及扩展断裂的FF区；疲劳裂纹形核、蠕变裂纹形核，但疲劳裂纹扩展致断的FCF区；蠕变裂纹形核和扩展致断的CC区；蠕变裂纹形核、疲劳裂纹也形核，但蠕变裂纹优先扩展致断的CFC区；蠕变裂纹形核和疲劳裂纹形核扩展相互竞争的CFF或CFC区。

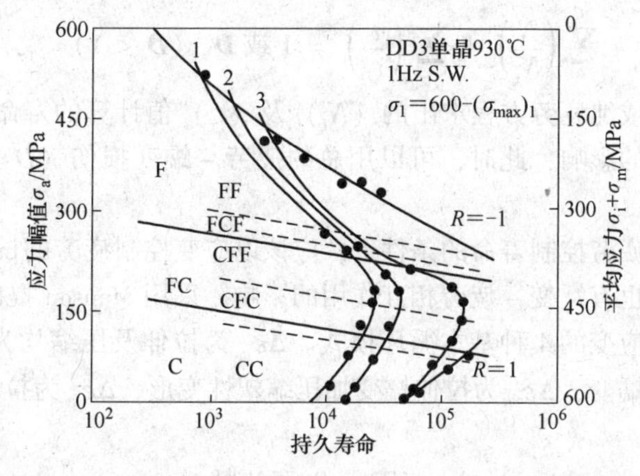

图5－17 DD3单晶合金的疲劳蠕变交互作用断裂特征图

该图为用平均应力（σ_m）和应力振幅值（σ_a）表示的交互作用图，是在不同平均应力下叠加不同应力振幅值的系列试验结果，用达到一定断裂周次或断裂时间的平均应力和应力振幅组的连线表示，图中直线表示恒应力比（$A=\sigma_a/\sigma_m$）线，随应力比增大，断裂也逐渐由蠕变为主向疲劳为主过渡。纵坐标由上而下，平均应力增大，同时应力振幅减小，所以图的上部多为F区，下部为C区，FC区居中。

高温部件载荷谱分析是设计和选择材料的依据，由此可以分离出部件所承受的平均应力及交变应力，或者说可以分离出所承受的静态应力和振动交变应力。由于发动机在启动到稳定运行的服役期间，伴随着温度变化发生热疲劳和低周疲劳破坏。低周疲劳成为控制寿命的主要因素，此时，要以低周疲劳为基础进行材料设计与选用。

蠕变为主的交互作用区的变形行为可以视为动态蠕变，其变形－时间曲线基本与蠕变曲线相同。按照疲劳－蠕变交互作用断裂特征图的理论，各区的寿命估算式及最小蠕变速率估算式为：

$$t_r = A_2\sigma_m^{a_2}\sigma_{max}^{\beta_2} \tag{5-22}$$

$$\dot{\varepsilon}_{min} = A_2'\sigma_m^{a'}\sigma_{max}^{\beta_2} \tag{5-23}$$

此式为用最大应力修正的蠕变方程。对于静态蠕变，最大应力与平均应力为同一值，故此式可退化为一般的蠕变方程。对于保载条件下的寿命，可以采用频率修正式：

$$t_r = A_2\sigma_m^{a_2}\sigma_{max}^{\beta_2}\nu^{k_2} \tag{5-24}$$

式中，ν 为频率；k_2 为常数。

如果用应变硬化率来估算，在平均应力上叠加一个小的正弦波交变应力，在该情况下，可以用等效应力计算：

$$\sigma_e = \sigma_m\left[\frac{1}{2\pi}\int_0^{2\pi}(11 + A\sin\omega \cdot t \cdot l)^n d(\omega t)\right]^{1/n} \tag{5-25}$$

式中，蠕变应力指数 n 值即是 $\lg\sigma - \lg t_r$ 曲线的斜率；ω 为循环应力角频率。

在疲劳断裂为主的交互作用区（F 区），可以用下式描述：

$$N_f = A_1 \cdot \sigma_a^{a_1} \cdot \sigma_{max}^{\beta_{22}} \quad (不保载, \nu = 1) \tag{5-26}$$

$$N_f = A_1\sigma_a^{a_1} \cdot \sigma_{max}^{\beta_1} \cdot \nu^{k_1} \quad (保载) \tag{5-27}$$

在蠕变和损伤混合损伤区（FC 区），可以用线性损伤积累法，即：

$$\sum_i\left(\frac{N}{N_f}\right)_i + \sum_i\left(\frac{t}{t_r}\right)_i = 1 或 D \quad (D < 1) \tag{5-28}$$

采用纯蠕变方程或纯疲劳方程求出的 $(N_f)_i$ 及 $(t_r)_i$ 值计算的寿命长于实际值，这是蠕变-疲劳交互作用的影响，此时，可以用总的疲劳-蠕变损伤（$D \leqslant 1$）来表示这种交互作用的影响。

在低周疲劳或热疲劳控制寿命的条件下，应该以应变控制疲劳的试验结果作为设计及选用依据。应变疲劳也有蠕变-疲劳相互作用的影响。采用 Manson 提出的应变划分方法，可以成功描述非弹性应变的 4 种基本循环模式。$\Delta\varepsilon_{pp}$ 为拉伸及压缩均为塑性应变，$\Delta\varepsilon_{pc}$ 为拉伸塑性应变加压缩蠕变，$\Delta\varepsilon_{cp}$ 为拉伸蠕变加压缩塑性变形，$\Delta\varepsilon_{cc}$ 为拉伸及压缩均为蠕变，其 4 个通式表示为：

$$\left.\begin{aligned} \Delta\varepsilon_{pp}/D_p &= 0.75N_{pp}^{-0.6} \\ \Delta\varepsilon_{pc}/D_p &= 1.25N_{pc}^{-0.8} \\ \Delta\varepsilon_{cp}/D_c &= 0.25N_{cp}^{-0.8} \\ \Delta\varepsilon_{cc}/D_c &= 0.75N_{cc}^{-0.8} \end{aligned}\right\} \tag{5-29}$$

任何一个复杂波形均可以分解为由不同比例的 4 个基本波形的叠加，由此得：

$$\frac{1}{N_f} = \frac{F_{pp}}{N_{pp}} + \frac{F_{pc}}{N_{pc}} + \frac{F_{cp}}{N_{cp}} + \frac{F_{cc}}{N_{cc}} \tag{5-30}$$

式中，D_p 和 D_c 分别为拉伸塑性及蠕变塑性；F_{pp}、F_{pc}、F_{cp}、F_{cc} 分别是 4 种基本循环占总循环应变中的比例。

5.2.4 材料的选择

在上述可行性分析的基础上，可以深入分析高温部件的主要功能和设计要求，据此，可对材料提出具体要求，进行部件设计和材料选择。合金设计时就应该考虑合金的适用性、可靠性和成本，并应该及时得到材料在使用过程中的反馈信息，特别是频繁需要备件的原因（出现事故及所进行的失效分析等）。这对正确选择材料是非常重要的。

在材料选择过程中应注意如下因素：

（1）部件载荷谱的计算。

（2）确定主要失效模式及寿命预测方法。

（3）应了解被选择材料的性能数据。

（4）部件尺寸及使用性能的寿命估算。

在计算机辅助材料选择总程序中，应该包括处理上述各关键因素的计算机软件包。首先，是部件载荷谱的计算，这个软件包中应包括：

（1）建立在有限元分析（弹性或弹塑性）基础上的部分承受的温度及应力分布计算程序，给出部件各处承受的温度和应力分布图，由此，得到正确的载荷谱作为选择材料的依据。

（2）收集使用中的载荷谱变化并加以处理的软件，以得到更接近实际使用条件的载荷谱。

其次，确定主要失效模式及寿命计算方法，根据实际使用的经验及有限元计算结果进行综合分析，以确定正确的失效模式和寿命计算方法。对于涡轮盘材料，它承受轮缘处的蠕变应力及轮心处的大离心力，又有高频振动、开动和关闭，或功率改变引起的低周疲劳，在某些条件下还有腐蚀气氛的作用及粒子冲刷磨蚀作用等，因此，部件的服役条件比较复杂，其失效模式随外界条件而变化，最简单的选材方法是根据最危险断面承受的蠕变负载进行设计和选材。

对于地面涡轮盘材料，由于长期在稳定条件下工作，以蠕变为依据是可以接受的。但由于在使用过程中会出现超载、超温及机械振动，或有周期性的变温，因此，应该考虑叠加振动疲劳的动态蠕变设计。对于某些航空发动机及地面涡轮发动机转子，低周疲劳的作用不可忽略，甚至是寿命的限制因素。在某些腐蚀条件下，如海洋气氛条件、热腐蚀条件等，腐蚀的作用不可忽视，特别易造成榫齿腐蚀疲劳开裂。

确定寿命估算方法有时是一个较为复杂的问题，应该对已有的失效事件进行失效因素分析，已有的分析结果证明，采用疲劳－蠕变交互作用及低周疲劳设计，比采用纯蠕变损伤设计要先进得多。

参考文献

[1] 葛庭燧．材料的力学性能和设计［J］．力学进展．1995，25（2）：243－247.

[2] American Society for Metals. Metals Handbook，1961. 8th Edition，Vol. 1，64，P102.

[3] Glandman T，Mcivor I D，Pickering F B. Some aspects of the structure－property relationships in high carbon ferrite－pearlite steels［J］．J I S I，1972，210：916.

[4]《高技术新材料要览》编委会．高技术新材料要览［M］．北京：中国科学出版社，1993.

[5] Pond R C，Smith D A. Computer simulation of <110> Tilt Boundaries，Structure and symmetry［J］．Acta Met，1979，27：235.

[6] 何德芳，李立，等. 失效分析与故障预防 [M]. 北京：冶金工业出版社，1989.
[7] Boresh W J, Slaney J S. Met Prog, 1964, 86 (1): 109.
[8] Woodyatt L R, Sims C T, Bettie Jr H J. Trans AIME, 1966, 236: 519.
[9] Barrows R, Newkirk J B. Met Trans, 1972 (3): 2889.
[10] 陈国良. 金属学报，1979，4 (4)：440.
[11] 渡边力藏. 镍基高温合金成分设计研究 [C]. 杨本英，杨国枢，张瑞波，译. 北京钢铁学院，1981.
[12] Yamazaki M. High temperature alloys for gas turbine and other applications [M]. Betz W, et al. 1986: 945.
[13] 陈国良. 高温合金学 [M]. 北京：冶金工业出版社，1988.
[14] Harada H, et al. High temperature alloys for gas turbines D [M]. Reidel Publishing Co., 1981: 721.
[15] Yamagata T, et al. Superalloys, 1984, ed. by M Cell, et al. AIME, 157.
[16] Harada T, et al. Superalloys 1988. ed. by D. N. Duhl. et al. AIME, 733.
[17] Morinaga M, et al. Phil, Mag., A, 1985; 51: 233.
[18] Morinaga M, et al. Phil, Mag., A, 1986; 53: 709.
[19] Morinaga M, et al. Superalloy 1984. ed. by M. cell, et al. AIME, 523.
[20] Yukawa N, et al. Superalloys 1988. ed. by S Reichman. et al. AIME, 215.
[21] Yukawa N, et al. High temperature alloys for gas turbines and other applications [M]. Betz W, et al, ed. Reidel Publishing Co., 1986: 935.
[22] Matsugi K, et al. Superalloys 1992. ed. by S D Antolovich, et al. AIME, 307.
[23] Hull P, C. Met. Prog., 1969; 96: 139.
[24] Kraus H. Creep analysis. A Wiley - Interscience publication New York John Wiley & Sous: 1980.
[25] 平修二. 金属材料的高温强度理论设计 [M]. 郭建亭，等译. 北京：科学出版社，1983.
[26] Evans R W, et al. Recent advances in creep and fracture of engineering materials and stuctures [M]. Wilshire B, Owen D R J, ed. Swausea, U. K: Pinridge Press, 1982: 135.
[27] Evan R W, et al. Strength of metals and alloys [M]. Mequeen H J, et al, ed. Oxford N. Y: Pregamon Press, 1985; 3: 693.
[28] Manson S S, Broun W F. Proc. ASTM. 1953; 53: 693.
[29] Robinson E L, et al. Trans. ASME, 1952; 74: 777.
[30] Chen G. Chin. Mat. Sci. Technol., 1990; 6: 391.
[31] 平，田中，小寺沢，田中，藤田. 机械学会论文集 [C]. 第25卷，151号（昭34）：163.
[32] 平，田中，小寺沢，小沢，铃木. 机械学会论文集 [C]. 第26卷，167号（昭35）：933.
[33] Manson S S, et al. NASA TMX—67838, 1971.
[34] Ericsson T. 计算机在材料工艺中应用 [M]. 许昌淦，译. 北京：机械工业出版社，1988: 16.
[35] 黄乾尧，李汉康，等. 高温合金 [M]. 北京：冶金工业出版社，2000.
[36] 郝士明，材料热力学 [M]. 北京：化学工业出版社，2004.
[37] 宋余久. 金属材料的设计·选用·预测 [M]. 北京：机械工业出版社，1998.